变革性光科学与技术丛书

"十三五"国家重点
图书出版规划项目

Error Control Coding over
Impulse Noise Channels

脉冲噪声信道差错控制编码

刘荣科 戴彬 赵岭 侯毅 著

清华大学出版社
北京

内容简介

本书从脉冲噪声信道特点出发，介绍了脉冲噪声信道下差错控制编码的最新研究成果。全书总共8章，分别阐述了脉冲噪声信道、差错控制编码概述、脉冲噪声信道下的编译码方法、联合信道估计与译码、深度学习译码以及高速译码结构，为脉冲噪声信道的编码设计提供理论基础。本书重点介绍了低密度奇偶校验码在脉冲信道中的研究。

本书适合从事信息通信专业技术人员使用，也可作为高校通信工程、信息工程等专业本科生及研究生的参考书。

图书在版编目(CIP)数据

脉冲噪声信道差错控制编码/刘荣科等著. —北京：清华大学出版社，2021.6
(变革性光科学与技术丛书)
ISBN 978-7-302-58340-0

Ⅰ. ①脉…　Ⅱ. ①刘…　Ⅲ. ①脉冲噪声－信道编码－误差控制码　Ⅳ. ①TN911.22

中国版本图书馆CIP数据核字(2021)第111904号

责任编辑：刘　颖
封面设计：意匠文化·丁奔亮
责任校对：王淑云
责任印制：沈　露

出版发行：清华大学出版社
　　网　　址：http://www.tup.com.cn，http://www.wqbook.com
　　地　　址：北京清华大学学研大厦A座　　**邮　　编**：100084
　　社 总 机：010-62770175　　**邮　　购**：010-62786544
　　投稿与读者服务：010-62776969，c-service@tup.tsinghua.edu.cn
　　质量反馈：010-62772015，zhiliang@tup.tsinghua.edu.cn
印 装 者：北京雅昌艺术印刷有限公司
经　　销：全国新华书店
开　　本：170mm×240mm　　**印　张**：13.25　　**字　　数**：258千字
版　　次：2021年8月第1版　　**印　　次**：2021年8月第1次印刷
定　　价：129.00元

产品编号：091179-01

丛书编委会

丛书序

光是生命能量的重要来源，也是现代信息社会的基础。早在几千年前人类便已开始了对光的研究，然而，真正的光学技术直到400年前才诞生，斯涅耳、牛顿、费马、惠更斯、菲涅耳、麦克斯韦、爱因斯坦等学者相继从不同角度研究了光的本性。从基础理论的角度看，光学经历了几何光学、波动光学、电磁光学、量子光学等阶段，每一阶段的变革都极大地促进了科学和技术的发展。例如，波动光学的出现使得调制光的手段不再限于折射和反射，利用光栅、菲涅耳波带片等简单的衍射型微结构即可实现分光、聚焦等功能；电磁光学的出现，促进了微波和光波技术的融合，催生了微波光子学等新的学科；量子光学则为新型光源和探测器的出现奠定了基础。

伴随着理论突破，20世纪见证了诸多变革性光学技术的诞生和发展，它们在一定程度上使得过去100年成为人类历史长河中发展最为迅速、变革最为剧烈的一个阶段。典型的变革性光学技术包括：激光技术、光纤通信技术、CCD成像技术、LED照明技术、全息显示技术等。激光作为美国20世纪的四大发明之一（另外三项为原子能、计算机和半导体），是光学技术上的重大里程碑。由于其极高的亮度、相干性和单色性，激光在光通信、先进制造、生物医疗、精密测量、激光武器乃至激光核聚变等技术中均发挥了至关重要的作用。

光通信技术是近年来另一项快速发展的光学技术，与微波无线通信一起极大地改变了世界的格局，使“地球村”成为现实。光学通信的变革起源于20世纪60年代，高琨提出用光代替电流，用玻璃纤维代替金属导线实现信号传输的设想。1970年，美国康宁公司研制出损耗为20dB/km的光纤，使光纤中的远距离光传输成为可能，高琨也因此获得了2009年的诺贝尔物理学奖。

除了激光和光纤之外，光学技术还改变了沿用数百年的照明、成像等技术。以最常见的照明技术为例，自1879年爱迪生发明白炽灯以来，钨丝的热辐射一直是最常见的照明光源。然而，受制于其极低的能量转化效率，替代性的照明技术一直是人们不断追求的目标。从水银灯的发明到荧光灯的广泛使用，再到获得2014年诺贝尔物理学奖的蓝光LED，新型节能光源已经使得地球上的夜晚不再黑暗。另外，CCD的出现为便携式相机的推广打通了最后一个障碍，使得信息社会更加丰富多彩。

20世纪末以来，光学技术虽然仍在快速发展，但其速度已经大幅减慢，以至于很多学者认为光学技术已经发展到瓶颈期。以大口径望远镜为例，虽然早在1993年美国就建造出10m口径的“凯克望远镜”，但迄今为止望远镜的口径仍然没有得到大幅增加。美国的30m望远镜仍在规划之中，而欧洲的OWL百米望远镜则由于经费不足而取消。在光学光刻方面，受到衍射极限的限制，光刻分辨率取决于波长和数值孔径，导致传统i线（波长：365nm）光刻机单次曝光分辨率在200nm以上，而每台高精度的193光刻机成本达到数亿元人民币，且单次曝光分辨率也仅为38nm。

在上述所有光学技术中，光波调制的物理基础都在于光与物质（包括增益介质、透镜、反射镜、光刻胶等）的相互作用。随着光学技术从宏观走向微观，近年来的研究表明：在小于波长的尺度上（即亚波长尺度），规则排列的微结构可作为人造“原子”和“分子”，分别对入射光波的电场和磁场产生响应。在这些微观结构中，光与物质的相互作用变得比传统理论中预言的更强，从而突破了诸多理论上的瓶颈难题，包括折反射定律、衍射极限、吸收厚度-带宽极限等，在大口径望远镜、超分辨成像、太阳能、隐身和反隐身等技术中具有重要应用前景。譬如：基于梯度渐变的表面微结构，人们研制了多种平面的光学透镜，能够将几乎全部入射光波聚集到焦点，且焦斑的尺寸可突破经典的瑞利衍射极限，这一技术为新型大口径、多功能成像透镜的研制奠定了基础。

此外，具有潜在变革性的光学技术还包括：量子保密通信、太赫兹技术、涡旋光束、纳米激光器、单光子和单像元成像技术、超快成像、多维度光学存储、柔性光学、三维彩色显示技术等。它们从时间、空间、量子态等不同维度对光波进行操控，形成了覆盖光源、传输模式、探测器的全链条创新技术格局。

值此技术变革的肇始期，清华大学出版社组织出版“变革性光科学与技术丛书”，是本领域的一大幸事。本丛书的作者均为长期活跃在科研第一线，对相关科学和技术的历史、现状和发展趋势具有深刻理解的国内外知名学者。相信通过本丛书的出版，将会更为系统地梳理本领域的技术发展脉络，促进相关技术的更快速发展，为高校教师、学生以及科学爱好者提供沟通和交流平台。

是为序。

罗先刚

2018年7月

前　言

长期以来,数字通信系统在对接收信号所叠加的噪声的处理上均以中心极限定理为理论依据,设定该噪声服从高斯分布,即加性高斯白噪声信道,并基于此信道假设建立能够通过接收信号恢复所发送的原始信息的处理方法。信道编码作为通信系统对抗噪声提高信号传输可靠性的一种有效手段,在其编译码方法设计上通常以高斯噪声作为应对目标。然而,随着通信技术的发展,研究学者和工业界发现在越来越多的通信场景下,信号传输所叠加噪声的统计特性不再服从高斯分布,而是具有突发脉冲的特点。

突发的大幅度、快速时变的脉冲噪声在电力线通信、极低频/甚低频通信以及水声通信等场景中广泛存在,而传统的基于高斯噪声假设设计的信道编译码技术,已经难以满足通信系统在上述脉冲噪声场景下的纠错能力。虽然通信中的脉冲噪声现象自发现至今已有较长的时间,但由于早期通信系统对于信息传输的带宽利用率及可靠性的要求不高,因而运用高斯信道下的信道编译码方法,即可在脉冲噪声环境中满足早期通信的需求。随着近年来通信领域对信息传输效率以及差错控制能力要求的日益提升,传统信道编译码设计所遵循的高斯信道假设与实际传输所呈现的脉冲噪声信道之间的矛盾日益突出,逐渐成为制约诸多脉冲噪声场景通信中可靠性和信息传输效率提升的主要因素。

现代通信系统可靠性传输离不开信道纠错编码技术。作为一种性能非常接近香农极限的“好码”,低密度奇偶校验(Low-Density Parity-Check,LDPC)码拥有优异的纠错性能以及较低复杂度的译码算法。正是由于 LDPC 码优异的抗差错性能,其广泛应用在很多通信场景以及通信标准中。LDPC 码所具有的稀疏校验的设计思想和基于因子图上节点信息可靠性度量的迭代更新译码原理在脉冲信道下有很强的适用潜力,若要充分发挥其性能优势,尚需要为适用于脉冲噪声环境的译码理论提供具体和完善的设计指引。目前,国内外各高校和研究所针对高斯噪声信道下的 LDPC 码进行了较为细致的研究,但仍然缺少脉冲噪声信道下 LDPC 码的系统介绍和研究。本书重点介绍了北京航空航天大学在脉冲噪声信道下 LDPC 码相关研究的成果。

本书分为 8 章。

第 1 章介绍脉冲噪声信道的相关内容。简要介绍了存在脉冲噪声信道的场景，以及噪声系统模型的建立。其中，噪声模型可以分为经验模型和统计物理模型，该章详细介绍了两种最为常用的统计物理模型。

第 2 章介绍与差错控制编码相关的理论基础。简要介绍了差错控制编码的产生、发展过程以及分类。该章重点介绍了 Turbo 码、LDPC 码和极化码的相关理论以及编译码算法。

第 3 章介绍脉冲噪声信道下无限长 LDPC 码的构造理论。该章主要介绍了基于离散密度进化的外信息转移(EXtrinsic Information Transfer，EXIT)图方法，并基于 EXIT 图分析设计了 LDPC 码的最优度分布。

第 4 章介绍脉冲噪声信道下的联合信道估计与 LDPC 码译码方法。通过采样-重要性重采样(Sampling Importance Resampling，SIR)算法将噪声参数估计与和积译码以迭代的方式结合在统一的消息传递框架下，根据信道参数失配条件下的译码渐进性能，分析并改进了 SIR 噪声参数估计中的随机游走 Metropolis 重采样算法，进而获得更优的译码性能。

第 5 章介绍脉冲噪声信道下 LDPC 码译码接受符号对数似然比(Log Likelihood Ratio，LLR)的近似处理。该章分析了 LLR 的渐进描述模型，论述了 LLR 随其幅值变化的机理，给出了 LDPC 码译码软判决初始化信息的非线性近似生成方法。

第 6 章介绍脉冲噪声信道下 LDPC 码硬判决译码方法。该章主要利用脉冲噪声信道的 LLR 的非线性特性，给出了脉冲噪声信道下 LDPC 码比特翻转译码算法中翻转函数的设计方法。

第 7 章介绍脉冲噪声信道下 LDPC 码深度学习译码算法。该章给出了深度学习与 LDPC 码译码相结合的框架。介绍了神经网络相关理论以及在 LDPC 码译码中的应用。

第 8 章介绍脉冲噪声信道下 LDPC 码图形处理器(Graphics Processing Unit，GPU)高速译码实现架构。该章分别研究了分组码 GPU 高速译码以及卷积码 GPU 高速译码。

本书所述的研究成果，先后获得国家自然科学基金、船舶预研基金以及航天预研基金等科研项目支持，作者对上述项目的支持单位表示衷心感谢。

本书由刘荣科、戴彬、赵岭和侯毅合作完成，本书的出版也离不开团队老师和学生的支持，特别感谢团队胡杨、高晨宇、李岩松等研究生同学在整理、写作、校对过程中无私付出的辛勤劳动。

由于本书涉及信息与通信前沿技术，虽然我们数易其稿，字斟句酌，可是由于作者研究深度和水平有限，本书只能是抛砖引玉，书中难免有不足之处，敬请广大读者批评指正。

作　者

2020 年 10 月

目　录

第1章

绪　论

1.1 引言

通常情况下，数字通信系统中信号处理、调制解调、信道编解码技术的研究大多基于中心极限定理，假设信道噪声服从高斯分布，可以将信道建立成加性高斯白噪声(Additive White Gaussian Noise，AWGN)模型，即 $Y=Z+N$，其中 Y 为接受符号，Z 为调制后传输给信道的符号，N 为高斯噪声。基于高斯分布假设的噪声在通信和信号处理领域具有广泛性，也有一定的合理性。基于中心极限定理，将有限个独立且方差有限的随机变量近似为服从高斯分布，其统计特性仅有均值和方差两个参数，这极大地简化了描述过程。由于高斯假设的信号系统是线性模型，使得算法研究简便得多，因而可以推导出简单的表达式。然而如果实际的噪声不符合高斯分布，则不能用线性模型完全描述，那么现有的基于高斯假设的理论算法就会出现很大的性能损失。

随着理论研究的不断深入和测量方法的日益丰富，越来越多的研究发现，在很多通信场景存在的加性噪声不再服从高斯分布的统计特性，而是存在突发脉冲的特点，这种非高斯噪声大多由自然现象或者人工操作引起，大量的实际测量结果也证实了这一点。这些噪声的共同特点是具有极大的突发脉冲幅度，脉冲间隔相对较长，持续时间较短，因此这种非高斯噪声也可以称为脉冲噪声。从频谱上看，非高斯噪声的频谱通常具有较宽的范围，频率越高，能量越小。从时域上看，显著的尖峰脉冲意味着将频繁出现异常数据，其统计特性就表现为较厚的概率密度函数拖尾。这类过程既不存在有限的二阶矩，也不存在高阶统计量，因此我们需要寻找一种能够对其进行合理描述的信号模型。

1.2 脉冲噪声信道场景

随着通信技术的发展，研究学者和工业界发现在越来越多的通信场景下信号传输所叠加噪声的统计特性不再服从高斯分布，而是具有突发脉冲的特点。例如，电力线通信、浅水水声通信、无线通网络、极低频/甚低频通信、卫星通信、点火噪声、霰弹噪声、电话噪声、雷达海杂波以及合成孔径雷达回波等。本节将对一些场景进行详细的描述。

（1）电力线通信场景：电力线通信的一个主要的挑战是克服加性噪声，这类噪声包括电子设备连接电力线、辐射和电导等带来的外部噪声和干扰。其存在的噪声类型有颜色背景噪声、窄带噪声、周期性非高斯噪声和异步非高斯噪声。其中室内宽频带（1.8MHz～250MHz）电力线通信中，异步非高斯噪声是主要的噪声元素，这类噪声主要是由于接入电网的电气设备连接或断开形成瞬态变化，造成了随机发生的短时、高功率的脉冲噪声（高于背景噪声功率 50dB）。在室外窄频带（3kHz～500kHz）电力线通信中，周期性非高斯噪声占据主导地位，周期性非高斯噪声主要由路由设备以及交流变压器产生，相比于异步非高斯噪声，这类噪声包含更长的周期性突发噪声，其脉冲持续时间一般为交流电变化周期的一半。

（2）浅水水声通信场景：水声通信作为一项核心的海洋应用技术，利用传感器和水下自主航行器进行监控。水声通信中一个具有挑战性的技术是浅水区的暖水区域下的通信，常见于热带沿海地区。这种区域的通信信道有两个关键的特点，大量的时变多径效应以及高强度的非高斯环境噪声。其中，周围的环境一般是由虾类、鲸类等海洋生物造成的 2kHz 以上高频噪声，以及由轮船引擎等人为因素或者雷暴、海风等自然环境造成的频率在 2kHz 以下的低频环境噪声，这类噪声一般属于非高斯脉冲噪声，其幅值分布通常用对称 α 稳定分布描述。

（3）无线通信网络场景：无线传感器网络很容易受到其他使用射频介质通信的用户的干扰。由于信号在传输过程中要进行网络频谱的复用，容易造成干扰信号以噪声的形式叠加在有用信号之上，该噪声通常表现为非高斯的脉冲特性。目前，无线点对点自组传感网络研究的日益深入，推动了信号干扰模型的发展，大量的干扰模型被发现，并用于描述自组网不同层中各种程度的干扰。在无线通信中，信号接收技术的性能分析通常需要利用其干扰噪声的统计特性，并考虑无线网络的传播信道、干扰源位置等随机过程的影响。在无线网络干扰噪声的统计分析中，一个基本的假设为，总干扰是单个干扰信号的非相干和，因此可以得出推论，总的统计特性依赖于各个干扰信号的统计特性。如果无法提供终端的位置信息，则需要假设终端按照齐次泊松（Poisson）点过程分布在平面上，在这种情况下，我们可以将干扰噪声模型建立成 α 稳定模型。

(4) 极低频/甚低频通信场景：3kHz～30kHz 的甚低频频率以及 3Hz～3kHz 的极低频信号借助大气电离层和地球表面进行传播，常用于潜艇通信。其中甚低频通信水下穿透能力为 10m 左右，使用天线浮标可以使得潜艇在水下 45～70m 的深度上通信，但航行速度会受到限制，适用于岸基对常规潜艇通信；极低频通信可以进行水下 100m 深潜艇的岸潜指挥通信，适合于弹道导弹核潜艇通信。甚低频、超低频通信接收机输入端信号电平很小，信道内噪声作用强度大，使得信噪比较小，导致通信性能差，误码率较高，难以满足实际对潜艇通信的需求。信道中的低频噪声主要来自于大气中闪电、雷击等放电产生的电磁干扰，该噪声在接收波形上表现为不稳定的强脉冲特性。

(5) 卫星通信场景：卫星通信在实际设计中，通过卫星中继器传递的低轨道航天器到中央地面站的通信链路通常为低功率信号传输链路。因此，这些链路很容易受到高强度的射频干扰(radio frequency interference)，这些射频干扰一般是由于临近卫星发射的同频带信号以及卫星自身的很多电子设备之间的射频信号产生的。这些射频干扰一般以噪声形式作用在卫星通信链路的信号传输中，通常表现为短时脉冲噪声的形式。

1.3 脉冲噪声模型

在实际通信场景中，一类最为普遍且重要的非高斯噪声表现为脉冲噪声特性，这类噪声一般会出现尖峰，偶尔会出现爆发式的非正态分布的异常观测现象，其概率密度在尾部的衰减速度低于高斯分布。非高斯脉冲噪声在很多通信系统中广泛存在，其中包括水声噪声、大气噪声、固话线路噪声等自然噪声，还包括电力线通信系统中大功率送变电设备噪声、汽车打火噪声等人为噪声。脉冲噪声最大的特点是具有很大的幅度，且带宽相对较大，相比高斯噪声，这类噪声的概率密度具有更厚的拖尾。

当信号与噪声偏离理想高斯模型时，非高斯统计信号的处理非常重要。在通信系统中，目前根据噪声的产生原理以及统计特性可以将非高斯噪声模型分成两类：经验模型和统计物理模型。其中，经验模型是通过已知的函数对观测到的噪声数据进行拟合来建立模型，虽然经验模型可以通过数学解析式对噪声数据进行准确的拟合，但是该模型以任意的形式描述噪声，其参数没有明确的物理意义。统计物理模型则是基于噪声生成的物理准则，对噪声形式进行数学上的描述，完全依赖噪声产生机制的假设条件，得到准确但复杂的模型，其参数具有比较明确的物理含义，能够表示出噪声源的传播机制、噪声的空间、时间分布等因素。

1.3.1 经验模型

最常用来描述非高斯噪声的经验模型是 Hall 模型和混合高斯(Gaussian Mixture,GM)模型。Hall 在考虑低频大气噪声的影响后,将非高斯噪声建模成窄带高斯过程与随机变化的加权因子乘积的形式,即 Hall 模型[26]。Blum 等人在研究利用空间分集的多天线接收系统中,将室内和室外由于人为因素产生的非高斯噪声表述为 GM 模型[28],其通过 N 个高斯分布的加权求和得到,因此 GM 模型的概率密度函数定义为

$$f_{\mathrm{GM}}(x)=\sum_{i=1}^{N} c_i f_{\mathrm{G}}(x;\ u_i;\ \sigma_i^2) \tag{1.3.1}$$

在式(1.3.1)中,c_i 是第 i 个分量 $f_{\mathrm{G}}(x;\ u_i;\ \sigma_i^2)$ 的权重值,$f_{\mathrm{G}}(x;\ u_i;\ \sigma_i^2)$ 是服从均值为 u_i 以及方差为 σ_i^2 的高斯分布的概率密度函数。所有的权重值加起来等于 1。最简单的 GM 模型由两个不同的高斯分布组成,这两个高斯分布的均值都为 0,该模型的概率密度函数定义为

$$f_{\varepsilon}(x)=\varepsilon f_{\mathrm{G}}(x;\ 0;\ \sigma^2)+(1-\varepsilon) f_{\mathrm{G}}(x;\ 0;\ k\sigma^2) \tag{1.3.2}$$

在式(1.3.2)中,$0\leqslant\varepsilon\leqslant 1$,$k\geqslant 1$。在这样由两个高斯分量组成的 GM 模型中,$f_{\mathrm{G}}(x;\ 0;\ \sigma^2)$ 表示背景噪声,而 $f_{\mathrm{G}}(x;\ 0;\ k\sigma^2)$ 由于其方差更大,可以用来表示脉冲噪声。作为经验数学模型,这种由两个高斯分量组成的 GM 模型常被用来分析非高斯噪声信道。但是,上述经验模型由于缺乏参数相应的物理含义,对噪声描述的准确性相对较弱。

1.3.2 统计物理模型

描述非高斯噪声的统计物理模型主要为 Middleton 模型和对称 α 稳定(Symmetric Alpha Stable,SαS)分布模型。

1.3.2.1 Middleton 模型

首先,我们对 Middleton 模型进行简要介绍,Middleton 模型由 D. Middleton 于 1977 年提出[212],该模型假设噪声源在时间、空间上的产生服从泊松分布,通过比较噪声带宽和接收机带宽之间的大小关系,Middleton 模型可以分为 3 种子类型:A 类、B 类和 C 类模型。图 1.3.1 给出了几种非高斯噪声模型之间的内部关系。

(1) A 类模型针对的是非高斯噪声带宽小于接收机处理带宽的窄带噪声这种情况,因此可以忽略噪声在接收机前端产生的瞬态响应,根据幅度可以将噪声分为高斯部分和脉冲部分。A 类模型用 3 个不同参数分别来表征它们的脉冲指数、噪声功率以及在噪声总功率中所占的比例,A 类模型的概率密度函数是一种拥有无

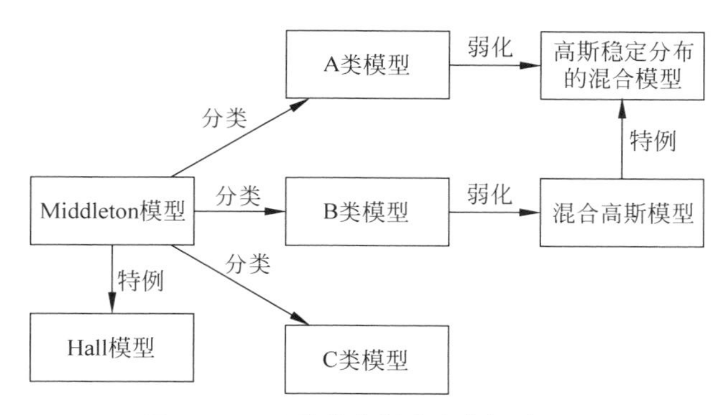

图 1.3.1　几种非高斯噪声内部关系图

穷高斯分量的高斯混合模型，其概率密度函数可以定义为

$$f_{\mathrm{A}}(x)=\sum_{i=1}^{\infty} c_m f_{\mathrm{G}}(x;0;\sigma_m^2) \tag{1.3.3}$$

这里的 c_m 可以表示为

$$c_m=\frac{A^m \mathrm{e}^{-A}}{m!} \tag{1.3.4}$$

而 σ_m^2 可以表示为

$$\sigma_m^2=\sigma_I^2\frac{m}{A}+\sigma_g^2=\sigma_g^2\left(\frac{m}{A\Gamma}+1\right) \tag{1.3.5}$$

其中，σ_g^2 是高斯噪声的方差，σ_I^2 是脉冲噪声的方差。$\Gamma=\sigma_g^2/\sigma_I^2$ 表示高斯噪声分量能量与脉冲噪声分量能量的比值，A 是脉冲指数，表示为接受端在一个脉冲干扰持续时间内发生异常事件冲击的平均次数。A 越小，说明这种异常事件越少或者持续时间越少，因此噪声特性通常由其中一个特殊事件的波形特征主导。简单来说，这样的噪声称为脉冲性噪声，是典型的非高斯噪声。当 A 越大时，越接近高斯特性。

(2) B 类模型针对非高斯噪声带宽大于接收机处理带宽的宽带噪声情况，不能忽略噪声在接收机前端产生的瞬态响应。相比 A 类模型，该模型的解析式在参数上增加了 3 个物理参数和 1 个经验参数，用于描述非高斯噪声的空间传播特性。B 类模型可以看作是 Hall 模型在特定参数条件下与加性高斯分量的叠加，其概率密度函数可以表示为

$$f_{\mathrm{B}}(x)=\frac{\mathrm{e}^{-x^2/W}}{\pi\sqrt{W}}\sum_{m=1}^{\infty}\frac{(-1)^m}{m!}A_\alpha^m\Gamma\left(\frac{m+1}{2}\right)F_1\left(-\frac{m\alpha}{2};\frac{1}{2};\frac{x^2}{W}\right) \tag{1.3.6}$$

式(1.3.6)中 F_1 是合流超线几何函数，A 表征了脉冲的指数，而参数 A_α 的取值取决于脉冲指数和噪声的物理机制。α 的取值范围在(0,2)内，参数 W 是一个

将噪声的能力与其中的高斯噪声的能量进行归一化之后的参数。

(3) C类模型则为A类和B类非高斯噪声的混合形式。由于这类模型比较复杂,很少用到,因此本书不对这类模型做具体介绍。

1.3.2.2 α稳定分布模型

下面,我们对α稳定分布模型进行介绍。通信系统中的α稳定分布模型研究,源于Nikias教授的研究团队对稳定分布模型在信号处理领域中的开创性工作[31],α稳定分布模型是稳定分布模型的一种,要了解α稳定分布模型,我们必须先知道什么是稳定分布模型。

稳定分布模型是最重要的非高斯模型之一,是高斯分布的直接推广,同时也是高斯分布的广义化形式。中心极限定理作为高斯分布的理论依据,描述了这样一个现象:无限多个方差有限的独立同分布的随机变量,所组成的随机变量服从高斯分布。然而,还有一个更加强大的理论,被称为广义中心极限定理:大量方差有限或者无限的独立同分布的随机变量的和的极限分布是一个稳定分布。因此,非高斯稳定分布和高斯分布一样,都可以用大量随机变量的和表征。稳定分布模型的另一个特性是稳定性,即两个具有相同脉冲指数的独立的稳定随机变量的和也是稳定分布,且脉冲指数相同。这样的特性只存在于稳定分布模型中,而稳定性对于随机噪声和不确定误差的建模是非常理想的。

稳定分布最适合对表现出脉冲性质的信号和噪声进行建模,这类信号往往产生异常值。而传统基于高斯假设的可以进行理论分析的很多信号处理算法,在非高斯脉冲环境下并不能使用,很大程度是因为这些处理算法对异常值的非鲁棒性。在大多数稳定分布中,由于有限方差的缺失,稳定分布的离差发挥着类似于高斯分布中的方差的作用。类似于高斯分布中的最小均方误差准则,在稳定分布中,最小离差准则可视为一种广义的扩展,作为稳定信号处理中的有意义的一种度量。

1.3.2.3 对称α稳定分布模型

SαS分布模型是一种特殊的α稳定分布模型,在各类通信系统中得到了越来越广泛的研究。尽管SαS模型在数学领域已被提出了半个多世纪,但其真正应用于通信与信号处理领域是在20世纪90年代中期,其被证实能够很好地描述非高斯噪声的重尾特性。

此外,SαS模型可以看作Middleton B类模型的一种简化形式,与Hall模型不同的是,SαS模型的参数具备实际的物理含义,能够表征非高斯噪声传播的路径损耗与噪声功率。鉴于SαS模型在对噪声样本分布的描述上具备了与Middleton B类模型近似的效果,且大幅减少了Middleton B类模型建模所需的参数数量,因而便于在实际通信系统中对噪声进行估计。

在高斯分布中，一般采用二阶统计理论作为信号处理的理论基础。其中功率被定义为二阶统计量，已经被广泛应用于信号强度的测量。通过之前的介绍，我们知道了稳定分布是实际通信中不可忽视的，但是，传统定义噪声能量的方法并不适用稳定分布，例如，对于一个对称 α 稳定过程的二阶统计量是无限的。因此。Nikias 等人开创地提出了基于分数低阶统计量（fractional lower order statistics）的稳定信号处理框架[31]，在之后的研究中，稳定分布通常采用基于最小离差（minimum deviation）准则的分数低阶统计量处理，稳定分布得以快速发展，其十分适合处理带有尖锐脉冲的噪声，在很多通信系统中获得了优于高斯信号处理的性能。

通常情况下，对通信系统受到噪声干扰的信号进行处理，不光需要知道噪声的统计特性，还需要知道噪声分布的参数信息。对于对称 α 稳定分布来说，其参数的获取对于信号处理带来很大的帮助，通常情况下对称 α 稳定分布参数的估计方法一般可以分为两大类：非贝叶斯（Bayes）估计和贝叶斯估计方法。其中非贝叶斯估计方法主要有极大似然估计、分位数估计、分数低阶矩估计以及特征函数估计等方法。而贝叶斯估计通过建立估计信号的状态转移模型以及观测模型，并利用贝叶斯定理计算估计参数的后验概率。贝叶斯估计方法主要有基于卡尔曼（Kalman）滤波、粒子滤波等。

1.4 脉冲噪声条件下的 LDPC 码编译码研究进展

脉冲噪声条件下的低密度奇偶校验（LDPC）码编译码研究现状如图 1.4.1 所示，大致分为两大类：一类为去除信道噪声中的脉冲分量后采用传统 AWGN 信道下的 LDPC 码编译码方法；另一类为直接针对脉冲噪声信道的特点设计相应的 LDPC 码编译码方法。这两类研究均基于已有的脉冲噪声建模研究成果。

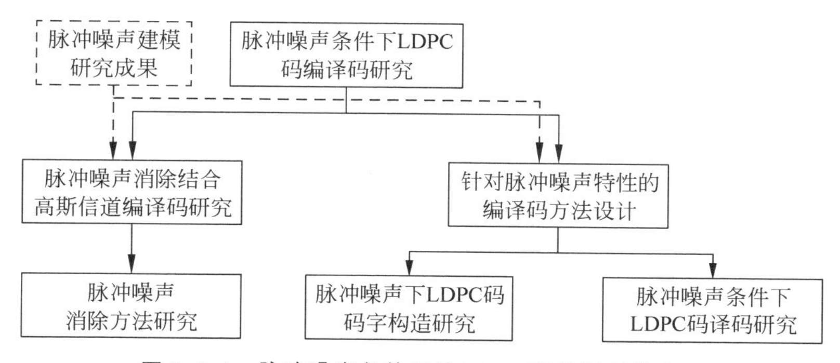

图 1.4.1 脉冲噪声条件下的 LDPC 码编译码分支图

1.4.1 脉冲噪声消除

解决脉冲噪声信道下 LDPC 码译码问题的一种直观手段是，将脉冲噪声消除后转化为 AWGN 信道，进而采用传统针对 AWGN 信道优化设计的译码方法。现有脉冲噪声消除方法可按照是否需要先验信息辅助分为两类。

(1) 采用在先验知识辅助下对信道噪声脉冲分量进行检测、消除的方法。Ni 等人提出了一种将超出一定门限值的周期脉冲噪声信道接收信号置零后进行 LDPC 码译码的方法[49]，Zhidkov、Kitamura 以及 Alsusa 等人先后提出了对正交频分复用(Orthogonal Frequency Division Multiplexing，OFDM)系统中的脉冲噪声进行检测和去除的方法，对最优脉冲检测门限值的选取准则进行了研究[50-52]。但该类方法所需的如噪声统计参数、平均噪声功率或每个 OFDM 传输符号峰值等先验知识在实际通信系统中难以准确获得，当缺少先验知识时性能下降严重，如 Ni 等人的方法出现了较高的 LDPC 码译码错误平层现象(误帧率无法降至 10^{-4} 以下)[49]。

(2) 采用无须先验知识辅助的脉冲噪声消除方法。Lin 等人提出了使用稀疏贝叶斯学习的方法估计并消除异步脉冲噪声或周期脉冲噪声影响的方法[53]，Andreadou 等人提出了将卢比变换(Luby Transform，LT)码与 LDPC 码进行级联编码，利用外码 LT 码的无率编码特性舍弃传输过程中被脉冲噪声分量影响严重的数据包，通过累计一定数目的冗余数据包完成译码的方法[54]。该类方法虽然不需要信道先验知识的辅助，但付出了额外开销增加的代价，如需要 OFDM 传输系统中的空载波以及导频信息，或恢复受脉冲噪声分量影响的数据包所需的大量冗余。

1.4.2 针对脉冲噪声特性的 LDPC 码编译码

目前根据脉冲噪声特性进行的 LDPC 码编译码研究大致上分为两大类方向：一类是构造在脉冲噪声条件下具有更低译码门限的 LDPC 码码字结构，另一类是提升在脉冲噪声信道下的译码性能，如图 1.4.1 所示。

1.4.2.1 适用于脉冲噪声信道的 LDPC 码码字构造

研究表明，传统的针对高斯噪声条件优化设计的 LDPC 码码字结构，在非高斯的脉冲噪声信道下失去了其最优性，因此需要设计针对脉冲噪声特性的码字结构。Ardakani 等人将门限检测后的脉冲噪声信道等效为高斯信道和删除信道的结合，通过密度进化方法设计了该信道下具有较低译码门限的 LDPC 码度分布，相比未优化结果译码增益提升了约 0.2dB，但该方法存在较高的错误平层现象[55]。为了克服因脉冲噪声的统计分布不具备闭式表达式造成密度进化方法计算困难的问题，Andreadou 等人提出利用差分进化方法寻找脉冲噪声条件下 LDPC 码的最优度分布，但该方法优化的是无限码长的渐进性能，难以保证有限码长条件下纠错性能的提升[221]。

1.4.2.2 脉冲噪声条件下的 LDPC 码译码

该研究的现状主要分为译码方法设计以及译码应用两个方向，如图 1.4.2 所示。

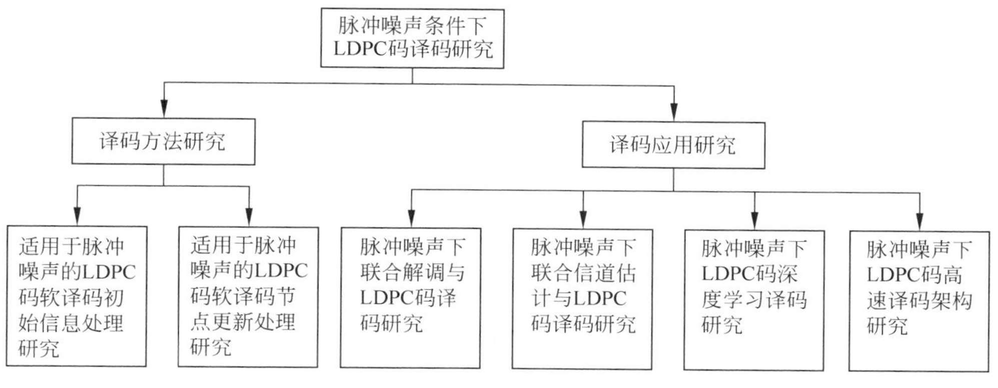

图 1.4.2 脉冲噪声条件下的 LDPC 码译码研究分支图

(1) 在脉冲噪声信道下 LDPC 码译码方法设计方面，可根据其研究对象，划分为译码初始化信息处理方法设计，以及译码迭代过程中的节点更新处理方法设计。在 1.4.3 节将重点介绍针对译码初始信息的近似方法相关研究现状，故此处不予赘述。

在适用于脉冲噪声信道的译码节点更新算法研究中，Topor 等人将 SαS 模型下的脉冲噪声接收向量表征为稳定分布分量与高斯分量乘积的形式，在 LDPC 码译码的变量节点更新中通过将稳定分布分量离散化，使用各离散值的统计特性计算变量节点到校验节点所传递的译码外信息，使得译码节点更新适应脉冲噪声条件，该译码方法的性能取决于稳定分布分量离散化的精度，当精度较高时会造成译码复杂度的大幅上升[56]。Johnston 等人采用了以接收符号间的平方欧式距离作为度量准则的软距离译码方法，在变量节点和校验节点的更新过程中使用差分软距离信息进行计算以节省更新信息存储空间，该方法在噪声为 SαS 分布的脉冲信道下相比针对 AWGN 信道设计的和积译码方法具有更大的译码增益，但是这种软距离译码方法因为没有充分利用脉冲噪声的统计特性导致其性能依然距离脉冲噪声下的译码门限有较大的差距[57]。

(2) 在脉冲噪声条件下 LDPC 码译码应用研究方面，可以分为 4 个子方向：解调与译码的联合方法设计、信道估计与译码的联合方法设计、深度学习译码方法设计以及译码方法的高速实现架构设计。

在脉冲噪声信道下解调与译码的联合方法设计方面，现有文献大体上可分为3类：抑制脉冲噪声分量后进行解调译码的方法、分离脉冲和高斯噪声分量后进行解调译码的方法以及脉冲噪声信道下解调与译码间传递信息的生成方法。

在抑制脉冲噪声提升解调译码的性能的研究中，Oh 等人在 OFDM 的快速傅里叶变换(Fast Fourier Transform，FFT)解调前使用限幅器抑制 Middleton A 类脉冲噪声后采用传统高斯信道处理方式进行解调与 LDPC 码译码[58]；Kumar 等人使用中值滤波器对 SαS 分布的大气射频脉冲噪声进行抑制后进行高斯滤波的最小频移键控(gaussian filtered minimum shift keying)解调联合 LDPC 码译码[59]；陈喆等人利用迭代方式消除一种特例形式的 GM 模型脉冲噪声后进行联合 OFDM 解调、均衡与 LDPC 码译码[61]；Wiklundh 等人设计了在最小频移键控(minimum shift keying)解调与 LDPC 码译码过程中对具有对数正态分布包络的脉冲噪声抑制处理的方法，该类方法在脉冲强度较弱时能够获得较好的解调译码效果，但在强脉冲噪声条件下仅通过单纯的脉冲抑制处理难以获得理想的性能[62]。

在分离脉冲和高斯噪声分量后进行解调译码的研究中，Hormis 等人利用脉冲振幅调制(pulse amplitude modulation)结合陪集编码机制将脉冲噪声信道分离为高斯主导和脉冲主导的子信道，采用 LDPC 码与抗突发错误编码共同恢复不同子信道中传输的信息，但该类噪声分离方法的编译码复杂度过高[63]。

在优化设计解调与译码间的传递信息提升传输可靠性的研究中，Qi 等人设计了 Middleton A 类脉冲噪声下利用最大比合并后的 OFDM 循环前缀计算解调器到 LDPC 码译码器的对数似然比(Log Likelihood Ratio，LLR)软信息的方法[64]；Al-Rubaye 等人研究了在 Bernoulli-Gaussian 脉冲噪声下高阶正交振幅调制(quadrature amplitude modulation)解调与多元域 LDPC 码译码之间传递软信息的计算方法，该类方法适用于脉冲噪声概率密度函数存在闭式表达式的情况，但难以处理如 SαS 脉冲噪声模型等不具备概率密度函数闭式表达式的情况[65]。

脉冲噪声信道下的信道估计与译码联合设计、深度学习译码方法设计以及译码方法的高速实现架构设计的研究现状的具体介绍，将分别在 1.4.4 节、1.4.5 节和 1.4.6 节中给出。

1.4.3 脉冲噪声条件下的 LDPC 码译码初始信息处理

该方向现有研究主要针对两类脉冲噪声模型——Middleton 模型以及 SαS 模型来设计各自相应的软判决译码初始化 LLR 信息的处理方法，下面将分别对这两类研究的现状进行介绍。

1.4.3.1 Middleton脉冲噪声模型

由于宽带脉冲噪声所对应的Middleton B类模型具有6个表征噪声物理特性的参数以及1个经验参数，难以获得简单直观的译码初始LLR计算方法，因此目前在该方面的研究主要针对窄带脉冲的Middleton A类模型。Song和Nakagawa等人均通过Middleton A类脉冲噪声分布给出了译码初始化LLR的表示方法，其中Song等人直接利用了噪声概率密度表达式对LLR信息进行计算[67]；Nakagawa等人根据实用需要将LLR计算中累加分量的最大数目限制为不超过脉冲索引参数的10倍[66]。这两种方法的译码性能相比采用AWGN信道下的LLR计算方法获得了大幅的提升，但在计算过程中使用的大量累加运算和指数运算的复杂度较高。Ayyar等人提出了Middleton脉冲噪声模型的3种近似模型下初始化LLR简化生成方法，该方法虽然对信道参数的变化具有较高的鲁棒性，但译码性能损失较大[68]。

1.4.3.2 SαS脉冲噪声模型

由于SαS模型缺乏概率密度函数的闭式表达式，使得其概率密度函数需要通过特征函数的傅里叶(Fourier)变换得到，造成LDPC码译码初始化LLR的计算十分困难。为了简化SαS分布概率密度函数的计算过程，Zolotarev和Nolan等人先后提出了采用数字积分的方式表示SαS分布的概率密度函数，分段逼近原始的概率密度函数[69-70]；Mittnik等人提出通过在预设的FFT点间进行插值来降低概率密度函数计算的复杂度的方式[71]。以上方法虽然能够获得较为精准的概率密度函数，但是对于LDPC码译码的初始化计算而言复杂度仍然过高，严重影响译码器的运行效率。针对这一问题，现有研究给出了多种SαS脉冲噪声下实现效率较高的译码初始化LLR近似方法。Chuah在译码器输入端使用非线性滤波器组实现Logistic惩罚函数以避免输入符号幅值较大时LLR对信号可靠度的高估，但是随着脉冲强度的增大译码性能会大幅恶化[72]。Mâad等人提出了对脉冲信道下译码初始化LLR值进行限幅的线性近似方法[73]；Mâad等人还提出了将计算LLR时所使用的概率密度函数特征指数固定为1的柯西近似方法[74]，其中线性近似方法在脉冲程度较弱时译码性能较好，但随脉冲程度的增大性能会下降，而柯西近似方法与之相反，当脉冲程度较弱时译码性能不理想。Dimanche等人提出了采用分段函数对译码初始化LLR进行拟合的方法，当接收符号幅值较小时用高斯信道的线性方式拟合，幅值较大时用幂函数进行拟合，但是其根据高斯信道条件选取的线性处理部分会造成近似函数在脉冲噪声较强时与实际LLR偏差较大[75]。由此可见，上述近似方法虽然降低了译码LLR的计算复杂度，但只在特定的脉冲噪声参数下具有较好的LLR函数拟合效果，难以在脉冲噪声强度变化全区间均获得满意的译码性能，因此本书将介绍针对该问题开展的研究工作。

1.4.4 脉冲噪声条件下的联合信道估计与LDPC码译码

脉冲噪声信道参数获取的准确性直接影响着LDPC码的译码性能,因此一直是学术界研究的热点问题。该研究方向现有成果按照信道估计类型的不同主要分为非贝叶斯估计方法和贝叶斯估计方法两大类,下面分别对这两类研究现状进行介绍。

1.4.4.1 非贝叶斯脉冲噪声参数估计结合LDPC码译码的相关研究现状

在SαS模型的脉冲噪声估计方面,McCulloch提出了基于样本分位数(quantile)对脉冲噪声参数进行估计的方法[76],该方法解决了之前Fama等人所提方法在估计中存在渐进偏差的问题[77],利用5个预设样本分位数的函数关系查找表确定噪声的参数值,Dimanche等人设计的LDPC码译码算法采用了该估计方式获取信道参数,但其估计精度受限于查找表的精细程度[75]。Brorsen等人设计了基于最大似然的SαS脉冲噪声参数估计方法,将估计问题建立为最大化对数似然函数的优化问题进行求解,但在求解过程中使用了高复杂度的积分运算,且难以给出最优的初始值选取准则[30]。Ma等人提出采用分数低阶矩法和对数法对SαS噪声进行参数估计,该方法能够在较少噪声样本的条件下获得较好的估计性能,然而当待估信号非纯粹的脉冲噪声时会出现较为严重的估计偏差[35]。一些学者利用样本特征函数先后提出了迭代估计的方法,其中Koutrouvelis采用加权回归模型,在迭代过程中寻找与预存参数误差平方和最小的参数估计值[36],Kogon等人在Koutrouvelis方法的基础上简化了估计迭代过程,使用固定频率间隔的傅里叶变换在保持估计精度相当的前提下降低了计算复杂度[37],该方法同样被运用到LDPC码译码初始化信息计算所需的噪声参数获取中。由于上述估计方法不适用于在脉冲噪声上叠加了未知编码调制信息的接收信号,所以Dimanche等人采用了导频估计的方式,导频长度为500个符号[75]。借助导频的估计方式在静态信道下较为有效,但在时变信道下则会由于较多的导频开销造成传输效率下降。

在Middleton模型的脉冲噪声估计方面,Jiang等人针对零均值的Middleton B类噪声参数估计问题提出了与文献类似的利用特征函数进行迭代估计的方法,该方法在样本数较大时具有较优的估计收敛性能,但在样本数较少时,估计精度明显下降[78]。

此外,Insom等人设计了利用LDPC码译码输出的硬判决信息在原始接收信号中去除编码调制信息后,对脉冲噪声参数采用对数法进行估计的迭代方法,在静态信道条件下通过较多的迭代次数能够获得较好的估计和译码效果[79]。但是该方法的实现方式类似于上面所述的脉冲噪声消除方法,译码器反馈到信道估计器的信息使用了硬判决结果而非译码软判决信息,造成了可靠性度量信息的缺失,难以充分发挥估计器与译码器之间信息交互的潜力。

1.4.4.2 贝叶斯脉冲噪声参数估计结合 LDPC 码译码的相关研究现状

有别于上述的多种非贝叶斯估计方法，贝叶斯估计方法既适用于对静态信道的估计，也同样适用于时变动态信道下的估计。现有脉冲噪声条件下的贝叶斯估计方法大致可分为 3 类：改进卡尔曼滤波方法、随机采样方法以及消息传递方法。

卡尔曼滤波(Kalman filtering)方法及其扩展方法通常被用于进行时变信道下的参数估计，其主要缺点是难以在非高斯的脉冲噪声条件下工作。Li 等人通过将传统卡尔曼滤波中增加对接收符号幅值判断的加权因子，在有脉冲噪声存在的二阶自回归滑动平均模型时变信道下实现了对动态信道参数的估计，该加权因子操作类似于脉冲噪声分量消除处理，使得卡尔曼滤波方法在脉冲噪声信道中仍然适用，但同时改变了接收符号序列的统计特性，造成估计性能的损失[80]。

随机采样方法包括粒子滤波(particle filtering)方法与马尔可夫链蒙特卡罗(Markov Chain Monte Carlo，MCMC)方法。Jaoua 等人采用粒子滤波方法在动态系统中利用状态空间模型对服从 SαS 分布的脉冲噪声的密度进行估计，但该方法需要大量的粒子数以保证估计的准确度，造成复杂度过高[39]。郝燕玲等人针对基于 MCMC 的 SαS 分布参数估计方法的收敛性对建议分布选取依赖性过高问题，提出了基于自适应 Metropolis 算法的参数估计方法[81]，在估计过程中利用样本对协方差矩阵进行校正以提升估计性能，但此方法需要大量迭代次数才能得到理想的估计性能，如该文献在测试部分使用了 10 000 次整体迭代以及 1000 次预烧期迭代。Jiang 等人利用 MCMC 的 Gibbs 采样方法对 Middleton A 类脉冲噪声参数进行估计[82]，能够在较少的迭代次数之内得到精度较高的估计结果，但只适用于对纯噪声信号进行估计。上述两类估计方法与 LDPC 码译码器联合使用时的问题是当待估样本中有未知的调制编码信息存在时信道估计的效果会严重下降。使用有导频的数据辅助(data-aided)估计方式虽然能避免调制编码信号的影响，但其在很多场景下并不适用，例如认知无线电应用场景。

消息传递方法利用译码与估计算法结合，可以使参数估计效果更好，同时也能提升译码性能。Nassar 等人提出了一种同时利用 OFDM 传输子载波中的信息、导频以及空载波，使用广义近似消息传递算法进行 GM 脉冲噪声参数估计和 LDPC 码译码的方法[83]，其良好的性能得益于多载波传输体制下大量的空载波和导频资源对估计过程的辅助，但并不适用于单载波的应用场景，过多的导频开销会降低传输效率。

1.4.5 脉冲噪声条件下的LDPC码深度学习译码

1.4.5.1 神经网络研究现状

感知机是一种最原始的神经网络,也是最早的神经网络在图像相关领域的应用。而Hopfield网络的出现超出了感知机的局限,它是一种循环神经网络,可以实现长期信息的记忆和存储功能。1985年,Ackley D H, Hinton G E和Sejnowski T设计了波尔兹曼机(boltzmann machine),明确提出了"隐单元"的概念[86],但波尔兹曼机网络的训练时间比较长。为了减少训练的复杂度,引入了限制波尔兹曼机(restricted boltzmann machine)。1986年,Rumelhart、Hinton和Williams提出了著名的训练算法——反向传播算法[88],反向传播算法是神经网络领域中的里程碑。

2010年之后,随着硬件计算能力的增加,神经网络被应用到各类领域,并纷纷取得了出色的成果。当前对神经网络的研究主要集中在以下领域。

图像识别领域:1989年,LeCun等人发明了卷积神经网络(Convolution Neural Networks,CNN)结构[89];2012年Google宣布基于CNN的识别程序可让计算机直接从海量图片中自发分辨出猫,之后神经网络开始被大规模应用;2016年Deep Mind团队基于CNN研发了Alpha Go,并取得了巨大成功。

自然语言处理(Natural Language Processing,NLP)领域:2003年,Yoshua Bengio等人提出词嵌入(word embedding)方法将单词映射到另一个矢量空间,然后使用前馈神经网络来表示N-Gram模型[90];2014年美国的一个研究院开始将神经网络应用于自然语言处理的研究工作,Collobert和Weston从2008年开始将词嵌入向量用于组块分析(chunking)、命名实体识别(named entity recognitionm)、语义角色标注(semantic role labeling)、词性标注(part-of-speech tagging)等典型的NLP问题[91];2016年Google宣布推出的基于深度神经网络的翻译系统可以匹敌专业翻译人士。

1.4.5.2 神经网络在通信领域中的应用

随着研究的推进,通信领域已经取得了辉煌的成果。但传统的通信领域的研究也有一定的局限性。首先通信领域的模型优化,都是分立模块进行优化,尽管每个模块性能能够被尽量优化,但未必能够达到系统最优。其次是通信中大部分的算法都是基于给定的模型,对于一些任务,只有在模型足够简单的时候才比较灵活,在实际情况中,模型总是和真实情况有所差距的。甚至在一些特殊的情况下,信道的模型无法用数学表达式给出,或者即使能够给出数学表达式,也没有闭式表达式存在。这个时候采用传统通信分析就显得无从下手了。因此,研究人员也开始寻求其他的方法来帮助解决上述问题,而深度学习的火热已经吸引了通信领域的研究者的注意力，并且已经有了一些借助深度学习的方法来解决通信领域的问题的论文。这些研究既包括了端对端的通信，例如难以建模的分子通信，也包括了通信系统中的特定部分，如信号检测、调制方式的判别、特定干扰的检测与消除、信道编码等。O'Shea 和 Hoydis 对深度学习在通信领域的应用进行了系统的介绍[97,105]。

基于神经网络进行信道译码是神经网络在通信中的热点应用。在这个问题上，研究者主要有两种考虑方式：第一种是通过神经网络和传统的译码方式进行解决，意在借助神经网络的优化能力提高原有算法的性能；第二种则是完全采用神经网络作为译码器，探究神经网络的学习能力。在第一种方法下，对于使用神经网络设计信道译码的问题，Nachmani 等人通过在 Tanner 图的消息传递算法中分配权重，并利用神经网络的学习能力确定权重的数值，这样可以在较小的迭代次数下就达到与传统译码方式的匹敌的性能[96,98-99]。有人还进一步地采用了循环神经网络提升整体系统的性能，联合可调整的随机冗余(modified random redundant)迭代算法，考虑到置信传播(Belief propagation，BP)译码算法包含了许多乘法运算，Lugosch 等人提出了一种轻量级的神经网络最小和译码算法，无须乘法运算，并且适合采用硬件实现[100]。中国科学技术大学学者 Liang 等参考计算机视觉与图像处理领域，提出使用卷积神经网络来提取噪声特点，估计信道噪声参数，并实现去噪功能[101]。在不同信道下进行测试后，采用 BP-CNN 译码方式迭代 5 次比传统置信传播方式迭代 50 次的准确率要高。

在一部分学者研究将神经网络与译码算法结合的同时，还有一部分学者考虑直接使用神经网络进行译码。Gruber 等人首先证明了一个简单的 3 层全链接神经网络模型可以学习特定的译码算法，而非单纯地对码字进行分类[102]。但 Cammerer 等人的研究仅局限在极短码字上，码字仅有 16 位[103]，因为随着码字长度增加，需要训练的数据成指数倍增长，这对神经网络及计算资源提出了极高的要求。

为了解决神经网络在译码长度上的问题，有学者以极化码为例，将码字划分为多个子集，每个子集被不同的子网络进行分布式训练，最后多个子网络合成后一同进行译码。这项研究实现了神经网络对中等长度的码字译码，但对于长码依然无能为力。在 2018 年的机器学习顶会——国际学习表征会议上，Kim 团队提出使用改进后的循环神经网络——长短期记忆(Long Short-Term Memory，LSTM)网络对卷积码与 Turbo 码进行译码[104]，在实现了对码长 100bit 的码字译码后，直接迁移到码长为 1000bit 的码字上，结果依然接近最大似然译码结果。这再次证明了神经网络可以学习译码规则，对训练集中未曾见过的码字同样可以进行译码。此外该网络显示出了较强的鲁棒性，对于突发性噪声能够很好地抑制，为神经网络对长码的译码提供了一个新的思路与方向。

除了信道译码，深度学习还在通信的其他领域上展现了强大能力，O'Shea 等人提出了学习信道的自编码器技术，具有对复杂信道进行建模的潜在能力[105]。Farsad 等人通过神经网络实现了对分子通信的建模[92]，而使用传统通信方式是很难对这种问题进行分析的。在应用层，深度循环神经网络被用来识别不同的调制方式也达到了很高的准确度。最近，Dörner 等人阐述了使用深度学习网络和软件定义无线电的灵活性与优势[94]。

1.4.6 脉冲噪声条件下的 LDPC 码高速译码架构

当前针对脉冲噪声信道设计的 LDPC 码译码器实现架构方面的研究成果较少，考虑到脉冲噪声信道与 AWGN 信道下的译码器实现方式主要差别是对输入接收符号初始化 LLR 的处理，且在现有噪声模型下(如 SαS 模型)AWGN 信道是脉冲噪声信道的一种特例形式，因此本节对研究现状的归纳总结包括了 AWGN 信道下的研究成果。现有 LDPC 码高速译码架构设计按照其基于平台种类的不同可分为硬件实现和软件实现两种，下面将分别展开介绍。

1.4.6.1 LDPC 码硬件高速译码架构

LDPC 码译码器硬件实现研究成果主要采用专用集成电路(Application Specific Integrated Circuit，ASIC)和现场可编程门阵列(Field-Programmable Gate Array，FPGA)。硬件实现中所采用的 LDPC 码按照其校验矩阵形式的不同可分为 LDPC 分组码和 LDPC 卷积码，以下硬件译码实现的现状介绍将分别针对这两种 LDPC 码展开。

1. LDPC 分组码硬件译码架构

现有 LDPC 分组码译码器硬件实现的研究成果可归纳为表 1.4.1 所示。

由表 1.4.1 中可以看出，ASIC 平台与 FPGA 平台上的译码器实现结果普遍具有较高的吞吐率性能，但也存在一些共性的问题。

表 1.4.1 LDPC 分组码译码器硬件实现研究成果总结

平台种类	平台型号	运行时钟频率/MHz	迭代次数	量化方式	吞吐率
ASIC	180-nm CMOS	317	15	6-bit	5.1Gbps
ASIC	130-nm CMOS	278	5	6-bit	9.48Gbps
ASIC	90-nm CMOS	950	10	6-bit	2.2Gbps
FPGA	Virtex4 LX160	196	15	6-bit	1.47Gbps
FPGA	Virtex5 FX130	280	20	6-bit	238Mbps
FPGA	Kintex7 410T	200	未提及	未提及	2.48Gbps
FPGA	Virtex6 LX240T	100	10	6-bit	312Mbps

ASIC平台的固化实现方式使得译码器用途过于单一，难以灵活配置译码参数（包括量化参数的选取、译码节点更新并行度参数的选取、译码帧间并行度参数的选取等）。如Sha等人设计的译码架构是针对一类具有特殊校验矩阵结构的Shift-LDPC分组码[106]，而对于大部分准循环结构的LDPC分组码并不适用。Bao等人给出的高并行度译码架构的路由网络在设计时的针对特定结构，难以适应多码率译码时资源复用的需求[107]。且基于ASIC平台的译码实现设计为了提升吞吐率性能，往往采用较高的运行时钟频率，如Zhang等人提出的译码架构运行时钟频率高达950MHz，造成了实现高功耗的问题[108]。

FPGA平台相比ASIC平台在配置灵活性上有所提高，但依然有限。如Chen等人为了有效利用FPGA上有限的存储块资源适应不同并行度的配置需求，将存储访问位宽和访问深度进行扩展[109]，但解决存储地址同时读写冲突问题时所采用的双倍存储器时钟频率设定造成了硬件布局布线的困难。Wang等人通过对LDPC分组码校验矩阵分割来实现部分并行译码结构，但只能针对规则码的情况，若不同矩阵分块的行、列重存在差异则会造成译码效率的降低[110]。为了增加FPGA平台硬件译码架构的实现灵活性，有研究学者采用了模块化的设计方式，如Mhaske等人提出了一种基于多帧大规模并行处理的译码实现架构，利用所述的LabVIEW FPGA编译器从顶层设计译码处理单元模块，通过多模块并行流水线处理结构以轮询的方式同时进行多帧的译码过程，可以调整译码的帧间并行度设置[111-112]。Gal等人基于FPGA平台设计了类似于图形处理器的通用处理单元阵列，可以根据所选取的LDPC分组码校验矩阵的不同分配相应的运算和存储资源，以适用于多种码长码率的码字形式[113]。尽管上述两种方法提升了FPGA硬件译码架构对实现参数的配置能力，但由于其自定义的通用处理单元是针对特定译码算法而设计的，在配置灵活性上仍然有限。

2. LDPC卷积码硬件译码架构

目前与LDPC卷积码译码器相关的硬件实现研究成果较少，主要分为ASIC平台与FPGA平台上的实现架构设计，如表1.4.2所示。

表1.4.2 LDPC卷积码译码器硬件实现研究成果总结

平台种类	平台型号	运行时钟频率/MHz	迭代次数	量化方式	吞吐率
ASIC	130-nm CMOS	200	10	6-bit	333.3Mbps
FPGA	Stratix4 GX230	75	9	4-bit	2.4Gbps
FPGA	Stratix4	100	10	4-bit	2.0Gbps

在ASIC实现方面，Chen等人提出了一种LDPC卷积码译码器的高速实现架构[114]，但是与LDPC分组码译码方法的ASIC实现类似，该方法虽然能够通过结构复用适应几种不同码率的译码需求，但其固化的译码处理结构缺乏参数配置上

的灵活性。

在 FPGA 实现方面，Li 等人优化了 LDPC 卷积码流水线译码实现架构中内存访问以及校验节点更新过程中最小和算法的处理过程[115]。Sham 等人在译码节点更新层面和迭代更新层面上分别优化并行处理结构，提升了实现的吞吐率性能[116]。上述两种基于 FPGA 的 LDPC 卷积码译码器硬件实现方法也同样存在与 ASIC 实现类似的译码参数调整困难的问题，例如更换不同的校验矩阵或改变译码过程中节点更新信息的量化方式均需要重新设计译码器逻辑结构或存储结构，可重配置能力较低。

1.4.6.2 LDPC 码软件高速译码架构

当前，随着通信技术的多任务、宽带化发展趋势，译码器作为通信系统对传输数据进行接收处理的关键组成部分，为了满足高速、灵活可重配置的业务需求，其实现方式逐渐向软件化发展。目前在国内外 LDPC 分组码和 LDPC 卷积码软件译码实现相关研究中所采用的平台主要为数字信号处理器(Digital Signal Processor，DSP)、中央处理器(Central Processing Unit，CPU)、图形处理器(Graphics Processing Unit，GPU)以及高级精简指令集机器(Advanced RISC Machines，ARM)。下面将分别对 LDPC 分组码与 LDPC 卷积码这两类码型在不同平台上的软件译码实现研究进展进行简述。

1. LDPC 分组码软件译码架构

在 LDPC 分组码软件译码实现研究领域，目前已有较多的成果，如表 1.4.3 所示，研究所基于的平台包括 DSP、CPU、ARM 以及 GPU。

表 1.4.3 LDPC 分组码译码器软件实现研究成果总结

平台种类	平台型号	核心时钟频率	核心数	迭代次数	量化方式	吞吐率/Mbps
DSP	TMS320C64x	600MHz	1	10	16-bit	5.4
DSP	TMS320C64x	600MHz	1	10	16-bit	1.24
CPU	Core-i7 4960HQ	3.4GHz	4	20	8-bit	560
ARM	Tegra K1	2.2GHz	4	10	8-bit	100
GPU	8800 GTX	1.35GHz	128	10	8-bit	40
GPU	GTX 285	1.476GHz	240	3 左右	float	5.9
GPU	GTX Titan	837MHz	2688	10	float	304
GPU	HD 7790	1GHz	896	未提及	float	21.4
GPU	Tesla C2050	1.15GHz	448	20	8-bit	100
GPU	GTX 480	1.4GHz	480	1.93 左右	16-bit	507
GPU	GTX 660Ti	915MHz	1344	10	8-bit	550

在DSP实现方面，Lechner等人以及Gomes等人基于TMS320C64x定点计算平台设计了将节点更新运算并行矢量化执行的译码架构[117-118]，但从表1.4.3中可以看到，由于DSP平台自身缺乏足够的并行运算资源，即使是优化后的译码吞吐率仍远低于1.4.6.1节中所述的硬件实现方法。

近年来以多核CPU、ARM以及GPU为代表的通用处理平台得到了快速的发展，多核CPU和ARM的单指令多数据(Single Instruction Multiple Data，SIMD)结构以及GPU的单指令多线程(Single Instruction Multiple Threads，SIMT)结构比DSP更适合实现LDPC码译码过程的大规模并行处理。此外，由于使用了高级程序语言进行编程开发，通用运算处理平台相比使用底层硬件描述语言开发的FPGA具有更高的实现灵活性和更强的多任务扩展能力。LDPC分组码在该类平台上的软件译码实现吞吐率得到了大幅的提升，但同时也存在一些问题。

在CPU实现方面，Gal等人提出了x86平台上的LDPC分组码分层译码器优化实现方法[119]，利用高级矢量扩展指令集2(advanced vector eXtensions 2)以及共享存储并行编程OpenMP(Open Multi-Processing)的应用程序接口(Application Programming Interface，API)进行多帧译码的并行处理获得了较高的吞吐率性能，但由于SIMD寄存器以及Cache缓存容量的局限性，CPU在进行码长较长的LDPC分组码译码时缓存命中率会严重下降，进而制约译码吞吐率的提升。

在ARM实现方面，Gal等人基于最新的Cortex-A15平台设计了一种LDPC分组码的软件译码架构[120]，采用NEON(ARM架构处理器扩展结构)指令集和OpenMP API优化了译码帧间并行度，但是ARM平台极低功耗的特点导致其运算处理能力有限。

在GPU实现方面，现有研究成果根据其主要优化对象可分为两类：译码更新信息存储访问优化设计以及译码更新运算并行优化设计。其中在存储访问优化的译码架构设计方面，现有方法主要利用GPU片上的高速共享内存，以降低译码算法行列更新中的节点信息访存延时为目的。如Falcao等人采用了全局内存的联合访问方式提高信息读取效率[121]。Ji等人利用GPU的片上高速缓存特性，将LDPC分组码校验矩阵压缩存储在常数内存中，减少节点更新地址的寻址时间[122]。Wang等人利用GPU片上共享内存缓存节点更新信息再重新拼接合并读取到线程的方式，通过增加冗余线程来保证存储访问的连续性[124]。Hong等人采用全局内存加速器(global memory accelerator)API提高CPU与GPU之间译码码流信息的传输效率[125]。但受限于GPU片上有限的存储资源，该类优化设计方法仅能满足码长较短的LDPC分组码节点更新信息存储的需求，对于中长LDPC分组码则难以通过片上高速内存提升译码节点更新的存储访问速度。在译码更新运算并行优化方面，现有方法主要是提升LDPC分组码译码器的帧间执行并行度，通过加大可执行的译码线程数，将大量接收码字加入 GPU 运算核心调度处理的队列，使得 GPU 饱和运行以获得高译码吞吐率。如 Falcao 等人使用了一种类似于 SIMD 的 GPU 并行译码机制，将 16 个码字的译码同时进行处理[126]。Xie 等人采用 16-bit 短整型进行更新信息存储以提高 GPU 资源的并行利用率，以 4096 码字并行化处理的方式进行译码[127]。Lin 等人利用 GPU 中每个线程簇同时读写 32 个 32-bit 整型量化形式的码字更新信息包，并将每个更新信息包拆分为 4 个 8-bit 字节型更新信息分配给 128 个不同的码字在同一线程块内并行进行译码，保证全局内存中更新信息读写操作的连续性[128]。但是该类方法提高译码帧间并行度的代价是译码延时大幅提升，并且加重了译码器输入缓存处理的负担，难以满足实时性应用的需求。

2. LDPC 卷积码软件译码架构

在 LDPC 卷积码的软件译码实现研究领域，目前国际上的相关成果较少，如表 1.4.4 所示，主要采用的实现平台包括 CPU 和 GPU。

表 1.4.4 LDPC 卷积码译码器软件实现研究成果总结

平台种类	平台型号	运行时钟频率/GHz	核心数	迭代次数	量化方式	吞吐率
CPU	Phenom II X4 945	3.0	4	10	float	70Kbps
GPU	GTX 260	1.24	216	20	float	15Mbps
GPU	GTX 460	1.62	336	20	float	12.8Mbps

在 CPU 实现方面，Chan 等人采用了一种利用 OpenMP API 将 LDPC 卷积码校验节点更新以及变量节点更新运算在不同的 CPU 核心内同时进行处理的实现方法[129]。但是由于 LDPC 卷积码校验矩阵所具有的半无限长特性，其译码器实现上的复杂度要高于具有相同码率以及行、列重的 LDPC 分组码，导致 LDPC 卷积码译码 CPU 实现的吞吐率较低，仅 70Kbps 左右。

在 GPU 实现方面，Wang 等人提出了一种针对 LDPC 卷积码的改进最小和译码算法实现架构，利用 GPU 线程簇中不同线程并行处理行更新与列更新运算，将更新过程中间结果存储于片上的高速共享内存中[130]。Zhao 等人通过对数据存储结构以及线程对内存访问层次的优化设计来保证 LDPC 卷积码译码过程中对 GPU 全局内存访问的连续性，提高了译码器在 GPU 上的执行效率[131]。上述两种译码实现方法均是从优化存储访问开销的角度达到提升吞吐率的目的，并没有考虑对译码内核函数执行效率以及 GPU 与主机之间的数据传输效率进行优化。此外，除了译码吞吐率，译码延时同样是决定译码器实用性的重要指标，但现有方法均缺乏降低译码延时的具体措施。

1.5 本章小结

本章重点介绍了脉冲噪声基础理论研究。首先介绍了存在脉冲噪声的场景，主要包括电力线通信、浅水水声通信、无线通信网络、极低频/甚低频通信场景等。其次，介绍了脉冲噪声的模型：Middleton模型和稳定分布模型。最后，重点介绍了脉冲噪声信道下的编译码研究现状以及相关应用研究。

差错控制编码作为信息学科的核心技术之一，经历了长期发展，已逐渐将理论跟实践相结合，应用在各种通信场景中。相比高斯噪声信道的广泛研究，脉冲噪声信道下的差错控制编码研究相对较少，还需要不断探索。结合我们在脉冲噪声信道下的差错控制编码研究成果，希望本书能给读者提供脉冲噪声信道下差错控制编译码相关理论知识。

第 2 章

差错控制编码

2.1 引言

香农(Shannon)在论文《通信的数学理论》(*A mathematical theory of communication*)中首次阐述：在给定信道条件下，一定存在某种编码方式能够以接近信道容量(即香农极限)的传输速率进行可靠通信。这就是著名的香农第二定理(有噪信道编码定理)。然而，该定理仅仅是一个存在性定理，并没有给出寻找好的差错控制编码的方法。因此，寻找到接近香农极限的码型成为了编码领域研究人员的首要任务。从 20 世纪 40 年代后期开始，汉明(Hamming)、格雷(Gray)等人所创始的码字设计以及相应译码方法的工作，引起了许多研究者的关注。本章归纳了差错控制编码的发展历程，讨论了 5G 中三大候选信道编码技术(Turbo 码、LDPC 码和极化码)的特点、实际应用中面临的问题以及它们的应用现状和未来的发展趋势。

2.2 差错控制编码的发展历史

差错控制编码经过了几十年的发展，可以分为两种不同的类型：分组码和卷积码。线性分组码将信息序列划分成每组包含 k 个信息比特的消息分组，每个消息分组可用二进制向量 $\boldsymbol{u}=(u_1,u_2,\cdots,u_k)$表示，一共有 2^k 个可能的不同消息。编码器将每个长度为 k 的消息向量独立地变换成长度为 n 的离散符号向量$\boldsymbol{v}=(v_1,v_2,\cdots,v_n)$，称为码字。因此，$2^k$ 个可能的不同消息通过编码器可以产生 2^k

个可能的不同码字,这些码字构成了(n,k)分组码。由于分组码的每个码字只取决于对应的k个输入信息比特,每个消息是相互独立的,编码器是无记忆的,采用组合逻辑电路实现。卷积码编码器同样接受k个比特的信息序列$\boldsymbol{u}=(u_1,u_2,\cdots,u_k)$,同时产生$n$个符号的编码序列$\boldsymbol{v}=(v_1,v_2,\cdots,v_n)$。与分组码不同的是,卷积码每一个编码分组不仅仅取决于当前单位时间对应的k个比特的信息分组,而且与前面存储的m个消息组有关。编码器产生的所有可能的输出码字构成的集合称为卷积码。由于编码器有存储单元,需要采用时序逻辑电路实现。

1950 年,汉明提出了第一个实用的线性分组码——汉明码[133]。经过特定设计,汉明码可以纠正一定数量的翻转错误。1954 年,Muller 提出了里德-穆勒(Reed-Muller,RM)码及其相应的大数逻辑译码算法[134]。1955 年,Elias 提出了卷积码[135],该码因其编码过程可以用一个类似于卷积操作的表达式表示而得名。在第三代移动通信(简称 3G)技术标准中,卷积码被采纳为下行链路的信道编码方案。1957 年,Prange 提出了循环码,该码的编译码方法简单,硬件实现复杂度很低[136]。Hocquenghem 于 1959 年,Bose 和 Chaudhuri 于 1960 年,分别独立提出了 BCH 码[137,241],相较于上述信道编码方案,BCH 码纠错能力更强,且易于理论分析。1960 年,Reed 和 Solomon 提出了里德-所罗马(Reed-Solomon,RS)码[138],这是唯一一类达到 Singleton 限即最大距离可分的纠错码,该码属于 BCH 码的子类。1962 年,Gallager 在他的博士学位论文中提出了低密度奇偶校验码[41],这是第一类采用迭代译码技术的线性分组码,具有接近香农极限的性能,但因为 LDPC 码的译码算法相对于当时的硬件条件来说过于复杂,所以没有引起人们的重视。1967 年,Viterbi 为卷积码设计了一种最大似然译码算法,并将其命名为 Viterbi 译码算法[139]。该算法大幅提升了卷积码的译码性能,成为使用最广泛的卷积码译码算法。1977 年,旅行者号深空探测器采用了结合 RS 码与卷积码的级联编码方案。1981 年,Goppa 提出了代数几何码,为信道编码引入了新的研究理论[140]。1982 年,Ungerboeck 提出了网格编码调制技术,将信道编码技术与调制技术联合优化[141]。

目前备受关注的有 Turbo 码、LDPC 码和极化码(Polar 码)。1993 年 Berrou、Glavieux 和 Thitimajshima 提出了 Turbo 码[40],他们将卷积编码和随机交织器巧妙结合,实现了随机编码思想,成为第一个采用迭代译码技术的级联码,其译码性能逼近香农极限。不仅如此,Turbo 码的译码思想也在信道估计、信道均衡等通信领域得到了广泛应用。受到 Turbo 码的引导,1996 年 MacKay 等对 LDPC 码进行重新研究[42],发现其性能也可逼近香农极限,甚至超过 Turbo 码性能,随着科学技术的发展,LDPC 码的编译码算法已经可以通过大规模集成电路实现。迄今为止,LDPC 码被广泛应用于深空通信和固态硬盘存储等领域。但上述所有信道编码方案都存在一个共同的问题：无法从理论上证明其信道容量可达性。即使其实际性能再优越也只是接近香农极限而非达到。直到 2008 年，Arikan 基于信道极化的思想提出了一种称为极化码的信道编码方法，并在二进制离散无记忆信道中证明了其性能可以达到香农极限[48]，这也是人们在信道编码技术方面取得了一个新的成果。

2.3 Turbo 码

2.3.1 Turbo 码的构造方法

Berrou 等人在文献[40]中阐述了 Turbo 码的构造方法及迭代译码思想。Turbo 码提出时采用编码器结构如图 2.3.1 所示，该编码器由交织器、两个递归系统卷积码(Recursive Systematic Convolutional Code，RSCC)分量编码器(分量编码器 1，分量编码器 2)、删余矩阵和复接器组成，由该编码器生成的码称为并行级联卷积码(Parallel Concatenated Convolutional Code，PCCC)。

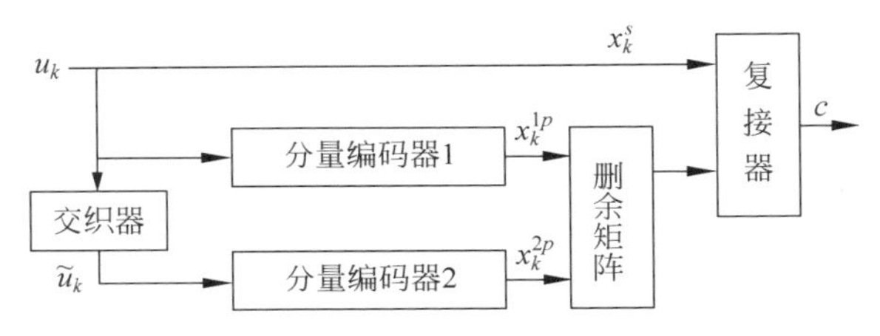

图 2.3.1　PCCC 型 Turbo 码编码器结构

图 2.3.1 所示的 PCCC 编码器编码时，N 长的原始信息序列 $\{u_k\}$ 被当成系统输出 $\{x_k^s\}$ 直接送入复接器，同时也被送入分量编码器 1 进行卷积编码，也是在同一时刻，N 长的原始信息序列 $\{u_k\}$ 送入交织器做交织处理。经过交织后的序列 $\{\tilde{u}_k\}$ 送入分量编码器 2。分量编码器 1 和分量编码器 2 编码后输出的是校验序列，分别为 $\{x_k^{1p}\}$ 和 $\{x_k^{2p}\}$。每输入一个信息比特，分量编码器 1 和分量编码器 2 都对应产生一个校验比特，所以系统的总码率就是 1/3，此时得到的码字可表示为

$$c = \{x_0^s, x_0^{1p}, x_0^{2p}, x_1^s, x_1^{1p}, x_1^{2p}, x_2^s, x_2^{1p}, x_2^{2p}, \cdots, x_{N-1}^s, x_{N-1}^{1p}, x_{N-1}^{2p}\} \tag{2.3.1}$$

删余矩阵的作用是改变编码效率，其元素取自集合{0,1}。矩阵中每一行分别与两个分量编码器相对应，其中“0”表示相应位置上的校验比特被删除，而“1”则表示保留相应位置的校验比特。以将系统码率提高到 1/2 为例，可以通过式(2.3.2)所示的删余矩阵处理来得到

$$\boldsymbol{P}=\begin{bmatrix}1 & 0\\0 & 1\end{bmatrix} \tag{2.3.2}$$

经过式(2.3.2)所示的删余矩阵处理过的校验序列，只保留了$\{x_k^{1p}\}$中的奇数位置的校验比特和$\{x_k^{2p}\}$中偶数位置的校验比特。最后将删余后的校验信息与该系统输出$\{x_k^s\}$复接处理，我们假设信息序列长度N为偶数，得到码字序列为

$$c=\{x_0^s,x_0^{1p},x_1^s,x_1^{1p},x_2^s,x_2^{1p},\cdots,x_{N-1}^s,x_{N-1}^{1p}\} \tag{2.3.3}$$

从Turbo码编码过程可以看出，Turbo码是针对信息组进行编码的，即编码时将信息分组，分组长度与交织长度相同，每一组输入信息编码后，生成对应的码字，且输出码字互不相关。

分量器和交织器是Turbo码编码器的重要组成部分，分量器和交织器的设计与Turbo码的性能密切相关。Turbo码设计时一般采用递归系统卷积码作为分量码，而不选择非系统卷积码(nonsystematic convolutional codes)或者其他码。RSCC综合了非系统卷积码和系统码的特点，可以直接从码字中恢复信息序列，使得Turbo码在译码端无须变换码字就可以直接对接收的码字序列进行译码。

交织器很早就被学者应用在了无线通信系统中，作用就是使输入其中的一组数据按照某种映射规则进行重新排列，输出得到一组新的数据。解交织器的作用就是对这一组新的数据按照交织时的映射规则，对其进行恢复，得到原始的那组数据。在Turbo码之前主要被应用于衰落信道和通信系统来抵抗突发性错误，通常位于编码器和信道之间。Turbo码交织器的作用，主要包括两个方面：一个是在编码端将两个RSCC分量编码器以较大的概率获得较大的码间距离；另一个是在译码端把一个分量译码器产生的突发错误随机化，降低迭代译码输出信息的相关性。

后来，为了降低PCCC结构的错误平层，Benedetto等人在1996年提出了串行级联卷积码(Serial Concatenated Convolutional Code，SCCC)的概念[142]，SCCC综合了Forney提出的串行级联码[242]和PCCC的特点，在适当的信噪比(Signal-to-Noise Ratio，SNR)范围内，通过迭代译码，可以达到卓越的译码性能，后来Salon等人将PCCC和SCCC两种编码方案结合起来形成了混合级联卷积码(hybrid concatenated convolutional codes)[143]。这样既能够在低SNR条件下获得优异的译码性能，又能有效地消除所谓的错误平层。

2.3.2 Turbo码的译码算法

自从Turbo码被提出后，因其强大的性能优势及译码复杂度较低等优点，对Turbo译码器的研究日益深入，许多优秀的成果被快速应用到通信系统中，极大地促进了Turbo译码算法的发展。在译码方式上，Turbo码主要有两大类方案：一

种是由 Bahl，Cocke 和 Jelinek 于 1974 年提出的 BCJR 算法[144]，这一算法对 Turbo 码的发展起到了巨大的推动作用；另一种是 Hagenauer 等人基于 Viterbi 译码的软输出维特比算法(Soft Output Viterbi Algorithm，SOVA)译码[60]。在两种算法中，BCJR 算法是当今 Turbo 译码器应用的主流算法，BCJR 算法包括基于最大后验概率(Maximum A Posterior probability，MAP)算法，和对其进行简化计算的 Log-MAP 算法及 Max-Log-MAP 算法。

对于 MAP 算法，假设编码器输入 $t=(t_1,t_2,\cdots,t_N)$，编码器输出信息位为 $u=(u_1,u_2,\cdots,u_K)$，输出的校验位为 $p=(p_1,p_2,\cdots,p_M)$，进行二进制相移键控(Binary Phase Shift Keying，BPSK)调制，其输出为 a，经过 AWGN 信道接收到的信息位为 $x=(x_1,x_2,\cdots,x_K)$，校验位为 $y=(y_1,y_2,\cdots,y_M)$，输入译码器的信息为 r，且有 $r=(x,y)$，在时刻 t 的状态记为 $\varphi_t=p$，时刻 $t+1$ 的状态记为 $\varphi_{t+1}=q$。

后验概率的计算为

$$P((u,p)\mid r)=P((\varphi_t=p,\varphi_{t+1}=q)\mid r) \tag{2.3.4}$$

对上式进行推导可得

$$\begin{aligned}
P((u,p)\mid r) &= P(\varphi_t=p,\varphi_{t+1}=q,r)/P(r)\\
&= P(\varphi_t=p,\varphi_{t+1}=q,r_{<t},r_t,r_{>t})/P(r)\\
&= P(\varphi_t=p,\varphi_{t+1}=q,r_{<t},r_t)P(r_{>t}\mid\varphi_t=p,\varphi_{t+1}=q,r_{<t},r_t)/P(r)\\
&= P(\varphi_t=p,\varphi_{t+1}=q,r_{<t},r_t)P(r_{>t}\mid\varphi_{t+1}=q)/P(r)\\
&= P(\varphi_{t+1}=q,r_t\mid\varphi_t=p,r_{<t})P(\varphi_t=p,r_{<t})P(r_{>t}\mid\varphi_{t+1}=q)/P(r)\\
&= P(\varphi_{t+1}=q,r_t\mid\varphi_t=p)P(\varphi_t=p,r_{<t})P(r_{>t}\mid\varphi_{t+1}=q)/P(r)
\end{aligned} \tag{2.3.5}$$

定义前向度量值 $\alpha_t(p)$，后向度量值 $\beta_{t+1}(q)$ 和状态度量值 $\gamma_t(p,q)$，分别对应于式(2.3.5)等号右边的 3 项，即

$$\alpha_t(p)=P(\varphi_t=p,r_{<t}) \tag{2.3.6}$$

$$\beta_{t+1}(q)=P(r_{>t}\mid\varphi_{t+1}=q) \tag{2.3.7}$$

$$\gamma_t(p,q)=P(\varphi_{t+1}=q,r_t\mid\varphi_t=p) \tag{2.3.8}$$

由式(2.3.6)、式(2.3.7)和式(2.3.8)的定义可知，$\alpha_t(p)$表示时刻 t 状态为 p 的节点处，当前状态 p 与 t 时刻之前接收数据的联合概率，我们习惯将其称之为前向概率。$\gamma_t(p,q)$表示在当前时刻为 t、状态为 p 的节点的情况下，下一时刻 $t+1$ 状态变为 q 的联合概率，我们习惯将其称之为状态转移概率。$\beta_{t+1}(q)$表示 $t+1$ 时刻状态为 q 的情况下，t 时刻以后接收数据的概率，我们习惯将其称之为后向概率。

根据定义可以继续推导 α_{t+1} 和 β_t，分别得

$$\begin{aligned}\alpha_{t+1} &= P(\varphi_{t+1}=q, r_{<t+1}) = P(\varphi_{t+1}=q, r_{<t}, r_t) \\ &= \sum_{p=0}^{Q-1} P(\varphi_{t+1}=q, \varphi_t=p, r_{<t}, r_t) \\ &= \sum_{p=0}^{Q-1} P(\varphi_t=p, r_{<t}) P(\varphi_{t+1}=q, r_t \mid \varphi_t=p, r_{<t}) \\ &= \sum_{p=0}^{Q-1} \alpha_t(p)\gamma_t(p,q)\end{aligned} \tag{2.3.9}$$

$$\begin{aligned}\beta_t &= P(r_{>t-1} \mid \varphi_t=p) = P(r_{>t}, r_t \mid \varphi_t=p) \\ &= \sum_{p=0}^{Q-1} P(r_{>t}, r_t, \varphi_{t+1}=q \mid \varphi_t=p) \\ &= \sum_{p=0}^{Q-1} P(r_t, \varphi_{t+1}=q \mid \varphi_t=p) P(r_{>t} \mid r_t, \varphi_{t+1}=q, \varphi_t=p) \\ &= \sum_{p=0}^{Q-1} P(r_t, \varphi_{t+1}=q \mid \varphi_t=p) P(r_{>t} \mid r_t, \varphi_{t+1}=q) \\ &= \sum_{p=0}^{Q-1} \gamma_t(p,q)\beta_{t+1}(q)\end{aligned} \tag{2.3.10}$$

其中 Q 表示分量译码器的寄存器状态值，这就给出了典型的 Turbo 码 MAP 算法的前向和后向译码算法。只要赋予 α 和 β 初始值，就可以计算所有的前向和后向分支度量值。因为编码器初始状态为 0，且前面已经介绍编码器大多应用尾比特保证译码结束的状态也为 0，所以 α 和 β 的初始值分别取为

$$[\alpha_0(0), \alpha_0(1), \cdots, \alpha_0(Q-1)] = [1, 0, 0, \cdots, 0] \tag{2.3.11}$$

$$[\beta_N(0), \beta_N(1), \cdots, \beta_N(Q-1)] = [1, 0, 0, \cdots, 0] \tag{2.3.12}$$

下面进行状态转移概率 γ_t 的推导，γ_t 的推导过程如下：

$$\begin{aligned}\gamma_t(p,q) &= P(\varphi_{t+1}=q, r_t \mid \varphi_t=p) \\ &= P(\varphi_{t+1}=q \mid \varphi_t=p) P(r_t \mid \varphi_{t+1}=q, \varphi_t=p) \\ &= P(u_t)P(r_t \mid u_t)\end{aligned} \tag{2.3.13}$$

已知另一分量译码器传入的外信息为 $L_e(u_t)$，外信息的定义满足

$$L_e(u_t) = \log\left(\frac{P(u_t=+1)}{P(u_t=-1)}\right) \tag{2.3.14}$$

对式(2.3.14)进一步推导可得

$$P(u_t) = \frac{\sqrt{P(-1)P(+1)}}{P(-1)P(+1)} \mathrm{e}^{u_t L_e(u_t)/2} \tag{2.3.15}$$

式(2.3.15)中等号右边第一项为一个常数，令 $A_t=\dfrac{\sqrt{P(-1)P(+1)}}{P(-1)P(+1)}$，则有

$$P(u_t)=A_t\mathrm{e}^{u_tL_e(u_t)/2} \tag{2.3.16}$$

式(2.3.13)等号右边的第二项可以表示为

$$\begin{aligned}P(r_t\mid u_t)&\propto\exp\left[-\frac{(x_t-u_t)^2}{2\sigma^2}-\frac{(y_t-p_t)^2}{2\sigma^2}\right]\\&=\exp\left[-\frac{x_t^2+u_t^2+y_t^2+p_t^2}{2\sigma^2}\right]\exp\left[\frac{x_tu_t+y_tp_t}{\sigma^2}\right]\\&=B_t\exp\left[\frac{x_tu_t+y_tp_t}{\sigma^2}\right]\end{aligned} \tag{2.3.17}$$

综合式(2.3.15)、式(2.3.16)和式(2.3.17)可以得到 γ_t 的计算公式

$$\begin{aligned}\gamma_t(p,q)&\propto A_tB_t\exp[u_tL_e(u_t)/2]\exp\left[\frac{x_tu_t+y_tp_t}{\sigma^2}\right]\\&\propto\exp\left[\frac{1}{2}u_tL_e(u_t)+\frac{1}{2}L_cx_tu_t+\frac{1}{2}L_cy_tp_t\right]\end{aligned} \tag{2.3.18}$$

其中，在高斯信道下，信道置信值 $L_c=4E_s/N_0$，且有 $1/\sigma^2=L_c/2$。

根据式(2.3.9)、式(2.3.10)和式(2.3.18)，分别计算 MAP 算法中的前向分支度量，后向分支度量和状态转移度量，将上述 3 个因子相乘即可完成 MAP 算法的计算。

MAP 算法在进行计算时，需要用到大量乘法，这需要耗费大量的计算资源，而在进行比特判决时，我们只需要 LLR 提供的比值信息即可。为解决上述问题，对乘法操作取对数处理可以使乘法变为加法，且可以抵消一些底数运算，这就是 Log-MAP 算法。Max-Log-MAP 是 Log-MAP 的一种简化形式，实现比较简单，就是把运算中函数用普通的求最大值来近似。Max-Log-MAP 算法的译码性能非常接近 Log-MAP 译码，计算复杂度却得到显著降低，更加适合于实际系统的运用。

传统的 Viterbi 算法并不适合 Turbo 码的译码，原因就是没有每比特译出的可靠性信息输出，为了补救 Viterbi 译码的硬判决输出缺陷，对传统硬判决 Viterbi 译码算法进行改进，使之提供软信息输出，这就是 Turbo 码的另一大类译码算法——SOVA 译码算法。SOVA 与 Viterbi 算法的主要区别在于利用更正的度量值来寻找最大似然序列，并结合另一个分量译码器提供的先验信息提高译码判决的准确性。

这些经典算法中，MAP 算法性能最好，Log-MAP 算法的性能跟 MAP 算法比较接近，Max-Log-MAP 算法和 SOVA 算法的性能接近，一般情况下，Max-Log-MAP 算法的性能总是稍优于 SOVA 算法。与 MAP 和 Log-MAP 相比，Max-Log-

MAP 与 SOVA 算法性能下降十分明显。就算法复杂度而言，MAP 算法最为复杂，Log-MAP 次之，之后是 Max-Log-MAP，SOVA 算法最为简单，由此可以看出，性能优异的 Turbo 码算法十分复杂，如果要使得译码容易实现而对算法进行简化或者采用简单的算法，往往需以性能降低为代价。

传统 Turbo 码迭代译码器中，在接收完一整帧数据后，两个分量译码器均采用串行方式轮替对数据块进行多次迭代译码，且在每次迭代译码都是基于整个数据块来计算处理，数据块长度越大，译码时延也就越大。Turbo 码的并行译码结构将 N 长的数据块分成 M 子块（M 称为并行度），每个子块由独立的单输入单输出(single input single output)译码模块（包括分支度量计算、前向和后向状态度量计算、LLR 计算等功能模块）译码。单输入单输出译码模块之间并行运算，与传统的串行译码结构相比，通过增加硬件成本，可将译码时延大致降为原来的 $1/M$，而数据速率可增大为原来的 M 倍。

2.3.3　Turbo 码 2.0

随着长期演进(Long Term Evolution，LTE) Turbo 码的广泛应用，人们发现在某些码长和码率组合下，特别是在短码情况下会出现性能衰减或出现错误平层，LTE Turbo 码的错误平层由多方面原因叠加而成。首先，LTE Turbo 码引入了网格终止序列(Trellis Termination Bit，TTB)，它的用途本来是让网格在编码的起始态和终止态都保持在一个已知的状态，这样有利于更高效地解码。但是由于 TTB 并没有经过 Turbo 的双编码器保护，它在接收端并没有像其他序列（信息或冗余序列）同程度的纠错性，从而造成了性能的衰减。由于 TTB 的长度是固定的，这样的衰减在长码传输的情况下，不是特别显著。但在短码情况下，错误平层尤为明显。

因此，在 Turbo 码 2.0 丢弃了 TTB，而引入了咬尾比特(tailing biting)的编码思路，如图 2.3.2 所示。这样通过将卷积码升级为循环卷积码不仅解决了 TTB 的问题，同时也提高了频谱效率（无须再传输 TTB）。紧接着，Berrou 团队发现[40]，即使解决了 TTB 的问题，也并不能完全消除错误平层，特别是在长码情况下，TTB 的主导因素其实很有限，一定还有别的原因。再次通过深入研究发现，错误平层的

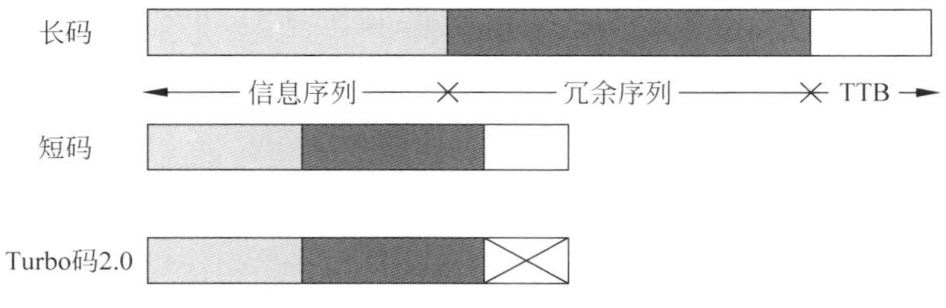

图 2.3.2　Turbo 码咬尾处理示意图

另一个重要源头在于交织器和打孔的优化设计。交织器是将序列打乱，防止错误连续发生，而所谓打孔，是指在编码过程中刻意地不传输一些比特位，达到提高频谱效率的目的，在LTE时代，Turbo码的交织器和打孔是独立设计的，两者并没有一个整体的优化，这样一来有些权重比较高的信息可能会被打孔器打掉，直接导致码间距最小距离变短，使得在解码过程中引入大量错误，在Turbo码2.0下，交织和打孔得到整体优化，使得高权重的信息始终得到保留，整套设计确保码间的最小距离最大化。虽然Turbo码没有在第三代合作伙伴计划(3rd Generation Partnership Project，3GPP)的5G增强移动宽带(enhanced mobile broadband)场景中得到应用，但是在5G的其他场景以及其他通信系统中，改进的Turbo码2.0依然是一个很好的备选方案。

2.4 LDPC码

2.4.1 LDPC码的基本原理与构造

LDPC码是一类特殊的线性分组码，可以由生成矩阵$\boldsymbol{G}$或者校验矩阵$\boldsymbol{H}$表示。对于码长为n，信息位长为k的LDPC码的编码码字$\boldsymbol{c}=\boldsymbol{mG}$，所有的码字序列$\boldsymbol{c}$构成了$\boldsymbol{H}$的零空间(null space)，即$\boldsymbol{Hc}^{\mathrm{T}}=\boldsymbol{0}$，$\boldsymbol{m}$是有限域$GF(q)$上的$k$维信息向量，$\boldsymbol{G}$和$\boldsymbol{H}$的元素也都是在有限域$GF(q)$上取值，通常情况下$q=2$，为二元LDPC码，当$q>2$时为多元LDPC码。但是与一般线性分组码不同，LDPC码的校验矩阵拥有非常低密度的“1”，被称为低密度奇偶校验矩阵，译码复杂度低。每行中具有“1”的数目称为行重，每列中具有“1”的数目称为列重。在LDPC码中，根据行重或者列重是否一致，可以分为规则码或者非规则码。如果一个LDPC码的行重、列重不是唯一的值，则该LDPC码是非规则的。

LDPC码除了采用稀疏校验矩阵表示之外，还可以用二分图表示，也称为Tanner图，如图2.4.1所示。Tanner图中包含了变量节点和校验节点，规则LDPC码对应的Tanner图中所有变量节点的度数都相同且等于$\boldsymbol{H}$中的列重，所有校验节点的度数都相同且等于$\boldsymbol{H}$中的行重，这样的Tanner图称为规则图，否则称为非规则图。通常情况下，非规则LDPC码能够获得比规则LDPC码更好的性能。因此，很多研究集中在非规则LDPC码的码字构造上。

LDPC码是通过求解低密度奇偶校验矩阵的零空间得到真实码字，要想构造LDPC码首先得构造奇偶校验矩阵，现在有很多方法能够构造性能较好的LDPC码。经典的构造方法可以分为两大类：随机构造法和结构性构造法。

其中，通过设计的度分布进行搜索的随机构造法构造的LDPC码需要考虑它们的Tanner图的某些特性，如环长、度分布和停止集等。Gallager码和MacKay

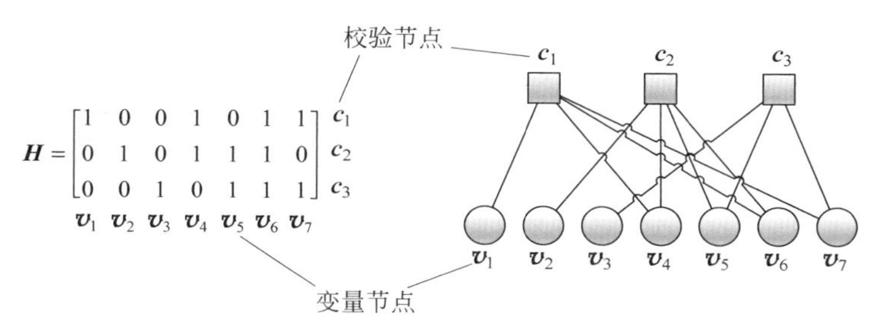

图 2.4.1　校验矩阵与 Tanner 图的对应关系图

码就是最典型的随机码[41-42,215,246]，在码长足够长的情况下，这些随机码的性能非常逼近香农极限，其中随机码构造的非规则码会比规则码性能更好。

随机构造法构造的 LDPC 码，虽然性能比较优异，但是由于校验矩阵结构的随机性使其编解码的实现十分复杂，故国内外各大通信标准中采用的 LDPC 码都是具有特殊结构的结构化 LDPC 码，为了使其编码复杂度降低以及易于实现，常采用具有循环或准循环（Quasi Cyclic，QC）结构的 LDPC 码编码。结构码有较低的译码错误平层；与同一参数的结构码相比，长的随机码一般在瀑布区接近香农极限，其中非规则码依赖于度分布的设计以及停止集的最小距离，能够获得更好的性能。

QC-LDPC 码是用代数方法构造的准循环 LDPC 码，其校验矩阵是由一组循环子矩阵组成。一个由 $M\times N$ 个循环子矩阵组成的校验矩阵具有如下的结构：

$$\boldsymbol{H}=\begin{bmatrix}\boldsymbol{A}_{0,0} & \boldsymbol{A}_{0,1} & \cdots & \boldsymbol{A}_{0,N-1}\\ \boldsymbol{A}_{1,0} & \boldsymbol{A}_{1,1} & \cdots & \boldsymbol{A}_{1,N-1}\\ \vdots & \vdots & & \vdots\\ \boldsymbol{A}_{M-1,0} & \boldsymbol{A}_{M-1,1} & \cdots & \boldsymbol{A}_{M-1,N-1}\end{bmatrix} \tag{2.4.1}$$

其中 $\boldsymbol{A}_{i,j}$ 是 b 阶的子矩阵，由全零矩阵或单位矩阵的循环移位矩阵组成。移位值 a_{ij} 唯一确定了一个移位单位矩阵，若 a_{ij} 的值是正整数，则 $\boldsymbol{A}_{i,j}$ 是 b 阶的单位矩阵向右循环移位 a_{ij} 列得到的矩阵，即 $\boldsymbol{A}_{i,j}$ 的第一行第 $a_{ij}+1$ 列为“1”，该行的其余列为“0”，其余各行则是其上一行向右循环移位 1 位的结果；若 a_{ij} 的值是“0”，则 $\boldsymbol{A}_{i,j}$ 是 b 阶的单位矩阵；若 a_{ij} 的值是“-1”，则 $\boldsymbol{A}_{i,j}$ 是 b 阶的全零矩阵。例如，下面给出了 $a_{ij}=3,b=7$ 的移位单位矩阵 $\boldsymbol{A}_{i,j}$。

$$\boldsymbol{A}_{i,j}=\begin{bmatrix}0&0&0&1&0&0&0\\0&0&0&0&1&0&0\\0&0&0&0&0&1&0\\0&0&0&0&0&0&1\\1&0&0&0&0&0&0\\0&1&0&0&0&0&0\\0&0&1&0&0&0&0\end{bmatrix} \tag{2.4.2}$$

还有另一种复杂的 QC-LDPC 码，其非零子矩阵是由两个或两个以上不同移位值的移位单位矩阵叠加组成的，即非零子矩阵的行重、列重均大于 1。QC-LDPC 码的出现大大降低了 $\boldsymbol{H}$ 矩阵的存储量，只需存储子矩阵第一行“1”的位置，另外简化了编解码器实现的复杂度。而对于复杂一点的 QC-LDPC 码，将其拆分成简单的移位单位矩阵后，加上一些额外的处理，仍可以利用简单 QC-LDPC 码的编解码方法。

近几年，由于具有准循环特性的 LDPC 码利于其编解码器的实现，许多学者提出了各种高性能的 QC-LDPC 码的构造方法。例如，高码率 QC-LDPC 码的构造方法、利用有限域代数的方法构造 QC-LDPC 码、利用外部信息度(extrinsic message degree)的度量构造 QC-LDPC 码、近似周期外部信息度的度量构造 QC-LDPC 码、利用欧几里得几何的方法构造 QC-LDPC 码、利用二次置换多项式的 QC-LDPC 码的构造方法。另外，由于多进制 LDPC 码被认为具有更好的性能增益，因此其构造方法也成为近几年的研究热点之一，如利用滑动窗口的多进制 LDPC 码构造方法、多进制 QC-LDPC 码的构造方法、可快速编解码的多进制 LDPC 码的构造方法等。当然，还涌现出了其他许多新的 LDPC 码的构造方法，如改进的边缘增长(progressive edg-growth)构造方法、LDPC 卷积码的构造方法等。LDPC 码的构造方法朝着性能更优、更有利于编解码的方向发展。

实际通信过程中，LDPC 码码字结构需要根据信道噪声统计特性进行设计，而传统高斯噪声设计的 LDPC 码在对称 α 稳定分布噪声系统中并不能达到最优性能。目前在对称 α 稳定分布噪声条件下的码字设计相对较少，主要是其他一些脉冲噪声模型的研究。通过将脉冲噪声信道近似为高斯噪声信道和删除信道的结合，Ardakani 等人利用密度进化设计了脉冲噪声信道下的 LDPC 码优化度分布，能够获得较低的译码门限[55]。Hall 研究了对称 α 稳定分布噪声信道上的分组马尔可夫叠加传输机制，分析了分组马尔可夫叠加传输系统的性能下界[26]。

2.4.2 LDPC 码的编码算法

由 2.4.1 节可知，LDPC 码作为线性分组码的一种，它的编码算法和线性分组码相似，故可用线性分组码通用的方法来进行编码。对一个校验矩阵 $\boldsymbol{H}$ 而言，生成矩阵 $\boldsymbol{G}$ 可以通过矩阵的初等变换求得。假设校验矩阵 $\boldsymbol{H}=[\boldsymbol{H}_1 \quad \boldsymbol{H}_2]_{m\times n}$，那么生成矩阵法的编码步骤可归纳如下：

(1) 将校验矩阵通过初等变换为形如 $\boldsymbol{H}=[\boldsymbol{P} \quad \boldsymbol{I}_1]$ 的矩阵。其中，$\boldsymbol{I}_1$ 为 m 阶单位矩阵。

(2) 根据校验矩阵 $\boldsymbol{H}$ 和生成矩阵 $\boldsymbol{G}$ 的关系：$\boldsymbol{H}\boldsymbol{G}^{\mathrm{T}}=\boldsymbol{0}$，进一步得出生成矩阵 $\boldsymbol{G}=[\boldsymbol{I}_2 \quad \boldsymbol{P}^{\mathrm{T}}]$，其中 $\boldsymbol{I}_2$ 为 $n-m$ 阶单位矩阵。

(3) 用信息比特 $\boldsymbol{s}$ 乘以生成矩阵 $\boldsymbol{G}$，得出码字 $\boldsymbol{c}=\boldsymbol{sG}$。

虽然 LDPC 码的奇偶校验矩阵是稀疏的，但是它的生成矩阵未必具有稀疏特性，故该方法的编码复杂度较高，与码长成平方倍的关系。因此，学者们开始研究一些更低复杂度、更小编码时延的 LDPC 码的编码算法，主要有以下两种方法。

(1) 利用预处理后的校验矩阵的编码算法。这种编码算法的主要思路是先对校验矩阵进行一定的预处理，而后直接采用预处理后的校验矩阵进行编码，无须再产生生成矩阵，以降低编码复杂度。按这种思想形成的编码算法主要有：①Mackay 和 Neal 提出的 LU 分解算法[42]。该方法利用高斯消元法将校验矩阵转换为下三角矩阵结构，便可以进行迭代编码，一定程度上简化了编码，但预处理后的矩阵是非稀疏的，故编码复杂度依旧很高。②Richardson 提出的近似下三角矩阵的编码方法[162]。该方法只对校验矩阵做行列的置换和线性变换，使预处理后的矩阵大部分还具有稀疏性，且矩阵右上角变换为下三角矩阵可以迭代编码，降低了编码复杂度，但编码时延的问题依旧没有解决。

(2) 具有特殊结构的生成矩阵或校验矩阵的编码算法。设计 LDPC 码时，同时考虑编码的有效性，设计出具有特殊结构的 LDPC 码，但特殊的结构会使 LDPC 码的性能有所降低。许多学者提出了各种针对这些 LDPC 码的编码方法，主要有：①QC-LDPC 码。可采用移位寄存累加器实现编码，使得存储资源消耗少。Huang 等人提出基于伽罗瓦傅里叶变换的 QC-LDPC 码的编码方法，以及针对多角线 QC-LDPC 码的编码方法等[163]。②非规则重复累计(irregular repeat accumulate)码。非规则重复累计码可以看作 Turbo 码和 LDPC 码的共同子集，具有双对角线结构，其编码不需要对校验矩阵进行预处理或变换，存储复杂度也较低，可直接利用前向迭代计算进行编码，运算简单。目前，国内外颁布的各类标准基本上采用具有特殊结构的 LDPC 码，因此基于各种标准的 LDPC 码的编码器设计成为近几年的研究热点，高吞吐率、低复杂度等特性是这些编码器所追求的共同目标。

2.4.3 LDPC 码的译码算法

根据对接收信号电平的不同处理，LDPC 码的译码方法可以分为硬判决译码和软判决译码。硬判决方法是比较利于硬件实现的一种方法，它直接利用码的代数结构译码。主要包括：大数逻辑译码、加权大数逻辑译码、比特翻转译码、加权比特翻转译码。与硬判决译码的方式相比，软判决译码性能较好，主要包括：置信传播译码、最小和译码、线性规划译码等，软判决译码充分地利用接受信号的波形，给译码带来了很好的增益。Gallager 博士在论文中提出的比特翻转(Bit-Flipping，BF)算法和置信传播(Belief Propagation，BP)算法是目前最为通行的两种译码算法[41]，它们构成了目前二元 LDPC 码译码算法的主流。本节主要对这两种译码算法进行分析，并介绍了相关的改进算法。

置信传播（BP）算法是一类重要的消息传递（Message Passing，MP）算法，该算法通过各个节点之间的信息传递来实现译码。为了便于算法描述，根据图 2.4.2 给出如下定义：$V=\{v_i: i=1,2,\cdots,N\}$ 表示变量节点集合，$C=\{c_i: i=1,2,\cdots,M\}$ 表示校验节点集合，a 表示变量节点的数值，在二元域中 a 的取值为 0 或 1。R_{ij}^a 表示校验节点 c_i 更新后传递给变量节点 v_i 的消息，是在 $v_i=a$ 时和校验式 c_j 中其他变量节点状态分布已知的条件下，校验关系 c_j 满足的置信度。Q_{ij}^a 表示变量节点 v_i 更新后传递给校验节点 c_i 的消息，是除 c_j 外，v_i 参与的其他校验节点提供的 $v_i=a$ 时的置信度。

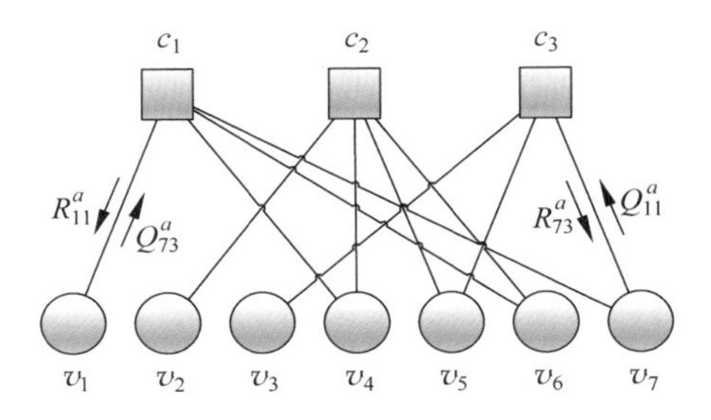

图 2.4.2　Tanner 图的信息传递

在 AWGN 信道中的二元 LDPC 码译码时，首先确定信道后验概率 $f_i^a=P(v_i=a\,|\,y_i)$ 和最大迭代次数 L，然后对奇偶校验矩阵中元素 $h_{ij}=1$ 的所有 i,j 首先执行初始化操作：$Q_{ij}^0=f_i^0$；$Q_{ij}^1=f_i^1=1-f_i^0$，$R_{ij}^0=R_{ij}^1=1/2$。BPSK 调制下，单边噪声功率谱密度为 $N_0=2\sigma^2$ 时，信道后验概率为 $f_i^0=1/(1+\exp\{-2y_i/\sigma^2\})$，$f_i^1=1-f_i^0$。然后进行迭代过程，分别做水平更新 R_{ij}^a 和垂直更新 Q_{ij}^a，得到校验节点 c_j 和变量节点 v_i 在相应条件下的概率。最终尝试译码，分别连乘 R_{ij}^0 与 R_{ij}^1 计算变量节点的伪后验概率 e_i^0 与 e_i^1。在 e_i^0 或 $e_i^1\geqslant 0.5$ 时，判定 v_i 为 0 或 1，得到当前译码 x_i；在所有比特被译出后，得到译码矢量 $\hat{\boldsymbol{X}}=(x_1,x_2,\cdots,x_n)$，尝试进行判决，如果 $\boldsymbol{H}\hat{\boldsymbol{X}}=\boldsymbol{0}$，则停止译码，输出 $\hat{\boldsymbol{X}}=(x_1,x_2,\cdots,x_n)$ 作为有效输出值，否则继续迭代过程，如果达到预定迭代次数还未找到满足 $\boldsymbol{H}\hat{\boldsymbol{X}}=\boldsymbol{0}$ 的码字，则宣告译码失败。对数域的 BP 算法与概率域的 BP 算法过程类似，运算更加精确高效。

标准的 BP 译码算法，在译码的过程中变量节点更新由大量的加法构成，而校验节点的信息更新则包含了更多的乘法、tanh 和 artanh 运算。Hagenauer 等人基于雅可比对数的方法对 tanh 和 artanh 运算做出了简化[166]。Masera 等人使用查找表的方法代替 tanh 和 artanh 运算，损失了一定的运算精度[167]。Papaharalabos 等人利用了 tanh 和 artanh 函数的特点，提出了一种改进的查找表方法[168]，其性能相较于 Masera 等人的算法有了一定的提升。而 Fossoier 针对 tanh 和 artanh 函数的单调性对校验节点的消息更新表达式进行了简化，校验节点更新只需有限次比较运算，这种方法被称为最小和译码算法[169]，在很大程度上降低了 BP 算法的复杂度。由于采用近似的表达方式，最小和译码算法与 BP 算法存在着一定的性能差距。由 tanh 和 artanh 函数的性质可知，在校验节点更新时传递的消息被放大了，因此采用归一化最小和(Normalized Min-Sum，NMS)和修正偏移量最小和(Offset Min-Sum，OMS)算法对放大的数据做出了修正。NMS 和 OMS 算法采用的修正因子一般通过仿真可以得到，采用适当的修正因子可以使得他们的算法性能接近 BP 算法。NMS 算法和 OMS 算法采用固定的修正因子，该修正因子并不适用于每一次的迭代算法，因此有学者提出了自适应修正因子最小和(adaptive offset min-sum)算法[170]。在迭代译码中找到合适的修正因子需要增加少许的复杂度，但却在性能上优于 NMS 和 OMS 算法。

BF 算法没有利用信道的软信息，而是直接使用硬判决，在实现时只需要作逻辑判断，因此实现较为简单，但同时伴随着很差的译码性能。BF 算法研究的核心是以不增加译码复杂度为前提，提高 BF 算法的译码性能。加权比特翻转(Weighted Bit-Flipping，WBF)是基于可信度信息，对每个校验方程赋予不同的权值。WBF 算法虽然使用信道软信息，使得 BF 算法的复杂度提高，但是 BF 算法的译码性能得到了显著的提升。在 WBF 算法中，每次迭代都要从一个数组中选择一个最大值作为翻转比特，Yang 等人提出改进的加权比特翻转(improved weighted bit-flipping)算法用投票机制对最大值的选择过程做出了简化，在一定程度上降低了 WBF 算法的复杂度[171]。混合的译码方法是，首先使用 WBF 算法进行译码，在 WBF 算法译码失败的情况下进行 BP 算法译码，该混合译码提高了纠错性能，但是译码复杂度也有一定的增加。Zhang 等人提出的修正加权比特翻转(Modified Weight Bit-Flipping，MWBF)算法是在 WBF 算法的基础上为每个变量节点的接收信息和固有信息提供约束条件[172]。改进的修正加权比特翻转(improvement modified weighted bit-flipping)算法在 MWBF 算法的基础上采用与最小和算法相同的方法对校验节点的更新简化，使得 MWBF 算法的性能有了明显的提升。还有学者提出动态加权比特翻转(dynamic weighted bit-flipping)算法[173]，与最小和译码算法性能相近，该算法包含了翻转函数、翻转阈值和校验节点权值更新 3 个步骤。

2.5 极化码

2.5.1 极化理论研究

极化码源于信道极化理论，信道极化使得多个相同的信道产生差异性，从而出现较好的信道和较差的信道。信道极化是一个渐进过程，首先从两个信道的情况开始介绍。图2.5.1给出了两个信道时的极化构造过程。

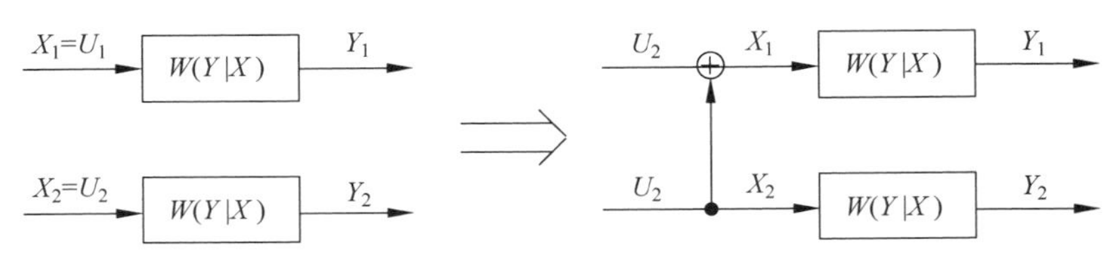

图2.5.1 两个信道的信道极化

对于二进制离散无记忆信道(binary discrete memoryless channel)$W(Y|X)$，输入变量$X\in\mathcal{X}$，输出变量$Y\in\mathcal{Y}$，用X_1^2表示序列(X_1,X_2)。如果将原始信息直接输入信道，有$X_1^2=U_1^2$，信道转移概率满足$P_{Y_1^2|X_1^2}(y_1^2|x_1^2)=P_{Y|X}(y_1|x_1)P_{Y|X}(y_2|x_2)$。

进行信道极化时，取极化核为$\begin{pmatrix}1 & 0\\ 1 & 1\end{pmatrix}$，则$X_1^2=U_1^2\begin{pmatrix}1 & 0\\ 1 & 1\end{pmatrix}=(U_1\oplus U_2,U_2)$，根据互信息的链式法则，有$I(X_1^2;Y_1^2)=I(U_1^2;Y_1^2)=I(U_1;Y_1^2)+I(U_2;Y_1^2|U_1)$，信道$W^2(Y_1^2|X_1^2)$可以看成两个信道，此时概率分布为$P_{U_2|Y_1^2,U_1}$，对于信道有$I(W_2^{(1)})\leqslant I(W)\leqslant I(W_2^{(2)})$。

这个现象说明，对两个信道进行组合分解并考虑这种分解信道时，可以得到有差距的两个信道，同时得到比原信道好和比原信道差的信道。而如果继续如此操作的话，可以不断得到性能更好的信道和性能更差的信道。由于这种方式并不会减少总容量，持续操作的话，子信道容量将趋于1或者0，那些趋于1的子信道容量之和将趋于信道总容量。

2.5.2 极化码的构造方法研究

在实际通信系统中，极化码的长度并非趋于无穷，那么当极化码码长有限时，其性能依赖于构造方案。图2.5.2展示了目前极化码码字构造方法的研究分支图，其中包含了两个不同的方向：第一个大方向为极化码冻结集和信息位的选取方法；第二个大方向为码长可变极化码的构造方法。接下来我们分别对这两个方向进行介绍。

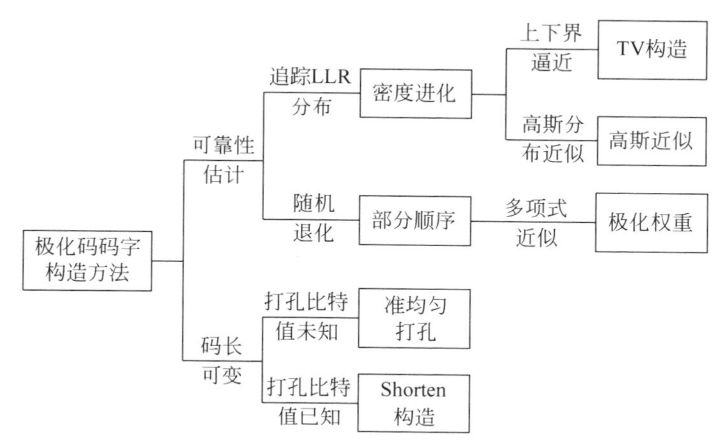

图 2.5.2　极化码码字构造主要方法

第一个方向的基本研究思路是估计极化子信道的可靠性，并选取可靠性较高的极化子信道来传输信息比特，其余极化子信道用来传输冻结比特。因为信道的巴氏参数为在最大似然(Maximum-Likelihood，ML)译码准则下经过该信道传输信息的错误概率上界，所以巴氏参数可以用来衡量信道的可靠性大小。当底层信道为二进制删除信道(binary erasure channel)时，可以根据 Arikan 原始论文中给出的极化子信道巴氏参数递归公式计算每个极化子信道的巴氏参数[48]。但是当底层信道为其他类型的信道时，例如在 AWGN 信道中，这种方法就不再适用了。

为了适用于一般二进制离散无记忆信道(binary discrete memoryless channel)，以色列理工学院的 Tal 教授和加州大学圣地亚哥分校的 Vardy 教授基于 Mori 和 Tanaka 提出的密度进化(density evolution)构造方法[174-175]对比特信道的完整转移概率矩阵进行估计，通过升降级量化极化比特信道解决了算法存储需求度随着码长增加呈指数型增长的问题[176]，同时为量化带来的性能损失提供了理论保障，是迄今为止最准确的具有理论保证的构造算法，但它的实现复杂度同样很高。2012 年，Trifonov 基于高斯估计针对 AWGN 信道提出了一种比特信道估计算法——高斯近似(gaussian approximation)构造[177]，既能有效近似极化比特信道的情况，又能大力地削减算法复杂度，因此得到了广泛认可。为了便于极化码的理论落地应用，华为 He 等人提出极化重量(polarization weight)算法[178]，通过对每一步递归进行 β 展开以快速构造极化码，实现低复杂度的 AWGN 极化信道置信度排序。

第二个方向为码长可变极化码的构造。在通信系统中，为了提升吞吐量和灵活性,有时需要对编码码字进行打孔处理以实现码长可随意调节的目的。而原始极化码的码长只能为 2 的幂次方,所以需要对极化码的码字进行打孔。

Niu 等人首先为极化码提出了准均匀打孔(quasi-uniform puncture)方案,并证明了通过所提方法得到的生成矩阵比随机打孔方法有更好的行重特性[179]。采用该打孔方案时接收端无法得知被打孔比特的具体值的后验概率,将被打孔掉比特的后验概率置为 0、1 等概。仿真结果表明其性能优于宽带码分多址移动通信(wideband code division multiple access)和长期演进(LTE)中所用 Turbo 码的性能。该打孔方案被 5G 标准确定为低码率极化码的打孔方案。Wang 等人提出了极化码的 Shorten 构造方法[180]。根据极化码生成矩阵的下三角特性,所提方法将位置靠后的信息位比特直接置为冻结集,使得部分编码码字变为收发双端都已知的值。仿真结果表明在高码率下,所提方案的性能优于准均匀打孔方案。该打孔方案被 5G 标准确定为高码率极化码的打孔方案。

2.5.3 极化码的译码算法研究

为了提升极化码在有限码长下的性能,学者们提出了各种各样的译码算法。如图 2.5.3 所示将现有极化码的主要译码算法进行了归类总结,并简要标明了相应的改进方法。

首先根据译码算法输出似然信息的类型将其分为硬译码和软译码两大类。第一大类中比较有代表性的译码算法包括极化码的球形译码、线性规划(Linear Programming,LP)译码和经典串行消去(Successive Cancellation,SC)译码算法及其改进算法。

极化码的解码通常使用串行消去译码方式。第一步,把比特索引号大的一半当作随机噪声,根据接收到的数据去解码比特索引号小的一半;第二步,把解出来的比特索引号小的一半当作已知比特,根据接收到的数据去解码比特索引号大的一半。解码是串行进行的,并且在解码后面比特的时候充分考虑了前面比特的影响。从而逐步消除了之前比特的影响。SC 译码也可以看作在码树上进行逐级判决搜索路径的过程。也就是说,从树根开始,对发送比特进行逐级判决译码,先判决的比特作为可靠信息辅助后级比特的判决,最终得到一条译码路径。SC 译码是次优译码,在仅有一个运算单元的情况下,时间复杂度为 $O(N\log N)$,空间复杂度为 $O(N)$。简化串行消去(Simplified SC,SSC)译码算法将译码节点分为 rate-1,rate-0 和 rate-R 共 3 类,对经典 SC 译码算法进行了简化,在不损失误块率(bLock error rate)性能的情况下,降低了译码时延。

在极化码的码长有限情况下,由于信道极化现象不理想。有一部分子信道容

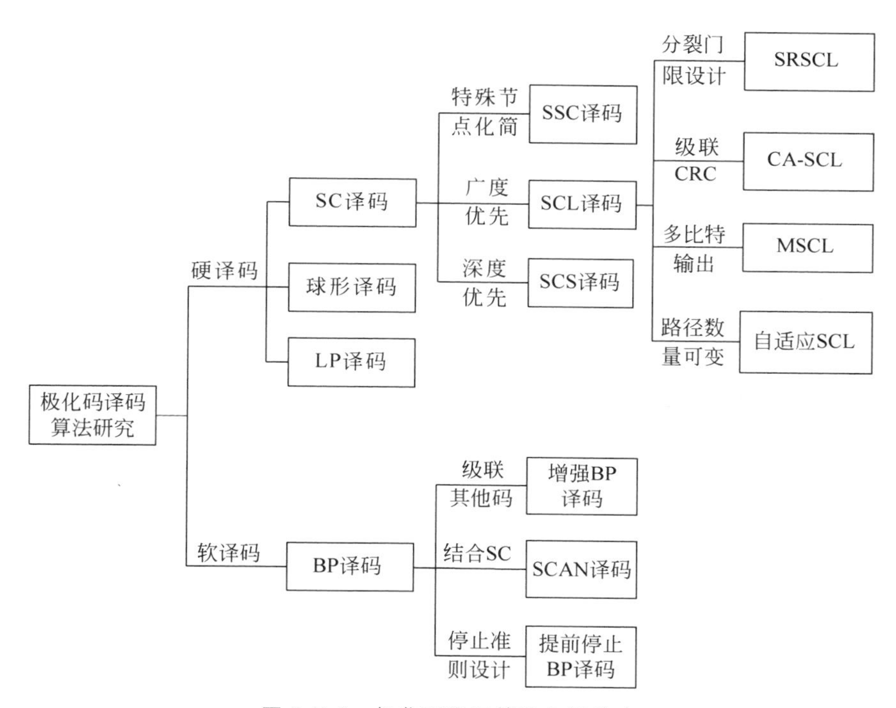

图 2.5.3　极化码译码算法主要分支

量介于 0 和 1 之间。在译码承载这些子信道上的信息比特时，如果直接进行硬判决，会由于信息量不够导致译码错误，针对这一现象，Tal 等人提出了逐次消去列表(Successive Cancellation List，SCL)译码算法[182]，在译码每个信息比特时，允许保留多条译码路径，并利用路径度量(Path Metric，PM)值来评估各条路径是正确路径的可能性，广度优先搜索可能性最高的路径作为译码结果。其中保存路径的数目 L 一般为 SCL 译码算法的列表大小。SCL 译码器的时间复杂度为 $O(LN\log N)$，空间复杂度为 $O(LN)$，SCL 算法因其优越的误块率性能得到了广泛的研究。Chen 等人提出在 SCL 译码中根据阈值进行幸存路径删减步骤[183]。Niu 等人通过与循环冗余校验(Cyclic Redundancy Check，CRC)码级联，进行 CRC 辅助的 SCL 译码(CRC Aid SCL，CA-SCL)译码[184]，可以在译码结束时，将通过 CRC 校验且 PM 值最小的序列作为译码结果输出，显著提高极化码的性能。为了降低 SCL 译码算法的时延，有学者提出了一种多比特 SCL(Multi-bit SCL，MSCL)译码算法[185]，该算法可以在一个判定时刻同时译出多个码字比特。同时，通过对候选路径正确性的判断来降低路径计算的复杂度。当信道条件较好时，SCL 译码器设置过大的列表来译码，这是一种资源的浪费。因此，Li 等人提出了自适应的 SCL 译码算法[186]。当译码失败时，SCL 译码器的列表大小就翻倍直到最大的允许的列表大小，该译码算法通过这种渐进的方式来降低译码的平均复杂度。

基于深度优先的设计思想，Niu 等人提出堆栈串行消去（Successive Cancellation Stack，SCS）译码算法从而杜绝无效的路径拓展过程[187]，每次只扩展候选路径中 PM 值最小的路径。当 SNR 较高时 PM 值区分度相对较高，SCS 译码算法平均计算复杂度较低。但当 SNR 较低时，SCS 译码算法需要频繁切换扩展路径，复杂度有一定提升。当列表大小较小时，译码性能仍存在提升空间。Kahraman 等人首次提出将球译码算法引入到极化码中从而达到最大似然译码性能[188]，其算法复杂度为立方级。为了降低球译码复杂度，Niu 等人和 Guo 等人分别针对路径度量和半径进行约束[189-190]。极化码的译码问题可以看作一个优化问题，于是，Goela 和 Korada 等人将 LP 译码算法应用于极化码[191]。虽然 LP 译码算法的译码性能优于 SC 译码算法，但其译码复杂度较高，目前对 LP 译码算法的研究还处在初步阶段。

第二大类软译码算法中比较有代表性的为 BP 算法及其改进算法。极化码生成矩阵 $\boldsymbol{G}$ 可用因子图来表示。因此极化码可用 BP 算法来解码。BP 算法通过节点直接相互传递信息来实现，每一个节点的消息都可以通过已知的基本计算模块的邻节点来进行迭代计算。如果 CRC 成功，或者达到最大迭代次数则停止解码，输出解码结果。然而，极化码因子图中存在较多短环，导致在迭代过程中因子图节点信息具有较强的相关性，因此性能较差。为了提高软译码算法性能，Fayyaz 等人提出一种基于 SC 算法的软输入软输出算法[193]，相对于 BP 算法性能较优，但是仍然劣于 CA-SCL 译码算法。Zhang 等人通过统计最可靠冻结比特的误比特率进行早期中止[194]，Simsek 等人通过记录 BP 算法中连续两次迭代最不可靠信息比特的 LLR 符号位的变化量来判断是否进行早期中止[195]，而 Ren 等人提出两种方法：第一种是使用 CRC-Polar 级联码，如果 BP 算法中某次迭代译码结果通过 CRC 校验，则进行早期中止；第二种是使用 BP 算法中连续两次迭代译码获得的 LLR 向量之差的无穷范数作为终止条件（若该范数小于某个阈值则进行早期中止）[196]。

2.6 本章小结

本章主要介绍了差错控制编码的发展历程。首先介绍了差错控制编码的基本概念和研究背景；其次，介绍了 70 年来差错控制编码的发展历史，差错控制编码可以整体上概括为两种不同的类型，分组码和卷积码，本章梳理了重要编码方案诞生的时间节点和重要意义；最后，本章还对 5G 差错控制编码三大候选码进行了研究分析，重点介绍了 Turbo 码、LDPC 码和极化码的基本理论、编码构造方式以及译码算法，为后续的研究奠定了理论基础。

第 3 章

脉冲噪声信道码字构造

作为一类性能优越的纠错编码，LDPC 码在高斯噪声条件下已经被广泛研究，且最好的 LDPC 码距离香农极限只差 0.0045dB。然而，在加性白噪声对称 α 稳定噪声（Additive White Symmetric α Stable Noise，AWSαSN）信道中 LDPC 码的编译码研究相对较少，特别是缺少关于 AWSαSN 信道的码字优化的研究。众所周知，通过密度进化（Density Evolution，DE）、外信息转移（EXtrinsic Information Transfer，EXIT）图等方法，我们可以对 LDPC 码的渐进性能进行分析。其中，EXIT 图不仅可以直观观察 LDPC 码的渐进性能，而且能够通过调节变量节点和校验节点的度分布，观察变量节点和校验节点的 EXIT 图是否相交，并对其度分布进行优化。EXIT 图分析是一种基于互信息量的迭代方法，而互信息量的求解需要用到迭代过程中传递信息的概率密度函数。对称 α 稳定分布的概率密度函数没有数学闭式表达式，因此如何得到迭代过程中软信息的概率密度函数，如何利用 EXIT 图对 SαS 噪声分布条件下的 LDPC 码度分布进行优化设计，是本章所要研究的问题。

3.1 引言

由第 1 章的介绍可知，实际生活中的大量通信场景存在脉冲噪声，相比于高斯噪声，脉冲噪声具有短时、大幅值、分布重尾的特点。α 稳定分布可以有效地描述脉冲噪声的统计特性，其中 SαS 分布是一种特殊的稳定分布，在各类非高斯通信系统中得到了广泛研究。

虽然 LDPC 码在高斯信道下的研究非常成熟，但是，在 AWSαSN 信道下的研究却不是很多，尤其是针对 SαS 分布噪声特性的 LDPC 码码字优化研究。在高斯噪声信道中，一般采用 DE 或 EXIT 图优化方法分析 LDPC 码的渐进性能。相比 DE 方法，EXIT 图分析不仅非常直观，还能够用来优化 LDPC 码的度分布设计。由于 SαS 分布大多数情况下没有概率密度函数的数学闭式表达式，很难给出 AWSαSN 信道下的 EXIT 图的理论分析。

本章介绍了一种 AWSαSN 信道下基于 EXIT 图分析的 LDPC 码度分布优化设计方法。首先对 EXIT 图进行研究，EXIT 图可以通过计算输入符号和节点更新过程中传递信息的互信息量，知道节点更新过程中传递信息的概率密度函数。在 AWSαSN 信道下，很难理论求解其概率密度函数，因此考虑利用离散密度进化得到节点更新过程中传递信息的概率质量函数，并将互信息量求解公式中的积分运算改为求和运算。基于 EXIT 图分析，采用不断搜索的方法得到 AWSαSN 信道的 LDPC 码最优度分布。

3.2 信道模型介绍

3.2.1 α 稳定分布模型

α 稳定分布是基于广义中心极限定理，可以对包括电力线通信、水声通信、极低频/甚低频通信等场景存在的脉冲噪声进行有效的描述。α 稳定分布非常灵活，被用来描述具有尖峰脉冲波形和重尾分布的脉冲噪声，可以看成高斯分布的一般化，包含了脉冲特性。α 稳定分布（$S(\alpha,\beta,\delta,\gamma)$）可以通过特征函数来表征：

$$\phi(t)=\exp\{\mathrm{j}\delta t-|\gamma t|^{\alpha}(1-\mathrm{j}\beta\operatorname{sign}(t)\omega(t,\alpha))\} \tag{3.2.1}$$

其中 $\omega(t,\alpha)$ 可以定义为

$$\omega(t,\alpha)=\begin{cases}\tan(\pi\alpha/2), & \alpha\neq 1\\ -2/\pi\log|t|, & \alpha=1\end{cases} \tag{3.2.2}$$

通信系统中的 α 稳定分布模型，相较于其他模型，更具有灵活性，常被用来描述具有尖峰脉冲波形和重尾分布的非高斯噪声。α 稳定分布模型 $S(\alpha,\beta,\delta,\gamma)$ 的 4 个参数 α、β、δ、γ，决定了服从该分布的变量 x 的概率密度函数 $f_{\alpha}(\beta;\ \delta;\ \gamma;\ x)$，其中：

(1) α 是脉冲指数参数（$0<\alpha\leqslant 2$），该参数控制了 α 稳定分布的概率密度函数的拖尾的厚度，也表示了噪声信道的脉冲强度，α 越小，说明噪声信道脉冲强度越大，当 α 接近于 2 时，噪声信道越接近高斯噪声信道。

(2) β 表示 α 稳定分布的概率密度函数的歪斜程度，当 $\beta=0$ 时，α 稳定分布是一个对称分布，且关于 δ 参数对称。

(3) δ 是位置参数，表示 α 稳定分布的概率密度函数的中间值或者均值，当

$\alpha>1$ 时，表示概率密度函数的均值，反之，则表示为概率密度函数的中间值。

(4) γ 是尺度参数，用来衡量样本偏离中心值的程度。

类似于高斯分布，当 $\delta=0,\gamma=1$ 时，α 稳定分布是一个标准的稳定分布。因此，一个随机变量 X 满足 $X\sim S(\alpha,\beta,\delta,\gamma)$，则 $(X-\delta)/\gamma^{1/\alpha}$ 是标准稳定分布。通过计算特征函数(式(3.2.1))的傅里叶反变换，可以得到稳定分布的概率密度函数。不同于高斯分布的概率密度函数具有指数拖尾，稳定分布的概率密度函数是代数拖尾，因此稳定分布的拖尾更厚。

为了进一步描述 α 稳定分布中的4个参数对其概率密度函数的影响，图3.2.1

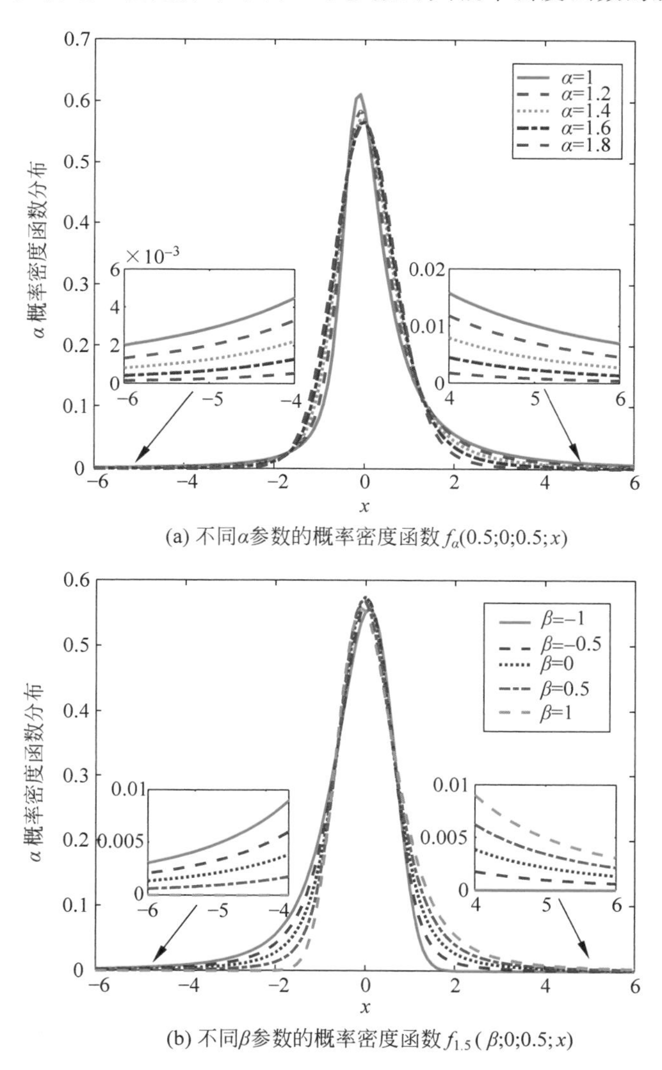

(a) 不同α参数的概率密度函数 $f_\alpha(0.5;0;0.5;x)$

(b) 不同β参数的概率密度函数 $f_{1.5}(\beta;0;0.5;x)$

图3.2.1　不同参数分别发生变化时 α 稳定分布的概率密度函数

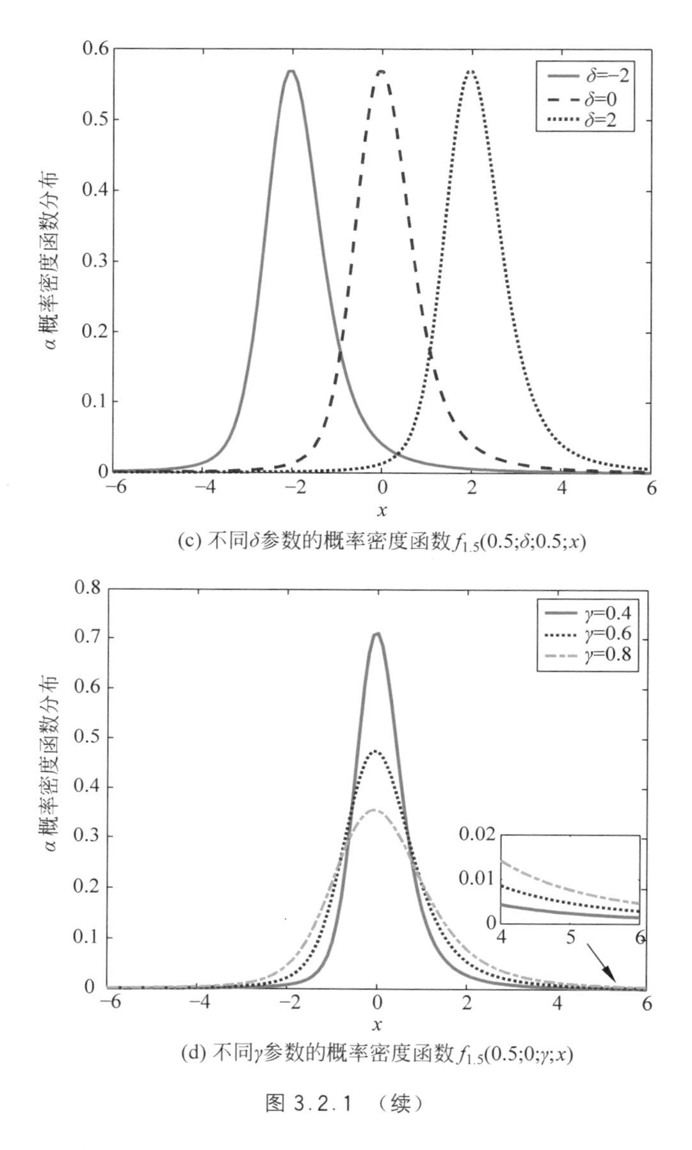

(c) 不同δ参数的概率密度函数$f_{1.5}(0.5;\delta;0.5;x)$

(d) 不同γ参数的概率密度函数$f_{1.5}(0.5;0;\gamma;x)$

图 3.2.1 （续）

中绘制了不同参数分别发生变化时的概率密度函数。在图 3.2.1(a)中，改变参数α，固定参数$\beta=0.5$，$\delta=0$，$\gamma=0.5$，可以看出α参数越小，其拖尾程度越厚。在图 3.2.1(b)中，改变参数β，固定参数$\alpha=1.5$，$\delta=0$，$\gamma=0.5$，可以看出只有当$\beta=0$时，概率密度函数曲线是关于纵轴对称的。在图 3.2.1(c)中，改变参数δ，固定参数$\alpha=1.5$，$\beta=0.5$，$\gamma=0.5$，可以看出δ参数值的改变只导致概率密度函数的横移。在图 3.2.1(d)中，改变参数γ，固定参数$\alpha=1.5$，$\beta=0.5$，$\delta=0$，可以看出γ参数越大，越有可能偏离中心值。

α 稳定分布服从以下一些性质：

性质1　当一个随机变量 X 的分布服从稳定性，则具有如下的充分必要条件：

$$a_1X_1 + a_2X_2 \doteq aX + b \tag{3.2.3}$$

其中，a_1，a_2，a 和 b 是常数。X_1 和 X_2 与 X 具有相同脉冲指数的稳定分布。$A \doteq B$ 表示随机变量 A 和随机变量 B 服从同样的分布。当 $b=0$ 时，随机变量 X 则是严格稳定分布。显而易见，当 n 个独立变量 $X_1, X_2, \cdots, X_n$ 服从相同脉冲指数的稳定分布，则所有变量的加权和 $\sum_{i=1}^{n} a_i X_i$ 同样满足相同脉冲指数的稳定分布。

性质2　广义中心极限定理指出，大量服从 α 稳定分布的随机变量的和趋于一个稳定的分布。

性质3　假设一个随机变量 X 满足稳定分布 $S(\alpha, 0, 0, \gamma)$，c 为常数，则 $cX \sim S(\alpha, 0, 0, |c|\gamma)$。

3.2.2　对称 α 稳定分布模型

本节主要研究 SαS 分布噪声系统下的 LDPC 码，在信道传输过程中采用二进制相移键控(BPSK)调制模式。经过 BPSK 调制后的输入符号表示为 $Z \in \{+1, -1\}$，将已调符号发送到无记忆 AWSαSN 系统中，信道输出符号表示为 $Y = Z + N$，式中 N 是服从对称 α 稳定分布的噪声随机变量。

在 3.2.1 节中，我们通过图 3.2.1 形象地描述了不同参数分别发生变化时，对于 α 稳定分布的概率密度函数产生的影响，在图 3.2.1(b)中可以看出只有当 $\beta=0$ 时，概率密度函数曲线是关于纵轴对称的，此时我们便得到了具有对称性质的对称 α 稳定(Symmetric α Stable，SαS)分布。

我们将式(3.2.1)中的 β 设置为 0，可以推导出 SαS 分布的特征函数，表示为

$$\phi(t) = \exp(\mathrm{j}\delta t - |\gamma t|^{\alpha}) \tag{3.2.4}$$

SαS 分布的概率密度函数可以通过将特征函数的傅里叶反变换求得，因此可以将 SαS 分布的概率密度函数 $f_\alpha(\delta; \gamma; x)$ 表示为

$$f_\alpha(\delta; \gamma; x) = \frac{1}{2\pi}\int_{-\infty}^{\infty} \exp(\mathrm{j}\delta t - |\gamma t|^{\alpha}) \mathrm{e}^{-\mathrm{j}tx} \, \mathrm{d}t \tag{3.2.5}$$

通常情况下(不包括 $\alpha=2$ 和 $\alpha=1$ 的情况)，SαS 分布的概率密度函数没有闭式表达式。当 $\alpha=2$ 时，对称 α 稳定分布就是高斯分布，其概率密度函数表示为

$$f_2(\delta; \gamma; x) = \frac{1}{2\sqrt{\pi}\gamma} \exp\left[-\frac{(x-\delta)^2}{4\gamma^2}\right] \tag{3.2.6}$$

需要注意的是，当 $\alpha=2$ 时，方差是有限的，且高斯分布的方差 σ^2 是表示散度程度的尺度参数 γ 的平方的 2 倍：$\sigma^2=2\gamma^2$。

当 $\alpha=1$ 时，SαS 分布就是柯西分布，其概率密度函数可以表示为

$$f_1(\delta;\gamma;x)=\frac{1}{\pi}\frac{\gamma}{\gamma^2+(x-\delta)^2} \tag{3.2.7}$$

为了方便描述可以将 $f_\alpha(\delta;\gamma;x)$ 表示为 $f_\alpha(\gamma;x-\delta)$。

因此，对称 α 稳定分布是一种特殊的稳定分布，该分布主要有两个参数，其中 α 是脉冲指数参数，表示概率密度分布的拖尾特性，取值范围为 $(0,2]$。γ 是尺度参数，取值范围为 $(0,+\infty)$，用来衡量样本偏离中心值的程度。由上可知，对称 α 稳定分布包含了高斯分布（$\alpha=2$）和柯西分布（$\alpha=1$），且只在这两种情况下才有概率密度函数的闭式表达式，而除了这两种情况，对称 α 稳定分布的特征函数通常表示为

$$\phi(t)=\mathrm{e}^{-|\gamma t|^\alpha} \tag{3.2.8}$$

通过求解式(3.2.8)的傅里叶反变换，可以得到对称 α 稳定分布的概率密度函数，计算表达式为

$$f_\alpha(\gamma;x)=\frac{1}{2\pi}\int_{-\infty}^{+\infty}\exp(-|\gamma t|^\alpha)\mathrm{e}^{-\mathrm{j}tx}\,\mathrm{d}t \tag{3.2.9}$$

其中，α 代表 SαS 分布的特征指数(characteristic exponent)，其大小决定了分布函数拖尾的厚度，即脉冲的强度，取值范围是 $\alpha\in(0,2]$。当 $\alpha=2$ 以及 $\alpha=1$ 时，SαS 分布分别退化为高斯分布和柯西分布，在实际通信场景下描述脉冲噪声的 SαS 分布中 α 取值通常大于等于 1。当 $\alpha<2$ 时 SαS 分布概率密度函数的拖尾部分渐进等同于帕累托分布(Pareto distribution)，即服从幂律关系。γ 表示 SαS 分布的尺度参数(scale parameter)，取值范围是 $\gamma\in(0,+\infty)$，γ 值的大小用来衡量满足分布的样本偏离其中心值的程度。

服从对称 α 稳定分布的脉冲噪声产生过程的伪代码如下：

算法 3.2.1：对称 α 稳定分布的脉冲噪声生成过程

1：输入 α 和 γ 值
2：随机产生两个服从均匀分布 $U[0,1]$ 的随机变量 u_1 和 u_2
3：$\theta=\pi(u_1-0.5)$
4：$W_1=-\log(u_2)$
5：if $\alpha=1$
6：　　noise$=\gamma\tan\theta$
7：else

8：　　$\text{noise}=\frac{\gamma\sin\alpha\theta}{\cos\theta^{\frac{1}{\alpha}}}(\cos(\alpha-1)\theta/W_1)^{\frac{1-\alpha}{\alpha}}$

9：end

综上所述，SαS 分布服从以下一些性质：

性质 1　当一个随机变量 X 的分布为稳定性分布，则具有式(3.2.3)所示的充分必要条件。

性质 2　广义中心极限定理指出，大量服从 SαS 分布的随机变量和趋于一个稳定的分布。

性质 3　对于一个满足 SαS 分布的随机变量，变量值无穷大时的概率如下：

$$\lim_{x\to\infty}P(v>x)=\frac{\gamma^{\alpha}C_{\alpha}}{x^{\alpha}} \tag{3.2.10}$$

其中 $C_{\alpha}=\frac{1}{\pi}\Gamma(\alpha)\sin\left(\frac{\pi\alpha}{2}\right)$。

性质 4　假设随机变量 X 满足 $S(\alpha,0,0,\gamma)$，并且 c 是一个常量，则 $cX\sim S(\alpha,0,0,|c|\gamma)$。

3.2.3　分数低阶统计量

在高斯分布中，一般采用二阶统计理论作为信号处理的理论基础。其中噪声功率被定义为二阶统计量，用于信号强度的测量。对称 α 稳定分布的二阶统计量是无限的，传统定义噪声功率的方法并不适用，因此，基于最小离差准则的分数低阶统计量(fractional lower order statistics)被提出来处理服从对称 α 稳定分布的随机信号。基于分数低阶统计量，稳定分布在很多通信系统中获得了优于高斯信号处理的性能。

在对称 α 稳定分布中，存在所有低于 α 的分数矩，但不存在高于 α 的整数阶矩。因此，当 $0<\alpha<2$ 时，对称 α 稳定分布的随机变量的二阶矩不存在，但是所有低于 α 的分数矩是存在的，定义为

$$\mathrm{E}\{|X|^{p}\}<\infty,\quad 若\ 0\leqslant p<\alpha \tag{3.2.11}$$

式(3.2.11)中，X 是满足对称 α 稳定分布的随机变量。E{ · }表示随机变量的数学期望。该分数低阶矩可以通过脉冲指数参数 α 和尺度参数 γ 表示为

$$\mathrm{E}\{|X|^{p}\}=D(p,\alpha)\gamma^{p},\quad 若\ 0\leqslant p<\alpha \tag{3.2.12}$$

其中，$D(p,\alpha)$可以表示为

$$D(p,\alpha)=\frac{2^{p+1}\Gamma\left(\frac{p+1}{2}\right)\Gamma\left(-\frac{p}{\alpha}\right)}{\alpha\sqrt{\pi}\Gamma\left(-\frac{p}{2}\right)} \tag{3.2.13}$$

其中，$\Gamma(\cdot)$是伽马函数。

在服从对称 α 稳定分布的噪声系统中，可以用零阶统计量（zero order statistics）理论来处理对称 α 稳定分布，由于 $\mathrm{E}\{\log|X|\}<\infty$，采用对数阶矩 $\mathrm{E}\{\log|X|\}$来定义噪声的强度。因此 X 的几何功率可以定义为

$$S_0(X)=\mathrm{e}^{\mathrm{E}\{\log|X|\}} \tag{3.2.14}$$

经过推导，几何功率的闭式表达式可以表示为

$$S_0(X)=\frac{(C_g)^{1/\alpha}\gamma}{C_g} \tag{3.2.15}$$

其中，$C_g\approx1.78$ 是欧拉常数的指数。

对于任意一个常数 c，都有 $S_0(cX)=|c|S_0(X)$，且服从尺度参数为 1 的对称 α 稳定分布的随机变量的对数阶矩可以表示为

$$\mathrm{E}\{\log|X|\}=\left(\frac{1}{\alpha}-1\right)C_e \tag{3.2.16}$$

其中 $C_e\approx0.5772$ 是欧拉常数。因此式(3.2.15)可以表示为

$$S_0(X)\,|_{\gamma=1}=\mathrm{e}^{\mathrm{E}\{\log|X|\}}=(\mathrm{e}^{C_e})^{\frac{1}{\alpha}-1}=\frac{C_g^{1/\alpha}}{C_g} \tag{3.2.17}$$

其中 $C_g=\mathrm{e}^{C_e}\approx1.78$。如果尺度参数不为 1，由 α 稳定分布性质 3 可知，若 $X'\sim S(\alpha,0,0,1)$，则 $\gamma X'\sim S(\alpha,0,0,\gamma)$，因此几何功率的闭式表达式可以表示为

$$S_0(X)\,|_{\gamma\neq1}=S_0(\gamma X')=\gamma S_0(X')\,|_{\gamma=1}=\frac{(C_g)^{1/\alpha}\gamma}{C_g} \tag{3.2.18}$$

在对称 α 稳定分布噪声通信系统中，由于不存在二阶矩，传统高斯噪声信道中用来度量通信质量的信噪比在对称 α 稳定分布噪声系统无法计算，因此引入几何功率的概念来描述几何信噪比（Geometric Signal-to-Noise Ratio，GSNR），定义为

$$\mathrm{GSNR}=\frac{1}{2C_g}\left(\frac{A}{S_0}\right)^2 \tag{3.2.19}$$

其中，A 是信号幅度，$\frac{1}{2C_g}$是一个归一化的常量，用来保证当噪声服从高斯分布($\alpha=2$)时 GSNR 也能适用。在数字通信系统中，涉及编码调制技术领域时，往往要考虑信息传输速率，在评估通信系统的误码率（Symbol Error Rat，SER）或者误帧率（Frame Error Rat，FER）时，更多基于相同的归一化信噪比 E_b/N_0，表示为每

比特的信号能量与噪声谱密度的比值。对于一个编码系统(信息传输速率 R),考虑 BPSK 调制,其 E_b/N_0 可以定义为

$$\frac{E_b}{N_0}=\frac{\text{GSNR}}{2R}=\frac{1}{4RC_g}\left(\frac{A}{S_0}\right)^2 \tag{3.2.20}$$

对于 M 进制调制系统来说,E_b/N_0 可以进一步表示为

$$\frac{E_b}{N_0}=\frac{1}{4\log_2(M)RC_g}\left(\frac{A}{S_0}\right)^2 \tag{3.2.21}$$

3.3 基于 EXIT 图分析的 LDPC 码度分布优化方法

3.3.1 LDPC 码的基本原理

我们通过第2章可知,LDPC 码是通过求解一个 $m\times n$ 的校验矩阵 $\boldsymbol{H}$ 的零空间得到,其中校验矩阵拥有非常低密度的"1"。LDPC 码通过加入冗余的校验信息来实现纠错功能,其中 n 是码字的长度,包含了 $k=n-m$ 个信息比特以及 m 个校验比特。在校验矩阵中,每行中具有"1"的数目称为行重,每列中具有"1"的数目称为列重。在 LDPC 码中,根据行重或者列重是否一致,可以分为规则码或者非规则码。假设一个规则 LDPC 码的行重为 r,列重为 g,则行重、列重跟码长和信息位长度存在如下的关系:

$$\frac{r}{g}=\frac{n}{m} \tag{3.3.1}$$

如果一个 LDPC 码的行重、列重不是唯一的值,则该 LDPC 码是非规则的。通常情况下,非规则 LDPC 码能够获得比规则 LDPC 码更好的性能。因此,很多研究集中在非规则 LDPC 码的码字构造上。而所有的 LDPC 码码字构造都需要满足行列约束条件:没有两行(以及两列)在同一个位置上的元素都是非零元素,即不能存在四短环。LDPC 码的构造一般是校验矩阵的设计,需要注意的是校验矩阵不一定是满秩的。在非满秩情况下,一个规则 LDPC 码的码率可以表示为

$$R\geqslant 1-\frac{m}{n}=1-\frac{g}{r} \tag{3.3.2}$$

只有当校验矩阵满秩时,上述等号才成立。类似于卷积码中的网格表示,LDPC 码可以用校验矩阵或者二分图的方式进行表示,其中 LDPC 码二分图如图 3.3.1 所示,相应的校验矩阵可以表示为

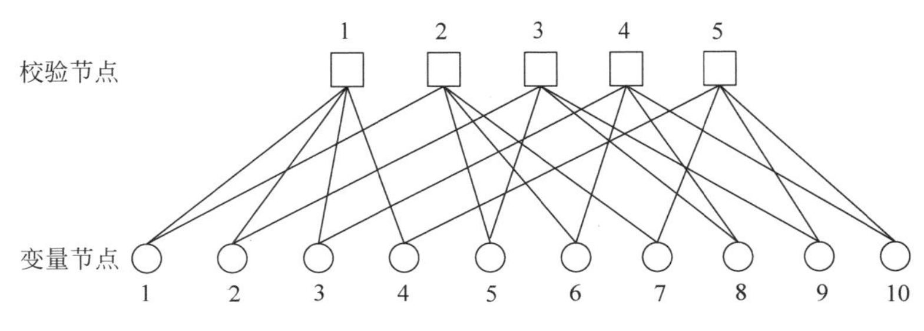

图 3.3.1 (10,5)LDPC 码二分图

$$
\boldsymbol{H}=\begin{bmatrix}1&1&1&1&0&0&0&0&0&0\\1&0&0&0&1&1&1&0&0&0\\0&1&0&0&1&0&0&1&1&0\\0&0&1&0&0&1&0&1&0&1\\0&0&0&1&0&0&1&0&1&1\end{bmatrix} \tag{3.3.3}
$$

LDPC 码的二分图一般包括两种节点以及节点之间的连线。其中变量节点跟校验节点相连表示校验矩阵相应的位置值为“1”，否则，相应位置值为“0”。而与节点相连的边的个数称为节点的度，对应于校验矩阵中的行重或者列重。根据这个规则可以发现，在规则 LDPC 码中，每个变量节点总会跟 g 个校验节点存在连线，同理，每个校验节点都会跟 r 个变量节点存在连线。

3.3.2 LDPC 码节点的度分布

在非规则 LDPC 码中，由于行重或者列重的不同，其节点的度（节点连接的边数）可以有不同的变换，进而产生不同的效果。一个 LDPC 码的度分布对可以用 (λ,ρ) 表示，其中 $\lambda(X)$ 表示变量节点的度分布，定义为多项式

$$
\lambda(X)=\sum_{i=2}^{d_v}\lambda_i X^{i-1} \tag{3.3.4}
$$

其中，d_v 是变量节点的最大列重，λ_i 是度为 i 的变量节点连接的边的数目在总边数中的比重。而校验节点度分布表示为 $\rho(X)$，定义为多项式

$$
\rho(X)=\sum_{j=2}^{d_c}\rho_j X^{j-1} \tag{3.3.5}
$$

其中，d_c 是校验节点的最大行重，而 ρ_j 是度为 j 的校验节点连接的边的数目在总边数中的比重。在规则 LDPC 码中，不管是变量节点，还是校验节点都只有一个度，比如图 3.3.1 中规则 LDPC 码的度分布可以表示为 (X^1,X^3)。而在非规则码中，其度分布是不均匀的，相比于规则码，非规则码有更好的误码性能。

一个二分图的总边数可以表示为

$$W = \sum_{i=2}^{d_v} n_i \cdot i = \sum_{j=2}^{d_c} m_j \cdot j \tag{3.3.6}$$

其中，n_i 为度是 i 的变量节点的数目，m_j 为度是 j 的校验节点的数目。

通过式(3.3.6)我们可以记 λ_i 和 ρ_j：

$$\lambda_i = n_i \cdot i/W, \quad \rho_j = m_j \cdot j/W \tag{3.3.7}$$

假设变量节点的总数为 n，校验节点的总数为 m，则 $n = \sum_i n_i$ 以及 $m = \sum_j m_j$。总边数又可表示为

$$W = \frac{n}{\int_0^1 \lambda(X)\mathrm{d}X} = \frac{m}{\int_0^1 \rho(X)\mathrm{d}X} \tag{3.3.8}$$

由式(3.3.8)可以得到

$$n_i = \lambda_i \cdot W/i = \frac{n\lambda_i/i}{\int_0^1 \lambda(X)\mathrm{d}X}, \quad m_j = \rho_j \cdot W/j = \frac{m\rho_j/j}{\int_0^1 \rho(X)\mathrm{d}X} \tag{3.3.9}$$

在LDPC码中，信息传输速率(也称为编码效率，简称码率)可以通过信息位的个数除以总码长数得到。其中信息位的个数等于变量节点的个数减去校验节点的个数，总码长等于变量节点的个数。通过

$$R = 1 - \frac{m}{n} = 1 - \frac{\int_0^1 \rho(X)\mathrm{d}X}{\int_0^1 \lambda(X)\mathrm{d}X} \tag{3.3.10}$$

可以得到计算码率。

二分图的度分布多项式是通过节点的边的数目去计算得到的。我们也可以通过节点的数目表示二分图的度分布，其中两种节点的度分布分别为

$$v(X) = \sum_{i=2}^{d_v} v_i X^{i-1}, \quad h(X) = \sum_{j=2}^{d_c} h_j X^{j-1} \tag{3.3.11}$$

令 v_i 表示列重为 i 的变量节点的节点个数在总变量节点个数中的比例，h_j 表示行重为 j 的校验节点的节点个数在总校验节点个数中的比例，即

$$v_i = \frac{n_i}{n}, \quad h_j = \frac{m_j}{m} \tag{3.3.12}$$

从而可以得到 $\lambda_i = v_i \cdot n \cdot i/W$ 以及 $\rho_j = h_j \cdot m \cdot j/W$。由此可得

$$v_i = \frac{\lambda_i W/i}{n} = \frac{\lambda_i/i}{\int_0^1 \lambda(X)\mathrm{d}X}, \quad h_j = \frac{\rho_j W/j}{m} = \frac{\rho_j/j}{\int_0^1 \rho(X)\mathrm{d}X} \tag{3.3.13}$$

3.3.3 LDPC码的EXIT图分析

在LDPC码中，可以采用密度进化或者EXIT图方法来评估其渐进性能。密

度进化是指在迭代译码过程中跟踪传递信息的概率密度函数的演进，这里将传递的信息视为随机变量。由于密度进化需要按照变量节点和校验节点更新方式进行信息的概率密度函数的演进，因此复杂度较高。在 AWGN 信道中，也可以采用高斯近似来代替密度进化方法评估 LDPC 码的渐进性能。相比而言，作为密度进化的一种替代品，EXIT 图是一种用来评估 LDPC 码译码门限的一种图形化工具，可以直观地观察到迭代译码的收敛性能。

EXIT 图的主要思想来源于变量节点和校验节点之间的相互迭代关系，每半次迭代过程都能伴随着互信息量（度量标准信息）的提高。对于不同节点之间的更新过程，都可以通过描绘出输出度量（外信息）关于输入度量（内信息）之间的转移曲线。此外，由于变量节点（校验节点）处理过程的输出信息是校验节点（变量节点）处理过程的输入信息，可以在同一坐标轴上面同时绘制变量节点和校验节点的转移曲线，只是变量节点和校验节点处理过程的转移曲线的横坐标和纵坐标是相反的。这样的曲线图有助于预测 LDPC 码的译码阈值，其中译码阈值为变量节点转移曲线和校验节点转移曲线刚刚接触时的信噪比。跟密度进化一样，EXIT 图分析也是假设码字长度是无限的以及译码迭代次数无限大。当然，实际求解过程中一般设置一个比较大的迭代次数。

接下来将通过规则 LDPC 码简要介绍 EXIT 图转移曲线的求解过程。在 EXIT 图中，通过跟踪变量节点和校验节点转移信息与信道输入符号（码字比特）之间的互信息量作为度量标准进行转移曲线的计算。除了信道中的输入信息外，将变量节点和校验节点处理过程中的输入信息作为先验信息，一般用“A”表示，而输出信息作为外信息，一般用“E”表示。将变量节点处理过程中的外信息和输入符号之间的互信息量定义为 $I_{\{E,V\}}$，而先验信息跟输入符号之间的互信息量定义为 $I_{\{A,V\}}$。因此，变量节点处理过程的外信息转移曲线可以描绘成外信息 $I_{\{E,V\}}$ 关于内信息 $I_{\{A,V\}}$ 的函数关系。类似地，校验节点处理过程中的转移曲线则由 $I_{\{E,C\}}$ 和 $I_{\{A,C\}}$ 之间的关系决定，这里 $I_{\{E,C\}}$ 是校验节点处理过程中的外信息与输入符号之间的互信息量，$I_{\{A,C\}}$ 是校验节点处理过程中的先验信息与输入符号之间的互信息量。

在 LDPC 码软判决译码迭代算法中，一般采用输出符号的对数似然比（LLR）作为译码器的输入信息。对数似然比的计算可以表示为

$$L=\log\frac{P(Y\mid Z=1)}{P(Y\mid Z=-1)} \tag{3.3.14}$$

在高斯噪声信道中，对数似然比可以通过信道噪声的方差求解，具体为

$$L=\frac{2}{\sigma_n^2}Y=\frac{2}{\sigma_n^2}(Z+N) \tag{3.3.15}$$

式(3.3.15)中 $\sigma_n^2=N_0/2$（双边带噪声功率谱密度）。进一步可以将式(3.3.15)

表示为

$$L=\mu_L\cdot Z+N_L \tag{3.3.16}$$

其中，$\mu_L=2/\sigma_n^2$，N_L 是服从均值为0、方差为 $\sigma_L^2=4/\sigma_n^2$ 的高斯分布。可以看到 $\mu_L=\sigma_L^2/2$。这种高斯一致性假设同样存在于变量节点处理过程中的先验信息中，即

$$L_{\text{in}}=\mu_A\cdot Z+N_A \tag{3.3.17}$$

其中 $\mu_A=\sigma_A^2/2$，因此先验信息的条件概率密度函数可以表示为

$$P_{L_{\text{in}}}(l\mid Z=z)=\frac{1}{\sqrt{2\pi}\sigma_A}\exp\left(\frac{-\left(l-\dfrac{\sigma_A^2}{2}\cdot z\right)^2}{2\sigma_A^2}\right) \tag{3.3.18}$$

通过计算 Z 和 L_{in} 之间的互信息量 $I_A=I(Z;L_{\text{in}})$ 来表征先验信息，具体计算式为

$$\begin{aligned}I(Z;L_{\text{in}})&=H(Z)-H(Z\mid L)\\&=1-\mathrm{E}\left[\log_2\left(\frac{1}{f_{Z\mid L}(z\mid l)}\right)\right]\\&=1-\sum_{z=\pm1}\frac{1}{2}\int_{-\infty}^{+\infty}f_L(l\mid z)\cdot\log_2\left(\frac{f_L(l\mid +)+f_L(l\mid -)}{f_L(l\mid z)}\right)\mathrm{d}l\\&=1-\int_{-\infty}^{+\infty}f_L(l\mid z=1)\cdot\log_2\left(\frac{f_L(l\mid z=1)+f_L(l\mid z=-1)}{f_L(l\mid z=1)}\right)\mathrm{d}l\\&=\int_{-\infty}^{+\infty}f_L(l\mid z=1)\cdot\log_2\left(\frac{2f_L(l\mid z=1)}{f_L(l\mid z=1)+f_L(l\mid z=-1)}\right)\mathrm{d}l\end{aligned} \tag{3.3.19}$$

其中，$f_L(l\mid z)=P_{L_{\text{in}}}(l\mid Z=z)$ 是先验信息的条件概率密度函数。将式(3.3.18)代入式(3.3.19)中可以得到

$$I_A(\sigma_A)=1-\int_{-\infty}^{\infty}\frac{1}{\sqrt{2\pi}\sigma_A}\exp\left(\frac{-\left(l-\dfrac{\sigma_A^2}{2}\right)^2}{2\sigma_A^2}\right)\cdot\log_2(1+\mathrm{e}^{-l})\mathrm{d}l \tag{3.3.20}$$

这里的 I_A 是变量节点的先验信息的互信息量，因此也可以写成 $I_{\{A,V\}}$。为了方便，可以定义：$J(\sigma)=I_A(\sigma_A=\sigma)$，$J(\sigma)$ 函数存在这样的性质：$\lim\limits_{\sigma\to 0}J(\sigma)=0$，$\lim\limits_{\sigma\to\infty}J(\sigma)=1$，$\sigma>0$。$J(\sigma)$ 函数可以按下式近似拟合：

$$J(\sigma)\approx\begin{cases}-0.0421\sigma^3+0.2093\sigma^2-0.0064\sigma, & 0\leqslant\sigma\leqslant 1.6363\\1-\mathrm{e}^{0.0018\sigma^3-0.1427\sigma^2-0.0822\sigma+0.0549}, & 1.6363<\sigma<10\\1, & \sigma\geqslant 10\end{cases} \tag{3.3.21}$$

变量节点更新过程可以表示为

$$L_{i,\text{out}}=L_{\text{ch}}+\sum_{j\neq i}L_{j,\text{in}} \tag{3.3.22}$$

这里的外信息也服从高斯分布，且 $\sigma_{\text{out}}^2=\sigma_{\text{ch}}^2+(d_v-1)\sigma_A^2$，这里 σ_{ch}^2 是初始对数似然比的方差，σ_A^2 是先验信息的方差，d_v 表示校验矩阵的列重。外信息的互信息量可以表示为 $I_{\{E,V\}}=J(\sigma_{\text{ch}})=J(\sqrt{(d_v-1)\sigma_A^2+\sigma_{\text{ch}}^2})$，其中 $\sigma_A^2=J^{-1}(I_{\{A,V\}})$。因此，外信息的互信息量可以表示为关于先验信息互信息量的函数：

$$I_{\{E,V\}}=J(\sigma)=J(\sqrt{(d_v-1)[J^{-1}(I_{\{A,V\}})]^2+\sigma_{\text{ch}}^2}) \tag{3.3.23}$$

校验节点更新并不能完全满足变量节点更新中采用的高斯一致性假设，然而在迭代译码过程中，可以将校验节点的先验信息视为变量节点的外信息，因此校验节点的转移方程可以通过近似表示为

$$\begin{aligned}I_{\{E,C\}}&\approx 1-I_{\{E,V\}}(\sigma_{\text{ch}}=0,d_v\leftarrow d_c,I_{\{A,V\}}\leftarrow 1-I_{\{A,C\}})\\&=1-J(\sqrt{(d_c-1)}\cdot J^{-1}(1-I_{\{A,C\}}))\end{aligned} \tag{3.3.24}$$

3.3.4 基于离散密度进化的 EXIT 图分析

EXIT 图采用图形化工具直观地描述 LDPC 码迭代译码的收敛性能。EXIT 图分析通过计算输入符号和译码过程中传递信息的互信息量，描绘出变量节点和校验节点输入信息跟输出信息之间关系的曲线。考虑到变量节点和校验节点的输入分别是彼此的输出，而输出分别是彼此的输入，因此可以在一个坐标系下描绘出它们的信息传递关系曲线。需要注意的是，在同一个坐标系下，变量节点和校验节点的坐标是相反的。

根据前面的介绍可知，转移信息跟输入符号之间的互信息量可以表示为

$$I(Z;L)=\int_{-\infty}^{+\infty}f_L(l\mid z=1)\cdot\log_2\left(\frac{2f_L(l\mid z=1)}{f_L(l\mid z=1)+f_L(l\mid z=-1)}\right)\mathrm{d}l \tag{3.3.25}$$

其中，$f_L(l)$是转移信息的概率密度函数。另外在对称信道中，存在概率分布对称性条件 $f_L(l\mid z=-1)=f_L(-l\mid z=1)$。基于对称性条件，式(3.3.25)可以进一步推导为

$$I(Z;L)=\int_{-\infty}^{+\infty}f_L(l\mid z=1)\cdot\log_2\left(\frac{2f_L(l\mid z=1)}{f_L(-l\mid z=1)+f_L(l\mid z=1)}\right)\mathrm{d}l \tag{3.3.26}$$

由式(3.3.15)可知，对数似然比信息的计算需要知道信道噪声的概率密度函数，然而由于 SαS 分布在大多数情况下没有概率密度函数的数学表达式，更多通过数值计算得到 $f_L(l)$的计算数据，因此较难获得信息传递过程中的概率密度函数。

基于这种情况考虑，采用概率质量函数(Probability Mass Function，PMF)替代概率密度函数来求解互信息，即

$$I(Z;L)=\sum_{k=-N}^{N}p_l(k)\log_2\frac{2p_l(k)}{p_l(-k)+p_l(k)} \tag{3.3.27}$$

其中，p_l 是软信息的 PMF，$[-N,N]$是软信息量化范围。同时采用离散密度进化方法求解译码迭代过程变量节点和校验节点更新的软信息的 PMF。译码器输入的初始软信息的 PMF 可以通过蒙特卡罗仿真和直方图方法获得，然后通过离散密度进化算法计算迭代过程中更新软信息的 PMF。在 LDPC 码和积算法(也称为置信传播译码算法，BP 译码算法)中，检验节点和变量节点更新方程分别表示为

$$u_i^m=2\text{artanh}\left(\prod_{j=1}^{d_c-1}\tanh\frac{v_j^{m-1}}{2}\right) \tag{3.3.28}$$

$$v_j^m=v_j^0+\sum_{i=1}^{d_v-1}u_i^m \tag{3.3.29}$$

在式(3.3.29)中，v_j^0 是第 j 个信息节点(变量节点)根据信道输出符号值计算得到的初始对数似然比。u_i^m 是第 m 次迭代第 i 个校验节点更新的软信息。v_j^m 是第 m 次迭代第 j 个信息节点更新的软信息。需要注意的是，$u_1^m,\cdots,u_{d_v-1}^m$ 和 $v_1^m,\cdots,v_{d_c-1}^m$ 分别是独立同分布的随机变量。在规则码中，d_v 和 d_c 分别表示变量节点和校验节点的度，而在非规则码中，d_v 和 d_c 分别表示变量节点和校验节点的最大的度。假设 p_u^m 和 p_v^m 为随机变量 u_i^m 和 v_j^m 的 PMF 值，即

$$p_u^m=p_1^{m-1}\oplus p_2^{m-1}\oplus\cdots\oplus p_{d_c-1}^{m-1}=(p_v^{m-1})^{\oplus(d_c-1)} \tag{3.3.30}$$

$$p_v^m=p_v^0\otimes[p_u^m]^{\otimes(d_v-1)} \tag{3.3.31}$$

式(3.3.30)中$\oplus$运算是一种简化符号。令 $c=R(a,b)=Q\left(2\text{artanh}\left(\tanh\left(\frac{a}{2}\right)\tanh\left(\frac{b}{2}\right)\right)\right)$，$Q$ 是量化算子。那么 c 的 PMF 可以表示为 $p_c[k]=\sum_{(i,j):k\Delta=R(i\Delta,j\Delta)}p_a[i]p_b[j]$，可以用$\oplus$代替为 $p_c=p_a\oplus p_b$。式(3.3.31)中$\otimes$表示卷积运算。

对于 LDPC 码来说，可以采用密度进化方法计算译码门限阈值。在对称 α 稳定分布噪声环境下，对于给定的噪声尺度参数 γ，通过不断增加迭代次数，并且利用离散密度进化求解错误概率，直到错误概率趋于零或者一个固定值。对于一个给定的 LDPC 码度分布，译码门限阈值则可以定义为能够使得错误概率为零时所给尺度参数的最大值，可以表示为

$$\gamma_{\text{th}}=\sup\left\{\gamma:\lim_{m\to\infty}\sum_{k<0}p_v^m(k)=0\right\} \tag{3.3.32}$$

当 $\gamma>\gamma_{\mathrm{th}}$ 时，译码总是会存在错误。相反，当 $\gamma\leqslant\gamma_{\mathrm{th}}$ 时，译码结果基本没有错误，因此 γ_{th} 是尺度参数的一个上界。由 3.2.3 节可知，在对称 α 稳定分布噪声环境下，采用 GSNR 表示几何信噪比来评估误码率。E_b/N_0 的门限可以表示为

$$(E_b/N_0)_{\mathrm{th}}=\frac{A^2}{4RC_g(C_g^{\frac{1}{\alpha}-1}\gamma_{\mathrm{th}})^2} \tag{3.3.33}$$

EXIT 图中的曲线描述了先验信息和外信息传递之间的关系。将 $I_{\{A,V\}}$ 定义为先验信息传入到变量节点的互信息量，$I_{\{E,V\}}$ 定义为从变量节点传出去的外信息的互信息量。变量节点的 EXIT 图中的曲线则是描绘了应变量 $I_{\{E,V\}}$ 关于自变量 $I_{\{A,V\}}$ 的关系曲线。对于校验节点，同样可以定义 $I_{\{A,C\}}$ 和 $I_{\{E,C\}}$ 分别为传入到校验节点的先验信息的互信息量和校验节点传出去的外信息的互信息量。由于变量节点和校验节点用同一个坐标系，因此校验节点的 EXIT 图中的曲线描绘了 $I_{\{A,C\}}$ 关于 $I_{\{E,C\}}$ 的关系曲线。这里需要说明的是，在校验节点的 EXIT 图中的曲线，同样是描述应变量 $I_{\{E,C\}}$ 关于自变量 $I_{\{A,C\}}$ 的函数关系，只是为了将两种节点的 EXIT 图中的曲线放在一个坐标轴上，而将校验节点的 EXIT 图中的曲线进行了翻转。

根据上面的分析，图 3.3.2 和图 3.3.3 分别给出了 $\alpha=1.8$ 和 $\alpha=1$ 时规则 LDPC 码不同节点的不同度的 EXIT 图中的曲线，其中变量节点分别从度为 2 到度为 8，而校验节点则从度为 3 到度为 8。对于一组度分布对(λ_d,ρ_d)，可以将变量

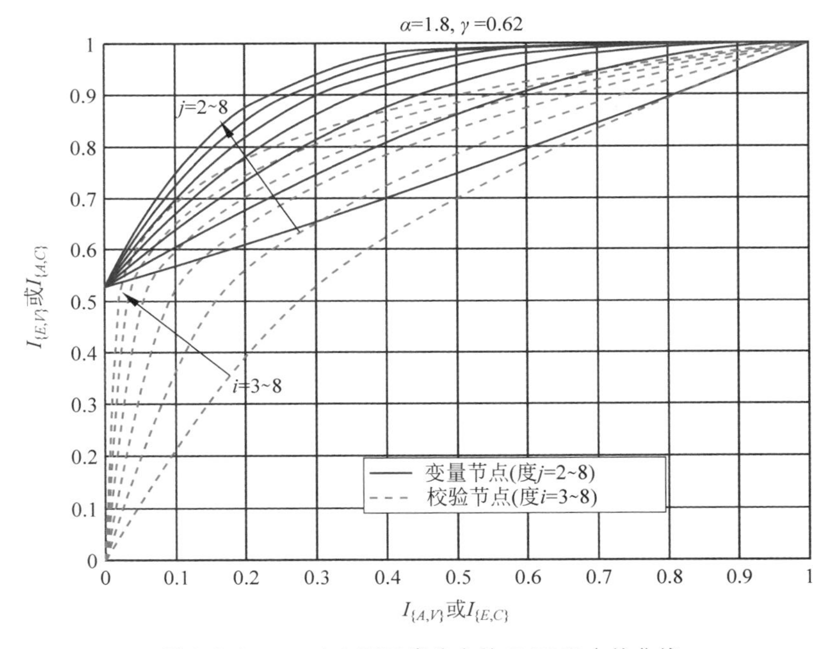

图 3.3.2　$\alpha=1.8$ 不同度分布的 EXIT 图中的曲线

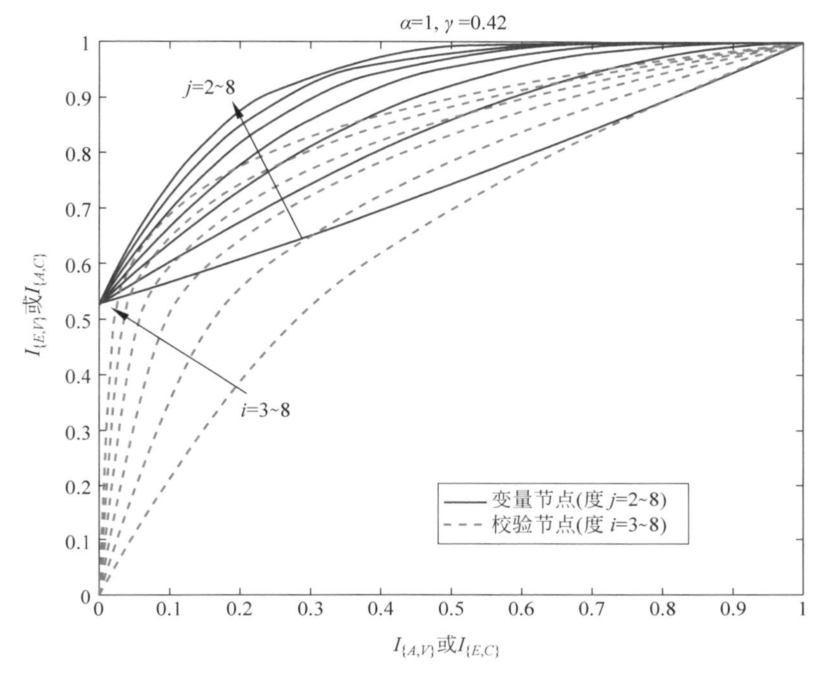

图 3.3.3　α＝1 不同度分布的 EXIT 图中的曲线

节点和校验节点的 EXIT 图的方程分别定义为 $T_{V,d}(I_{\{A,V\}},d,\alpha,\gamma)$和 $T_{C,d}(I_{\{A,C\}},d,\alpha,\gamma)$，这里的 λ_d 和 ρ_d 是变量节点度为 d 的边的比例和校验节点度为 d 的边的比例。其中 $T_{V,d}(I_{\{A,V\}},d,\alpha,\gamma)$通过对 m 组(I_u^m,I_v^m) 数据进行拟合，拟合范围从$(0,I_v^0)$到$(1,1)$；而 $T_{C,d}(I_{\{A,C\}},d,\alpha,\gamma)$则通过对 m 组(I_v^{m-1},I_u^m) 数据进行拟合，拟合范围从(0,0)到(1,1)。因此，非规则 LDPC 码的 EXIT 图的方程可以分别表示为

$$I_{\{E,V\}}=T_V(I_{\{A,V\}},\alpha,\gamma)=\sum_{d=1}^{d_v}\lambda_d T_{V,d}(I_{\{A,V\}},d,\alpha,\gamma) \tag{3.3.34}$$

$$I_{\{E,C\}}=T_V(I_{\{A,C\}},\alpha,\gamma)=\sum_{d=1}^{d_c}\rho_d T_{C,d}(I_{\{A,C\}},d,\alpha,\gamma) \tag{3.3.35}$$

3.3.5　基于 EXIT 图的 LDPC 码度分布优化设计

LDPC 码可以通过度分布对的优化设计，使得信息传输速率无限接近信道容量。由于互信息量是一种鲁棒的统计方法，因此 EXIT 图可以被用来简化 LDPC 码的设计，将其变成一个曲线拟合优化问题。根据 EXIT 图的收敛性理论，服从对称 α 稳定分布噪声系统下的 LDPC 码度分布设计可以简化为：给定一个 E_b/N_0，

可以设计 LDPC 码度分布对的优化问题：

$$
\begin{aligned}
&\text{maximize} \quad && R \\
&\text{s.t.} && T_V(x,\alpha,\gamma) > T_C^{-1}(x,\alpha,\gamma) \\
& && \sum_{d=1}^{d_v}\lambda_d = 1, \quad \sum_{d=1}^{d_c}\rho_d = 1, \quad 0 \leqslant x < 1
\end{aligned}
\tag{3.3.36}
$$

这里 x 是一个随机变量，分别表示 $T_V(I_{\{A,C\}},\alpha,\gamma)$中的 $I_{\{A,C\}}$ 以及 $T_C^{-1}(I_{\{E,C\}},\alpha,\gamma)$中的 $I_{\{E,C\}}$。信息传输速率 R 定义为

$$
R = 1 - \frac{\sum_{d=1}^{d_c}\rho_d/d}{\sum_{d=1}^{d_v}\lambda_d/d}
\tag{3.3.37}
$$

对于一组给定的度分布对(λ_d,ρ_d)以及特定的噪声条件下，如果变量节点的 EXIT 图中的曲线在到达(1,1)之前不与校验节点的 EXIT 图中的曲线相交，则这组度分布下构造的 LDPC 码是收敛的。一般将能够达到收敛的最高信息传输速率的度分布称为当前噪声条件下的最优度分布。由于对称 α 稳定分布噪声下的 EXIT 图的方程没有数学闭式表达式，很难采用线性规划的方法求解式(3.3.36)。因此本节采用搜索的方法得到对称 α 稳定分布噪声环境下最优的度分布。在特定的信道环境下，需要根据噪声特性来设计度分布，而基于高斯噪声设计的 LDPC 码在其他噪声环境也能取得一个不错的性能，因此我们只需要在此基础上进行搜索，可以进一步得到对称 α 稳定分布噪声环境下的最优度分布。基于式(3.3.36)，度分布的优化方法主要概括为：

(1) 基于现有的优化度分布，固定校验节点的度分布同时改变变量节点的度分布，使得变量节点的转移曲线不会和校验节点的转移曲线相交，求解最大的信息传输速率。当校验节点的度分布固定时，通过最大化 $\sum_{d=1}^{d_v}\lambda_d/d$ 求解变量节点的度分布。

(2) 基于(1)得到的变量节点的度分布，改变校验节点的度分布，使得变量节点的转移曲线不会和校验节点的转移曲线相交，求解最大的信息传输速率，获得最优的校验节点的度分布。当变量节点的度分布固定时，通过最小化 $\sum_{d=1}^{d_c}\rho_d/d$ 求解校验节点的度分布。

(3) 重复(1)和(2)的操作，直到信息传输速率不再增加为止。

在 LDPC 码码字构造时需要避免四短环的产生，而大多数 LDPC 随机码在构造过程中需要消除四短环，这种构造方法由于避免了四短环存在，在码长较长时可

以获得很好的编码性能。在 MacKay-Neal 随机构造方法中，校验矩阵的列每次从左到右增加一列。选择每一列的列重，以获得准确的度分布，而在每列非零元素的位置则从尚未填满的行中随机选择。如果校验矩阵的行度分布不完全正确，则需要重启算法过程，也可能回溯几列，直到行度分布正确为止。具体算法如下：

算法 3.3.1：MacKay-Neal 随机构造方法

1：输入码长，码率 R，度分布(v,h)
2：初始化校验矩阵所有元素为零
3：$a=[\,]$
4：for $i=1:|v|$ do　　　　→$|v|$表示 v 的元素个数
5：　　for $j=1:v_i\times N$ do
6：　　　　$a=[a,i]$
7：　　end
8：end
9：$b=[\,]$
10：for $i=1:|h|$ do　　　　→$|h|$表示 h 的元素个数
11：　　for $j=1:h_i\times N(1-R)$ do
12：　　　　$b=[b,i]$
13：　　end
14：end
15：码字构造
16：for $i=1:N$ do
17：　　将没有填充的行的集合的子集设为(c)，且集合大小跟 a_i 一致
18：　　for $j=1:a_i$ do
19：　　　　$H(c_j,i)=1$
20：　　end
21：　　从未填充的行中删除(c)中的项
22：end
23：消除四短环
24：for $i=1:N-1$ do
25：　　for $j=i+1:N$ do
26：　　　　if 校验矩阵的第 i 列和第 j 列的相同两行都是非零元素 then
27：　　　　　　对第 j 列的元素进行置换
28：　　　　end
29：　　end
30：end
31：直到没有四短环
32：停止

3.4 仿真实验和结果分析

本节将分别给出 $\alpha=1.8$ 和 $\alpha=1$ 下的 LDPC 码的优化的度分布对，并且将本章方法设计的度分布与高斯噪声下的优化度分布进行对比，包括 EXIT 图中的曲线对比以及采用 MacKay-Neal 随机构造方法得到的 LDPC 码的误码率对比。

3.4.1 优化的度分布

为了验证本章设计的度分布的性能，我们采用高斯噪声下的优化度分布 $\rho(x)=0.22919x^5+0.77081x^6$ 和 $\lambda(x)=0.30013x+0.28395x^2+0.41592x^7$ 作为基准。为了公平比较，我们设计的度分布变量节点的最大度也设置成 8。

基于本章所提的方法，我们设计了信息传输速率在 0.5 左右的度分布，其中在 $\alpha=1.8$ 和 $\gamma=0.62$ 下(信道容量可以计算为 0.527)，设计的度分布 1(ensemble 1)为 $\rho(x)=0.1637x^5+0.8363x^6$ 和 $\lambda(x)=0.2943x+0.2523x^2+0.1733x^5+0.2801x^7$，信息传输速率为 0.503。在 $\alpha=1$ 和 $\gamma=0.42$ 下，设计的度分布 2(ensemble 2)为 $\rho(x)=0.1642x^5+0.8358x^6$ 和 $\lambda(x)=0.2923x+0.2492x^2+0.1701x^5+0.2884x^7$，信息传输速率为 0.5。在这种噪声条件下，信道容量可以计算为 0.528。可以发现，所设计的两种度分布的码率非常接近信道容量。

图 3.4.1 和图 3.4.2 描绘了本章优化的度分布和高斯噪声下优化的度分布的 EXIT 图中的曲线。为了使得图片更加清晰可见，将其中部分图放大并嵌入图中。可以看出变量节点和校验节点之间有个轨道，在满足相同特性的噪声环境下，如果变量节点和校验节点之间的轨道越宽，说明译码门限越低。图 3.4.1 为 $\alpha=1.8$ 情况下的 EXIT 图中的曲线。可以看到高斯噪声下的优化度分布的变量节点和校验节点的两条 EXIT 图中的曲线相交于(0.533，0.890)点，而本章优化的 ensemble 1 的变量节点和校验节点的两条曲线在(1，1)点相交。一般来说，通过判断 EXIT 图中的曲线是否在(1，1)点之前相交可以得出两个度分布的好坏并且可以得到译码门限阈值。图 3.4.1 所示可以看出所给的优化度分布好于高斯噪声下的优化度分布。同时，图 3.4.2 给出了 $\alpha=1$ 情况下的 EXIT 图中的曲线的对比。从图中可以看出，高斯噪声优化的度分布在(0.288，0.789)点相交了，然而我们优化的 ensemble 2 能够始终保持变量节点和校验节点在到达(1，1)点之前不存在交点。在这种情况下，本章优化的度分布也优于高斯噪声下优化的度分布。

3.4.2 误码率对比

图 3.4.3 给出了本章所设计的优化 LDPC 码度分布和高斯噪声下的优化度分

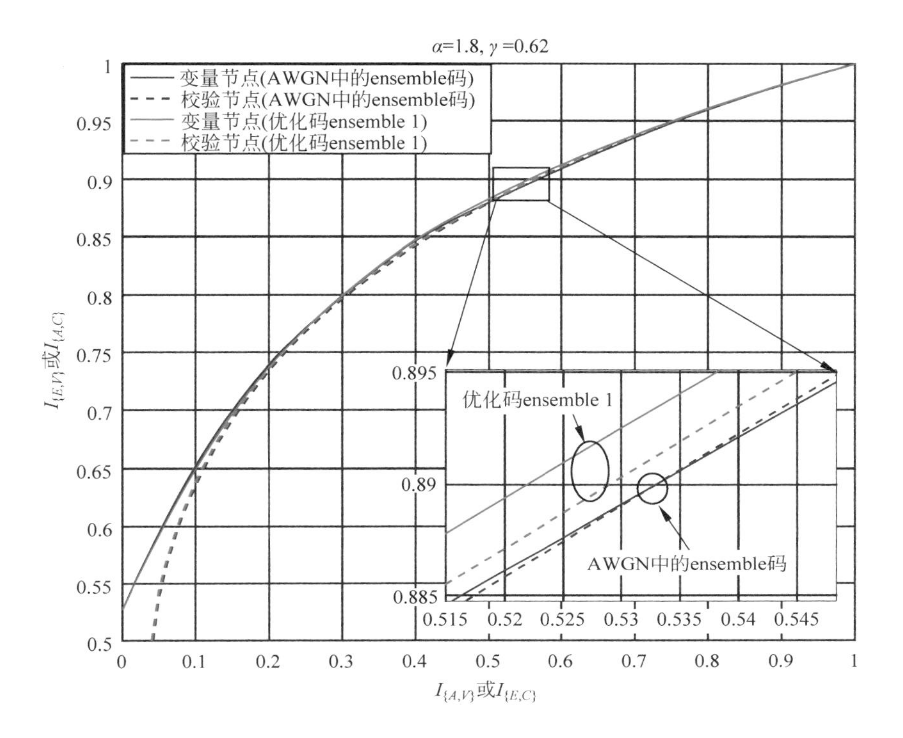

图 3.4.1　$\alpha=1.8$ 情况下的优化度分布和参考度分布的 EXIT 图中的曲线

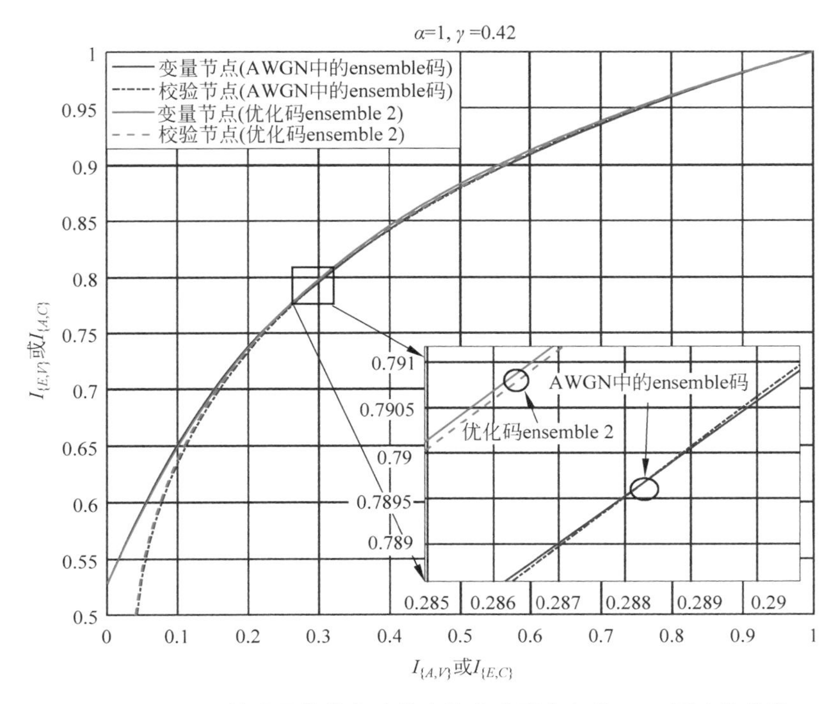

图 3.4.2　$\alpha=1$ 情况下的优化度分布和参考度分布的 EXIT 图中的曲线

布构造的 LDPC 码的误码率性能。其中码字构造采用 MacKay-Neal 的随机构造方法。根据所提的度分布设计了码长为 8000 比特的 LDPC 码,信息传输速率由设计的度分布决定。由于随机构造产生的码字有好有坏,为了更好地表现整体性能,我们分别对每个度分布构造了两个码字。由图 3.4.3 可知,所设计的度分布 ensemble 1 和 ensemble 2 分别比高斯噪声下的度分布在误码率等于 10^{-5} 时获得 0.1 dB 和 0.2 dB 的增益。通过误比特率(Bit Error Rate,BER)性能比较,可以看出在对称 α 稳定分布噪声信道下,本章所设计的度分布要优于高斯噪声下的度分布。

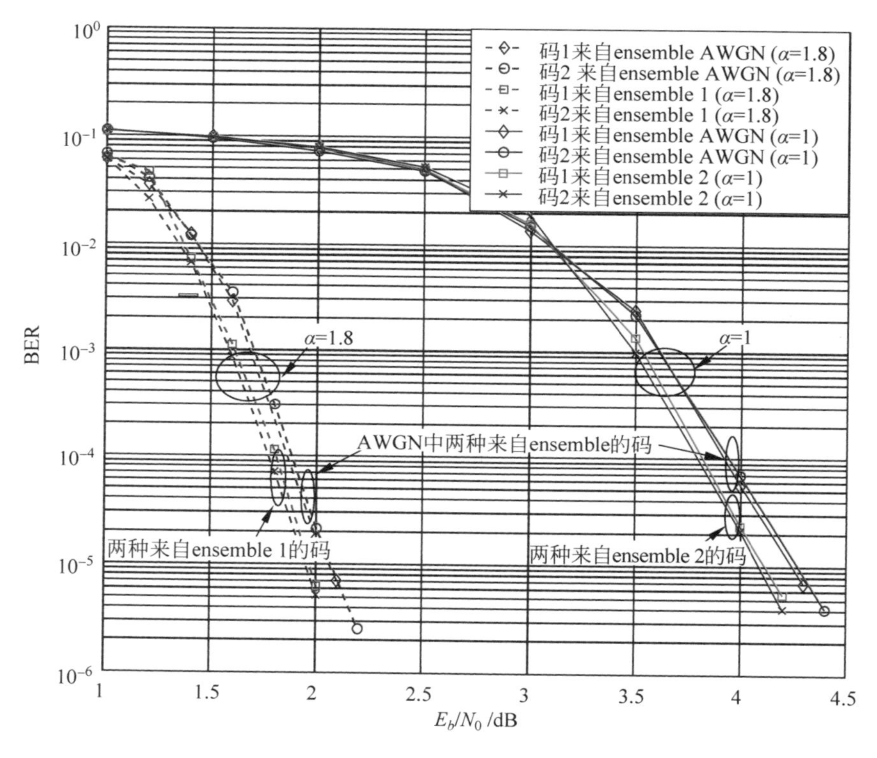

图 3.4.3　不同度分布的码字性能对比

3.5 本章小结

本章研究了一种对称 α 稳定分布噪声系统下基于 EXIT 图的 LDPC 码度优化方法。首先基于离散密度进化方法实现了 EXIT 图分析过程,该方法主要解决对称 α 稳定分布没有概率密度函数的数学闭式表达式,无法理论求解该噪声环境下的EXIT图的方程的问题。另外，基于EXIT图分析，优化设计了对称α稳定分布噪声条件下的LDPC码度分布。通过对比可以看出，本章所设计的度分布相比传统高斯噪声信道下设计的度分布更有优势，信息传输速率能够更加接近信道容量。仿真实验也验证了本章方法得到的度分布所构造的码相比传统高斯噪声信道下的优化度分布所构造的码有0.1dB～0.2dB的增益。因此本章所提方法可以被用来设计AWSαSN信道不同脉冲强度下的LDPC码度分布。相比二元域LDPC码，多元域LDPC码校验矩阵非零元素不只存在“1”，还包含其他有限域的符号，因此多元域LDPC码需要设计校验矩阵非零元素的位置以及非零元素值。本章所提方法同样可以被用来设计AWSαSN信道多元域LDPC码校验矩阵非零元素的位置，而非零元素值可以随机产生。

第 4 章

脉冲噪声信道估计与译码

4.1 引言

在许多实际通信系统中，观测噪声通常呈现出时变非高斯的脉冲特性，例如在本书第 1 章中提到的无线通信网络、浅水水声通信、极低频/甚低频通信、电力线通信以及卫星通信场景中皆是如此。在上述场景中，对称 α 稳定(SαS)分布被认为是能够描述噪声分布的一种有效模型，高斯分布也是 SαS 分布的一种特例。由于大部分脉冲噪声都是由外在的自然以及人为因素产生的，而不是源于接收机内部的热噪声，因此噪声的状态可能会在较长的时期内频繁地发生变化，呈现出时变的特性。

有别于第 3 章研究所针对的具有恒定参数的脉冲噪声模型，在本章中，脉冲噪声被认为具有分块的随时间变化的形式，即传输一帧调制编码符号所需时间被划分为多个信道时变块，信道噪声参数在块与块之间随机变化，而在每一个信道时变块内部保持不变。在解决通信过程中脉冲噪声所造成传输可靠性下降的问题上，高性能的 LDPC 码作为一种优异的纠错手段具有很强的应用潜力。由于 LDPC 码所采用的和积(sum-product)译码算法的软判决译码特性，其译码收敛性能与译码器所输入的每个接收符号可靠性度量值的准确性密切相关，而接收符号可靠性度量值是根据噪声参数计算得到的，因此信道估计所获取噪声参数的准确性对于 LDPC 码软判决译码获得好的抗差错性能至关重要。同时，软判决译码器同样可以通过反馈操作向信道估计器提供经译码修正后的接收符号可靠性度量信息，进一步改善信道估计的准确性。因此，本章所研究的联合信道估计与译码方法将着重于信道估计器与信道译码器之间信息交互过程的设计以便充分利用可靠性度量信息，从而获得满意的接收纠错性能。

4.2　和积译码算法

本章研究所采用的信道模型是无记忆的块时变脉冲噪声信道，即在每一信道时变块内部噪声参数保持恒定，在信道块之间参数呈无记忆的随机变化。本章研究所针对的通信系统采用 BPSK 调制和 LDPC 码的调制编码方式。假定信道时变块均为 h 个调制编码符号的长度，在每个 LDPC 码字传输内部包含 b 个信道块，即 LDPC 码的码字长度 $N=h\cdot b$。通信系统的接收信号可以表示为

$$\boldsymbol{y}_i=\boldsymbol{x}_i+\boldsymbol{n}_i,\quad i=1,2,\cdots,b \tag{4.2.1}$$

其中 $\boldsymbol{x}_i=[x_{i,1},x_{i,2},\cdots,x_{i,h}]$表示第 i 个信道时变块中发送的调制编码符号集合，$x_{i,j}\in\{\pm1\}$表示第 i 个信道时变块中的发送第 j 个调制编码符号。$\boldsymbol{y}_i=[y_{i,1},y_{i,2},\cdots,y_{i,h}]$表示第 i 个信道时变块中接收到的调制编码符号集合，$y_{i,j}$ 表示对应第 i 个信道时变块中的第 j 个接收到的符号。噪声 $n_{i,j}$ 是服从零中心 SαS 分布的独立同分布随机变量，噪声分布具有两个可变参数 α 和 γ，其中 α 为特征指数，γ 为尺度参数。这两个参数在同一个信道时变块中保持不变，在块之间随机变化。

在本节中，我们将介绍所研究的联合估计与译码方法中所使用的和积算法执行过程。该算法分为 5 个主要步骤，如下所述。

1. 初始化阶段

对每个满足校验矩阵中对应元素非零($h_{c,v}=1$)条件的校验节点 c 和变量节点 v 设定初始的变量节点向校验节点传递的外信息为(其中 L_v 为译码器从信道接收的内信息)

$$L_{v\to c}=L_v=\log\frac{p(x_v=+1)}{p(x_v=-1)} \tag{4.2.2}$$

2. 校验节点更新阶段

在每次译码迭代过程中，由 LDPC 码校验节点向变量节点传递的外信息的计算方式如下所示(其中 $N(c)\backslash\{v\}$表示与校验节点 c 相连的变量节点中除去变量节点 v 的集合)：

$$L_{c\to v}=2\operatorname{artanh}\Big(\prod_{v'\in N(c)\backslash\{v\}}\tanh(L_{v'\to c}/2)\Big) \tag{4.2.3}$$

3. 变量节点更新阶段

由 LDPC 码变量节点传递到校验节点的译码外信息计算可表示为(其中 $N(v)\backslash\{c\}$表示与变量节点 v 相连的校验节点中除去校验节点 c 的集合)

$$L_{v\to c}=L_v+\sum_{c'\in N(v)\backslash\{c\}}L_{c'\to v} \tag{4.2.4}$$

4. 总体对数似然比计算阶段

在每次译码迭代后对各个变量节点判决信息的计算方式为

$$L_{v\to c}^{\text{total}}=L_v+\sum_{c'\in N(v)}L_{c'\to v} \tag{4.2.5}$$

循环进行上述步骤1到步骤4,直至达到预设的译码最大迭代次数。需要指出的是,在传统LDPC码和积译码中,步骤4仅在全部迭代完成后进行,而在本章所设计的联合估计译码架构中需要译码器在中间某次迭代后即输出总体对数似然比信息,因此步骤4需要在每次迭代后均进行。

5. 判决阶段

对每一个码字比特 c_v,进行如下的硬判决过程:

$$\hat{c}_v=\begin{cases}1, & \text{若 } L_{v\to c}^{\text{total}}<0\\0, & \text{若 } L_{v\to c}^{\text{total}}\geqslant 0\end{cases} \tag{4.2.6}$$

4.3 基于消息传递框架的联合信道估计与LDPC码译码方法

本节研究工作的目的是在没有信道噪声参数先验知识的条件下对接收到的符号序列进行估计与译码,为了最终做出合理的判决,我们遵循如下所示的基于符号的最大后验概率准则:

$$\hat{x}_{i,j}=\arg\max_{x_{i,j}\in\{\pm1\}}p(x_{i,j}\mid \boldsymbol{y})=\arg\max_{x_{i,j}\in\{\pm1\}}\sum_{\sim x_{i,j}}p(\boldsymbol{x}\mid \boldsymbol{y}) \tag{4.3.1}$$

其中,$\boldsymbol{x}$ 表示通信系统发送的调制编码符号序列$[x_{1,1},x_{1,2},\cdots,x_{1,h},x_{2,1},x_{2,2},\cdots,x_{b,h}]$,$\boldsymbol{y}$ 表示接收到的符号序列$[y_{1,1},y_{1,2},\cdots,y_{1,h},y_{2,1},y_{2,2},\cdots,y_{b,h}]$,$\sim x_{i,j}$ 表示 $\boldsymbol{x}$ 中除了 $x_{i,j}$ 的其他符号。

消息传递算法是解决上述最大后验概率推理问题的有效手段,其通常用因子图进行描述。本章所设计的联合估计与译码方法以因子图的形式描述如图4.3.1所示。可以看出,在图中有4种类型的节点,包括LDPC码校验节点(图中方形节点,代表LDPC码中的节点校验关系)、LDPC码变量节点(图中圆形节点,代表码字比特)、信道函数节点(图中方形阴影节点,代表信道噪声概率分布函数)以及信道参数节点(图中圆形阴影节点,代表估计的信道参数)。图中的箭头表示在不同类型节点之间传递的消息,出于显示内容简洁的考虑,在LDPC码变量节点与校验节点之间传递的译码外信息没有标注在图中。每个虚线框围住的区域代表一个信道时变块,在块内的信道参数保持恒定。

与信道函数节点 $f_{ci,j}$ 相关联的条件概率密度函数为

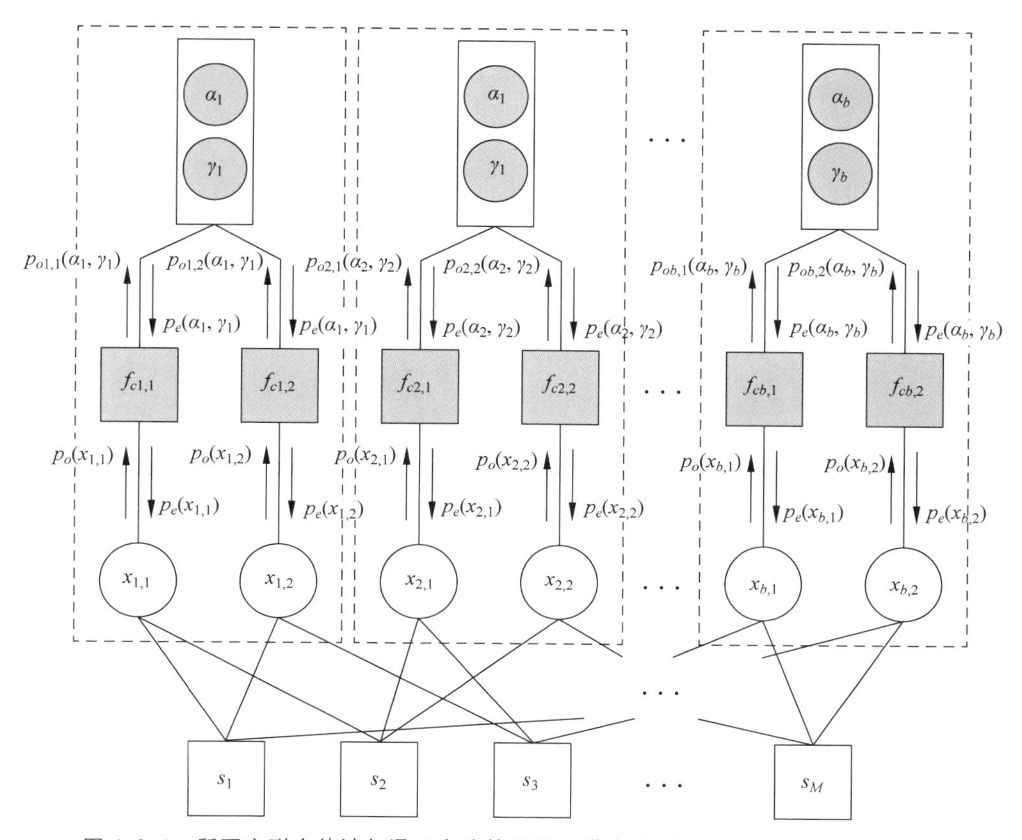

图 4.3.1　所研究联合估计与译码方法的因子图描述(假定信道时变块长度 h 为 2)

$$f_{ci,j}=p(y_{i,j}\mid x_{i,j},\alpha_i,\gamma_i) \tag{4.3.2}$$

其中,$i=1,2,\cdots,b$; $j=1,2,\cdots,h$。

由 LDPC 码变量节点传递到信道函数节点的消息可以表示为

$$p_o(x_{i,j})=p(x_{i,j}=s),\quad s\in S \tag{4.3.3}$$

其中 S 代表通信系统调制器所使用的星座符号集合,在本章所采用的 BPSK 调制方式中,$S=\{+1,-1\}$。消息 $p_o(x_{i,j})$是通过 LDPC 码和积译码过程中生成的总体对数似然比(如 4.2 节中步骤 4 所述)进行计算。

在第 i 个信道时变块内从信道函数节点传递到信道参数节点的消息的计算表达式为

$$p_{oi,j}(\alpha_i,\gamma_i)\propto p(y_{i,j}\mid \alpha_i,\gamma_i)\propto \sum_{s\in S}p(x_{i,j}=s)f_{ci,j}(y_{i,j}\mid x_{i,j}=s,\alpha_i,\gamma_i) \tag{4.3.4}$$

$p_e(\alpha_i,\gamma_i)$是第 i 个信道时变块内由信道参数节点发送到信道函数节点的传递消息，即通过估计过程所得到的噪声参数值 $\hat{\alpha}$ 和 $\hat{\gamma}$。

信道函数节点 $f_{ci,j}$ 传递到 LDPC 码变量节点 $x_{i,j}$ 的消息可表示为

$$p_e(x_{i,j})=p(y_{i,j}\mid x_{i,j},\alpha_i,\gamma_i) \tag{4.3.5}$$

众所周知，因子图上的消息传递方法主要用于处理具有较小值域空间变量的系统，比如 LDPC 码译码中，码字符号的二元域或多元域离散空间(目前绝大部分不超过 256 元域)。然而对脉冲噪声所进行的估计中，未知参数 α 和 γ 具有连续的值域空间，不适合采用传统的消息传递方法进行处理。为了能够在可接受的复杂度条件下，在信道参数节点中利用从信道函数节点输入的消息 $p_{oi,j}(\alpha_i,\gamma_i)$ 生成输出消息 $p_e(\alpha_i,\gamma_i)$，可行的方法是通过舍弃低概率取值，或者通过随机采样，来降低待估噪声参数的值域空间。在本章研究中，在信道参数节点所进行的估计过程中，选取了随机采样中的代表性手段——采样-重要性重采样(Sampling Importance Resampling，SIR)算法来离散化噪声参数的值域空间，以便能通过消息传递框架来联合进行信道估计与译码处理，提升通信接收系统的性能。

4.3.1 SIR 噪声参数估计算法

在所研究的联合信道估计与译码方法中对每一个信道时变块内噪声参数所采用的 SIR 估计算法的核心是基于重要性采样思想，通过使用对目标函数采样所产生的一系列样本集合来加权近似噪声参数取值的概率分布。由于 SIR 算法本身并非基于高斯分布假设，因此尤为适合用于脉冲噪声条件下的信道参数估计。该算法的具体执行流程如下所述。

1. 采样阶段

在采样阶段的起始，对信道时变块 i 从均匀分布 $U(1,2)$ 中采集 N_α 个噪声特征指数的样本值 $\alpha_i^{n_\alpha}$，从均匀分布 $U(0,1)$ 中采集 N_γ 个噪声尺度参数的样本值 $\gamma_i^{n_\gamma}$，其中 $n_\alpha\in\{1,2,\cdots,N_\alpha\}$，$n_\gamma\in\{1,2,\cdots,N_\gamma\}$，$i\in\{1,2,\cdots,b\}$。这里需要对 α 和 γ 参数的采样分布区间选取做如下说明：在实际通信环境中，脉冲噪声所对应 SαS 分布的特征指数 α 通常在 1 和 2 之间，而当噪声尺度参数 γ 大于 1 后不论在何种特征指数和编码码率条件下所对应的信噪比均低于理论上能够成功进行译码的门限值，因此在 SIR 估计方法中对两种噪声参数的采样分布区间进行如上述方式的设定。采样后的样本值组合为 $N=N_\alpha N_\gamma$ 个样本对(sample pair) $\{\alpha_{i,(0)}^{n_\alpha},\gamma_{i,(0)}^{n_\gamma}\}$。所有样本对所对应的初始权重值为 $w_{i,(0)}^{n_\alpha,n_\gamma}=\dfrac{1}{N}$。

2. 重要性权重值计算阶段

对于样本对 $\{\alpha_{i,(j)}^{n_\alpha},\gamma_{i,(j)}^{n_\gamma}\}$，利用从第 i 个信道时变块中第 j 个($j\in\{1,2,\cdots,h\}$)信道函数节点传递来的消息，可以计算得到所对应的重要性权重值

$$w_{i,(j)}^{n_\alpha,n_\gamma}=w_{i,(j-1)}^{n_\alpha,n_\gamma}\frac{p(y_j \mid \alpha_{i,(j)}^{n_\alpha},\gamma_{i,(j)}^{n_\gamma})\,p(\alpha_{i,(j)}^{n_\alpha},\gamma_{i,(j)}^{n_\gamma}\mid \alpha_{i,(j-1)}^{n_\alpha},\gamma_{i,(j-1)}^{n_\gamma})}{\pi(\alpha_{i,(j)}^{n_\alpha},\gamma_{i,(j)}^{n_\gamma}\mid \alpha_{i,(1:j-1)}^{n_\alpha},\gamma_{i,(1:j-1)}^{n_\gamma},y_{1:j})} \tag{4.3.6}$$

由于在每个信道时变块中信道参数是保持恒定的，因此有 $\alpha_{i,(j)}^{n_\alpha}=\alpha_{i,(j-1)}^{n_\alpha}=\alpha_i^{n_\alpha}$ 以及 $\gamma_{i,(j)}^{n_\gamma}=\gamma_{i,(j-1)}^{n_\gamma}=\gamma_i^{n_\gamma}$。为了简化重要性权重值的计算过程，本方法将转移先验概率分布函数设定为与重要性函数相同，即

$$\begin{aligned}\pi(\alpha_{i,(j)}^{n_\alpha},\gamma_{i,(j)}^{n_\gamma}\mid \alpha_{i,(1:j-1)}^{n_\alpha},\gamma_{i,(1:j-1)}^{n_\gamma},y_{1:j}) &= p(\alpha_{i,(j)}^{n_\alpha},\gamma_{i,(j)}^{n_\gamma}\mid \alpha_{i,(j-1)}^{n_\alpha},\gamma_{i,(j-1)}^{n_\gamma})\\ &=\delta(\alpha_{i,(j)}-\alpha_{i,(j-1)}^{n_\alpha},\gamma_{i,(j)}-\gamma_{i,(j-1)}^{n_\gamma})\end{aligned} \tag{4.3.7}$$

其中 $\delta(\alpha_{i,(j)}-\alpha_{i,(j-1)}^{n_\alpha},\gamma_{i,(j)}-\gamma_{i,(j-1)}^{n_\gamma})$ 是二维狄拉克 δ 函数（Dirac delta function）。如此可得到样本对所对应的重要性权重值的递归计算方式：

$$w_{i,(j)}^{n_\alpha,n_\gamma}\propto w_{i,(j-1)}^{n_\alpha,n_\gamma}p(y_j\mid \alpha_{i,(j)}^{n_\alpha},\gamma_{i,(j)}^{n_\gamma})\propto w_{i,(j-1)}^{n_\alpha,n_\gamma}p_{oi,j}(\alpha_i^{n_\alpha},\gamma_i^{n_\gamma}) \tag{4.3.8}$$

其中的似然函数 $p_{oi,j}(\alpha_i^{n_\alpha},\gamma_i^{n_\gamma})$ 是信道函数节点通过利用由 LDPC 码译码器得到的后验概率函数计算生成并传递到信道参数节点的。当所有样本对的重要性权重值都获取完毕后，需要计算对于每一个信道参数的单独样本 $\alpha_i^{n_\alpha}$ 和 $\gamma_i^{n_\gamma}$ 的归一化权重值，其计算过程如下：

$$w_i^{n_\alpha}=\left(\sum_{n_\gamma=1}^{N_\gamma}w_{i,h}^{n_\alpha,n_\gamma}\right)\Big/\left(\sum_{n_\alpha=1}^{N_\alpha}\sum_{n_\gamma=1}^{N_\gamma}w_{i,h}^{n_\alpha,n_\gamma}\right) \tag{4.3.9}$$

$$w_i^{n_\gamma}=\left(\sum_{n_\alpha=1}^{N_\alpha}w_{i,h}^{n_\alpha,n_\gamma}\right)\Big/\left(\sum_{n_\alpha=1}^{N_\alpha}\sum_{n_\gamma=1}^{N_\gamma}w_{i,h}^{n_\alpha,n_\gamma}\right) \tag{4.3.10}$$

3. 重采样阶段

为了克服样本退化（degeneracy）和贫化（impoverishment）问题对 SIR 估计过程的影响，本章所研究的信道估计方法对所获得的样本进行了重采样并在该阶段采用了随机游动 Metropolis（Random-Walk Metropolis，RWM）重采样算法。RWM 重采样算法的执行过程如下：首先从高斯建议分布 $N(\alpha_i^{n_\alpha},\sigma_\alpha)$ 及 $N(\gamma_i^{n_\gamma},\sigma_\gamma)$ 中分别随机抽取新的样本值 $\hat{\alpha}_i^{n_\alpha}$ 和 $\hat{\gamma}_i^{n_\gamma}$ 并组成新的样本对。然后用新的样本对执行 SIR 估计中的重要性权重值计算步骤以获得所对应的新的权重值 $\hat{w}_i^{n_\alpha}$ 和 $\hat{w}_i^{n_\gamma}$。根据当前与过去的权重比 $\hat{w}_i^{n_\alpha}/w_i^{n_\alpha}$ 以及 $\hat{w}_i^{n_\gamma}/w_i^{n_\gamma}$ 来分别确定在 RWM 重采样算法中对应于噪声特征指数和尺度参数样本的接受概率 $\varepsilon_\alpha=\min\{1,\hat{w}_i^{n_\alpha}/w_i^{n_\alpha}\}$ 和 $\varepsilon_\gamma=\min\{1,\hat{w}_i^{n_\gamma}/w_i^{n_\gamma}\}$。从均匀分布 $U(0,1]$ 中抽取随机变量 u，如果噪声参数 α 或 γ

新样本所对应的接受概率大于 u，则接受新样本值及其重要性权重值，即 $\alpha_i^{n_\alpha}=\hat{\alpha}_i^{n_\alpha}$，$w_i^{n_\alpha}=\hat{w}_i^{n_\alpha}$ 或 $\gamma_i^{n_\gamma}=\hat{\gamma}_i^{n_\gamma}$，$w_i^{n_\gamma}=\hat{w}_i^{n_\gamma}$，否则将舍弃掉新生成的样本值和权重值而继续使用先前的取值。换言之，如果重采样得到的新样本值所对应的重要性权重值大于先前的权重值，则 RWM 重采样算法接受所有该类新样本值和权重值，否则将分别以概率 $1-\varepsilon_\alpha$ 或 $1-\varepsilon_\gamma$ 舍弃两种噪声参数对应的新样本值和权重值而使用先前的取值。重采样步骤将重复执行直到预先设定的 RWM 重采样算法的最大迭代次数。RWM 重采样算法的迭代过程也被称为预烧期(burn-in period)，其迭代次数的大小影响 SIR 估计算法的收敛程度。

4. 噪声参数计算阶段

在该阶段利用得到的样本值和对应的重要性权重值计算噪声参数的估计结果，计算方法如下：

$$\hat{\alpha}_i=\sum_{n_\alpha=1}^{N_\alpha}w_i^{n_\alpha}\alpha_i^{n_\alpha} \tag{4.3.11}$$

$$\hat{\gamma}_i=\sum_{n_\gamma=1}^{N_\gamma}w_i^{n_\gamma}\gamma_i^{n_\gamma} \tag{4.3.12}$$

在 SIR 估计算法执行完成后，信道参数节点将表征估计结果的消息传递给信道函数节点，以便生成更新后的 LDPC 码译码内信息 L_v。

4.3.2 采用 QDE 算法的信道参数失配条件下译码渐进性能分析

为了让联合信道估计与译码方法在整体上保持在可接受的复杂度水平，消息传递框架中的迭代次数需要设定为较小的数值，包括其中 LDPC 码和积译码算法的迭代次数、RWM 重采样算法的迭代次数以及 SIR 估计器与 LDPC 码译码器之间交互消息的迭代次数。然而，较小的迭代次数会使得 SIR 信道估计出现不可避免的偏差进而导致 LDPC 码译码性能的下降，需要在分析这种性能影响机制的基础上寻求提升性能的方法。在本章的研究中，采用了量化的密度进化(Quantized Density Evolution，QDE)算法分析脉冲噪声条件下信道参数估计存在偏差时译码的渐进性能，该分析方法如下所述。

密度进化是一种通过追踪迭代译码的算法，在因子图各条边上，所传递消息的概率密度函数随迭代次数上升而演进，从而计算译码门限的方法。但是，对于脉冲噪声条件下的译码，其传递消息的概率密度函数由于噪声的概率密度通常不具有闭式表达式而难以计算。因此，为了有效分析本章研究中的 LDPC 码译码性能，我们采用了 QDE 算法，即在译码门限计算中使用离散的概率质量函数替代连续的概率密度函数。

考虑到在信道估计过程中出现的偏差，LDPC 码译码器将工作在参数失配的状态下，即在生成译码所需的内信息时使用的信道参数值 $\hat{\alpha}$、$\hat{\gamma}$ 并非其真实值 α、γ。和积译码算法在对称信道下的内信息计算方式为

$$L_v = \log \frac{p(x_v = +1)}{p(x_v = -1)} = \log \frac{P(y_v \mid x_v = +1)}{P(y_v \mid x_v = -1)} \tag{4.3.13}$$

其中条件概率函数 $P(y|x)$ 服从参数为 $\hat{\alpha}$、$\hat{\gamma}$ 的 SαS 分布。由于在上述计算公式中所使用的 SαS 分布概率密度函数在 $1<\alpha<2$ 时缺乏闭式表达式，因此采用蒙特卡罗仿真和直方图(histogram)法获得计算内信息所需的概率质量函数。

传递信息 m 的量化表示 $Q(m)$ 采用如下的形式：

$$Q(m) = \begin{cases} \lfloor m/\Delta + 0.5 \rfloor \cdot \Delta, & m \geqslant \Delta/2 \\ \lceil m/\Delta - 0.5 \rceil \cdot \Delta, & m < \Delta/2 \\ 0, & \text{其他} \end{cases} \tag{4.3.14}$$

其中 $\lfloor x \rfloor$ 表示不大于 x 的最大整数，$\lceil x \rceil$ 表示不小于 x 的最小整数，Δ 为量化分辨率。对于列重为 d_v、行重为 d_c 的 (d_v, d_c) 规则 LDPC 码，在 QDE 算法中，计算传递消息时使用与和积译码算法相同的校验节点和变量节点更新步骤。

在第 l 次节点传递消息的迭代更新中，校验节点消息 $m^{(c),l}$ 的量化密度更新计算方式为

$$m^{(c),l} = \bigoplus_{i=1}^{d_c-1} m_i^{(v),l-1} \tag{4.3.15}$$

其中 $m_i^{(v),l-1}$ 为上次迭代中变量节点所更新的消息值，计算符 $\oplus$ 代表如下方式的量化消息运算(假设参与运算的变量节点数为 2)：

$$m_1 \oplus m_2 = Q(2\text{artanh}(\tanh(m_1/2)\tanh(m_2/2))) \tag{4.3.16}$$

因此，校验节点消息值的概率质量函数可表示为

$$P^{(c),l} = P_1^{(v),l-1} \oplus P_2^{(v),l-1} \oplus \cdots \oplus P_{d_c-1}^{(v),l-1} \tag{4.3.17}$$

其中 $P^{(c),l}$、$P^{(v),l}$ 分别表示第 l 次迭代中校验节点和变量节点消息的概率质量函数。

在第 l 次迭代更新中，利用下式计算变量节点消息 $m^{(v),l}$ 的量化密度进化：

$$m^{(v),l} = \sum_{j=0}^{d_v-1} m_j^{(c),l} \tag{4.3.18}$$

其中 $m_0^{(c),l}$ 为译码内信息。其概率质量函数可以表示为

$$P^{(v),l} = p_0^{(c),l} \otimes p_1^{(c),l} \otimes \cdots \otimes p_{d_v-1}^{(c),l} \tag{4.3.19}$$

其中运算符 $\otimes$ 代表离散卷积运算。在参数失配条件下的 QDE 算法中，译码内信息在迭代过程中保持在存在偏差的信道参数下所获得的结果。

根据每一个预设的脉冲噪声特征指数 α 的真实值，均可以通过调整信道尺度参数 γ 真实值的大小来寻找满足预设误码率条件下的译码门限参数值 γ^* 以及对应的译码门限几何信噪比值根据码率 R 换算得到的 E_b/N_0^*，计算公式分别为(设定概率质量函数的量化分段数为 N_q，$C_g \approx 1.78$ 为指数形式的欧拉常数)

$$\gamma^* = \sup\left\{\gamma : \lim_{l\to\infty}\sum_{n=0}^{N_q/2} p^{(v),l}(n) = 0\right\} \tag{4.3.20}$$

$$E_b/N_0^* = \mathrm{GSNR}^*/2R = (1/2C_g)(1/(C_g^{1/\alpha-1}\cdot\gamma^*))^2/2R \tag{4.3.21}$$

4.3.3 增强重采样方法设计

利用4.3.2节所述的信道参数失配条件下的QDE算法，可以得到不同估计偏差下的LDPC码译码渐进性能门限值。图4.3.2以(3,6)规则LDPC码为例，显示了真实条件为$\alpha=1.5$以及$\gamma=0.5$的脉冲噪声信道下，不同参数估计偏差所对应的译码门限值。在图4.3.2中，横坐标及纵坐标分别代表估计得到的信道参数$\hat{\alpha}$和$\hat{\gamma}$相对于其真实值的偏差，取值范围均为$-0.5\sim0.5$，真实的参数对应中心的叉状标记，在真实信道参数下，译码门限值为2.08dB。QDE算法所计算出的译码门限值，在图中以等高线的形式来描述，即在给定的等高线内部，信道参数偏差组合所对应的译码门限值均小于等高线上标记的信噪比值。SIR信道估计算法(设定为每个信道参数取10个样本，RWM重采样算法迭代10次)利用LDPC码和积译码器4次迭代后输出的似然函数得到的估计结果，在图中以空心圆标记所表示。

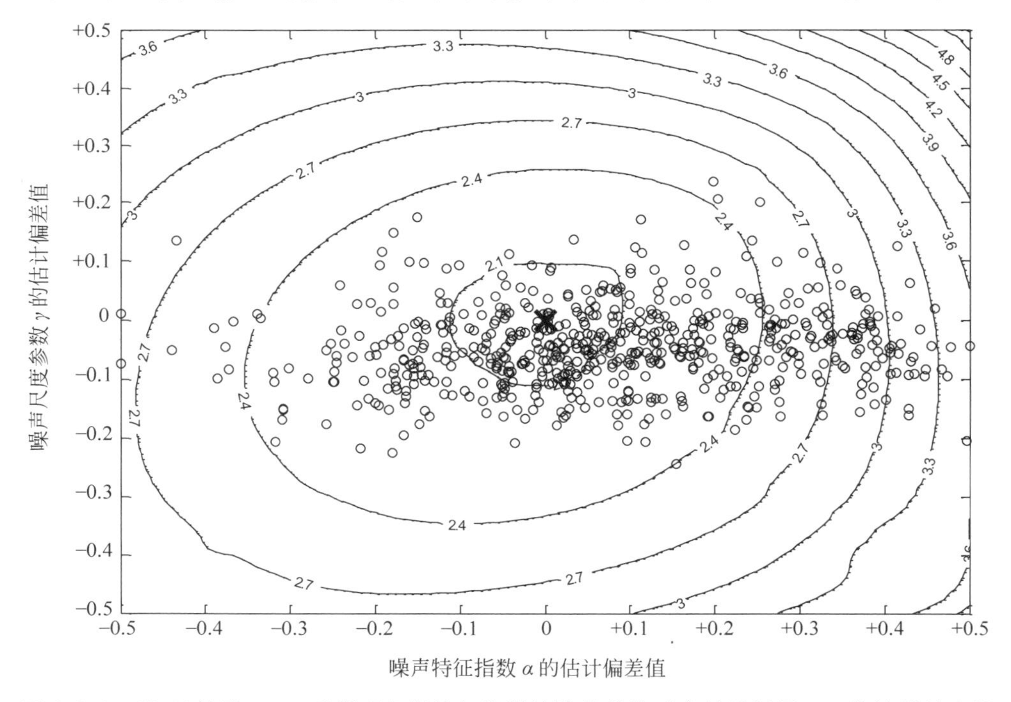

图4.3.2 (3,6)规则LDPC码译码门限值与信道估计偏差的对应关系以及SIR估计器的实际估计结果(真实信道参数为$\alpha=1.5,\gamma=0.5$)

可以看出，噪声特征指数的整体估计结果偏大而尺度参数的整体估计结果偏小。

为了得到更好的译码结果，也就是更低的译码门限值，在进行信道估计后，所得到的参数值组合应当靠近图中心的真实值，尽可能保持在图中标记 dB 值较小的等高线内部。对于图中所示的 SIR 估计值域趋势，可以采用补偿的方法，即在估计值上相加或相减某个固定的偏差值，使得结果靠近真实值。然而，这种补偿的方法所使用的偏差值，在不同信道状态下的变化较大，在未知信道状态时使用预设的固定值难以获得理想的结果。考虑到估计器中重采样过程自身的特点，在本章所研究的联合信道估计与译码架构下，对 RWM 重采样算法中样本值的接受概率进行了额外的调整，设计了增强的 RWM（Enhanced Random-Walk Metropolis，E-RWM）重采样算法。在 E-RWM 重采样算法的预烧期中，不同于 4.3.1 节中所述的原始 RWM 重采样算法，接受或舍弃新生成的样本不仅取决于其重要性权重值相比前次的变化，还要判断其自身样本值大小的变化。在第 i 个信道时变块中的 E-RWM 重采样算法具体执行过程如算法 4.3.1 中的伪代码所示，其中 p_α 和 p_γ 为基于样本值变化趋势所得到的样本接受概率。采用 E-RWM 重采样算法后的估计结果如图 4.3.3 所示。

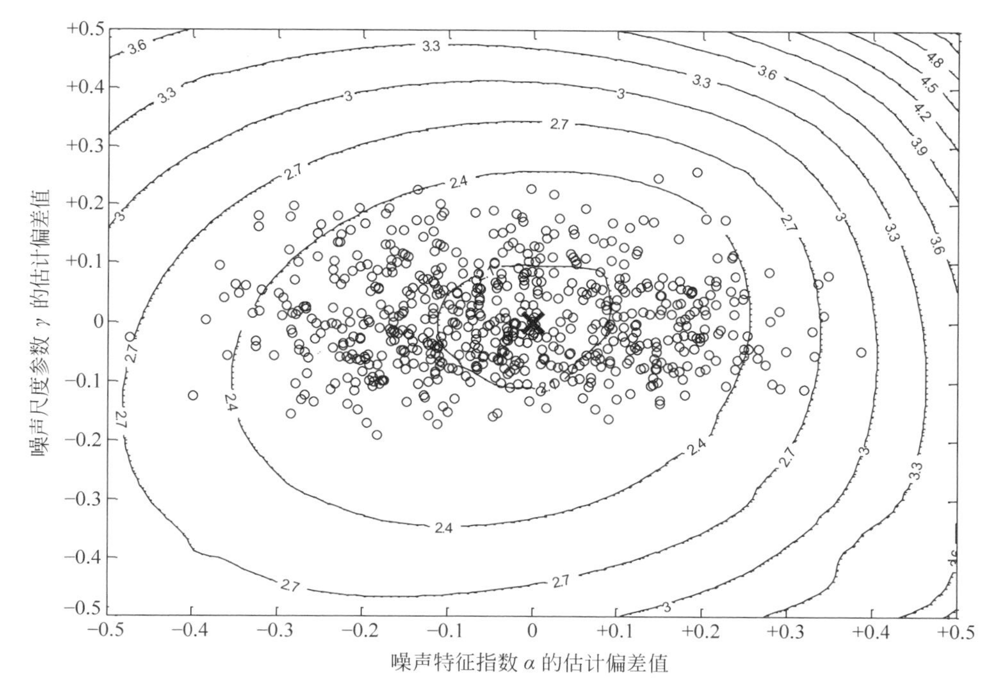

图 4.3.3　(3,6)规则 LDPC 码译码门限值与信道估计偏差的对应关系以及采用 E-RWM 重采样算法后 SIR 估计器的实际估计结果(E-RWM 重采样算法接受概率取 0.5，真实信道参数为 $\alpha=1.5,\gamma=0.5$)

由图 4.3.2 与图 4.3.3 中估计结果对比可见，本节所研究的 E-RWM 重采样算法能够有效减少造成较高译码门限值的信道估计结果出现的几率，进而提升信道估计后 LDPC 码译码的性能。

算法 4.3.1：E-RWM 重采样算法

For $t=1$：itr_{RWM}

  $u \sim U(0,1]$；

  If $\hat{w}_i^{n_\alpha}/w_i^{n_\alpha}>1$ and $\hat{\alpha}_i^{n_\alpha}/\alpha_i^{n_\alpha}<1$

    accept$\{\hat{\alpha}_i^{n_\alpha},\hat{w}_i^{n_\alpha}\}$

  Else if $\hat{w}_i^{n_\alpha}/w_i^{n_\alpha}>1$ and $\hat{\alpha}_i^{n_\alpha}/\alpha_i^{n_\alpha}\geqslant 1$

    accept $\{\hat{\alpha}_i^{n_\alpha},\hat{w}_i^{n_\alpha}\}$ with probability p_α

  Else if $\hat{w}_i^{n_\alpha}/w_i^{n_\alpha}=\varepsilon_\alpha\leqslant 1$ and $\hat{\alpha}_i^{n_\alpha}/\alpha_i^{n_\alpha}<1$

    accept $\{\hat{\alpha}_i^{n_\alpha},\hat{w}_i^{n_\alpha}\}$ with probability ε_α

  Else if $\hat{w}_i^{n_\alpha}/w_i^{n_\alpha}=\varepsilon_\alpha\leqslant 1$ and $\hat{\alpha}_i^{n_\alpha}/\alpha_i^{n_\alpha}\geqslant 1$

    accept $\{\hat{\alpha}_i^{n_\alpha},\hat{w}_i^{n_\alpha}\}$ with probability $\varepsilon_\alpha \cdot p_\alpha$

  End

  If $\hat{w}_i^{n_\gamma}/w_i^{n_\gamma}>1$ and $\hat{\gamma}_i^{n_\gamma}/\gamma_i^{n_\gamma}>1$

    accept $\{\hat{\gamma}_i^{n_\gamma},\hat{w}_i^{n_\gamma}\}$

  Else if $\hat{w}_i^{n_\gamma}/w_i^{n_\gamma}>1$ and $\hat{\gamma}_i^{n_\gamma}/\gamma_i^{n_\gamma}\leqslant 1$

    accept $\{\hat{\gamma}_i^{n_\gamma},\hat{w}_i^{n_\gamma}\}$ with probability p_γ

  Else if $\hat{w}_i^{n_\gamma}/w_i^{n_\gamma}=\varepsilon_\gamma\leqslant 1$ and $\hat{\gamma}_i^{n_\gamma}/\gamma_i^{n_\gamma}>1$

    accept $\{\hat{\gamma}_i^{n_\gamma},\hat{w}_i^{n_\gamma}\}$ with probability ε_γ

  Else if $\hat{w}_i^{n_\gamma}/w_i^{n_\gamma}=\varepsilon_\gamma\leqslant 1$ and $\hat{\gamma}_i^{n_\gamma}/\gamma_i^{n_\gamma}\leqslant 1$

    accept $\{\hat{\gamma}_i^{n_\gamma},\hat{w}_i^{n_\gamma}\}$ with probability $\varepsilon_\gamma \cdot p_\gamma$

  End

End

4.4 数值仿真实验及结果分析

在本节中，对所研究的联合信道估计与 LDPC 码译码方法使用蒙特卡罗仿真的方式进行性能评估，同时和采用样本分位数估计法结合 LDPC 码和积译码的方案以及已知精确实时信道参数信息的理想 LDPC 码和积译码方案进行性能比较。在每个信噪比点下的仿真实验均进行到出现 50 帧错误为止。

实验中选取的码字为 MacKay 所提供的 1/2 码率、长度 8000 的(3,6)规则 LDPC 码。仿真中生成的噪声是根据 3.2.1 节中的块时变无记忆脉冲噪声信道模型,信道时变块数目 b 设定为 200,每个信道时变块中调制编码符号数 h 为 40。第 i 个信道时变块中的信道噪声参数 α_i 和 γ_i 服从中心值为预设的 α 和 γ,标准差均为 0.1 的正态分布。图 4.4.1 和图 4.4.2 为预设的平均信道噪声特征指数 α=

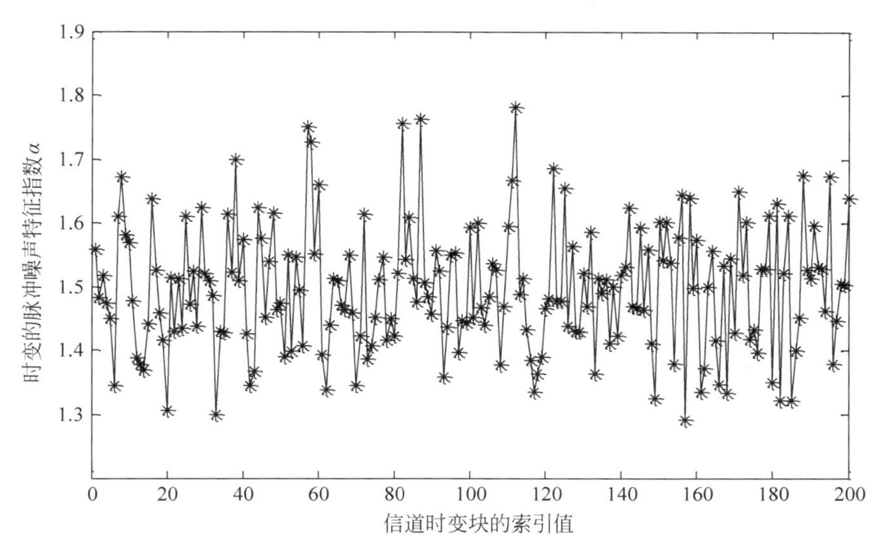

图 4.4.1　不同信道时变块索引下的噪声特征指数 α 变化示意图

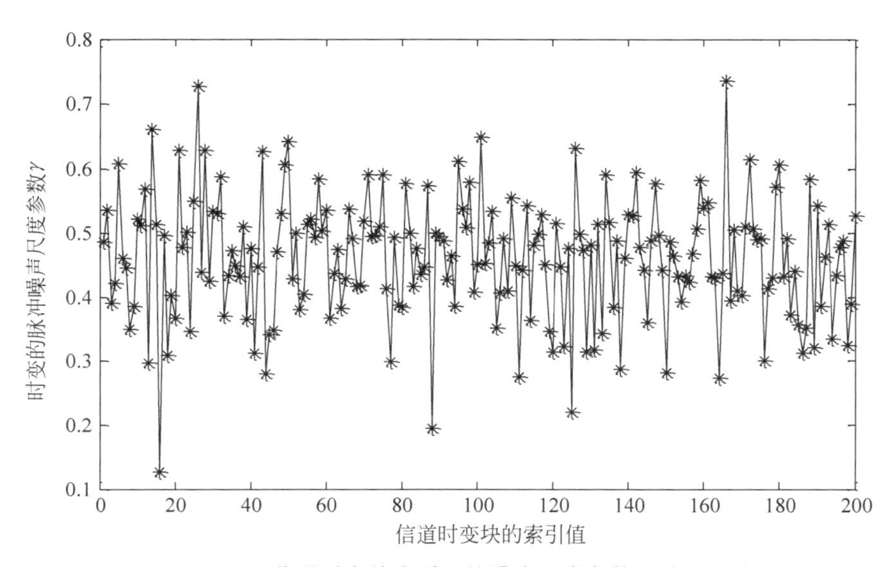

图 4.4.2　不同信道时变块索引下的噪声尺度参数 γ 变化示意图

1.5，信噪比 $E_b/N_0=3.0\text{dB}$ 时各信道时变块中实时噪声参数的示意图，可见参数在信道块间呈无记忆随机变化。

在所研究方法的参数设置方面，SIR 估计算法中对两种时变信道参数的采样以及重采样样本数均设为 10，RWM 重采样算法的迭代次数为 10 次。在本节的仿真实验中，对所研究方法的性能验证选取了两种迭代方案：一种为进行 2 次估计器与译码器之间消息交互的迭代（也称为外部迭代），在每次外部迭代中执行 10 次 LDPC 码和积译码迭代；另一种为进行 5 次外部迭代，每次外部迭代中执行 4 次 LDPC 码和积译码迭代。上述两种方案中的 LDPC 码译码总迭代次数均为 20 次。本节所研究的 E-RWM 重采样算法被分别应用于这两种实验方案中，以比较与原始 RWM 重采样算法之间的性能差异。在所有测试信噪比下，E-RWM 重采样算法的接受概率 p_α 以及 p_γ 均设置为 0.5。对于对比方案中基于样本分位数的估计法，首先对接收调制编码符号序列执行硬判决（结果为{+1，−1}序列），之后将接收序列与硬判决结果的差值即去除调制信息后的噪声序列输入估计器，最后将估计参数传递到 LDPC 码和积译码器进行 20 次译码迭代。

在图 4.4.3、图 4.4.4 和图 4.4.5 中分别展示了不同的方法在时变信道脉冲强度为弱、中、强 3 种典型状态下（分别对应于噪声平均的 $\alpha=1.9$、$\alpha=1.5$ 以及 $\alpha=$

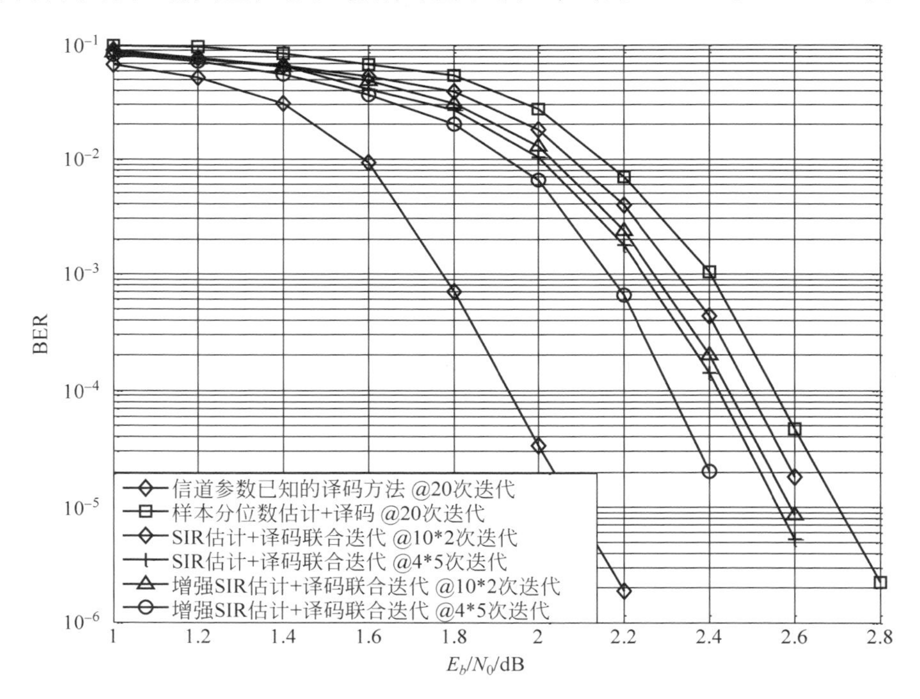

图 4.4.3 采用(8000，4000)LDPC 码的各方案在平均 $\alpha=1.9$ 条件下的误码率性能比较

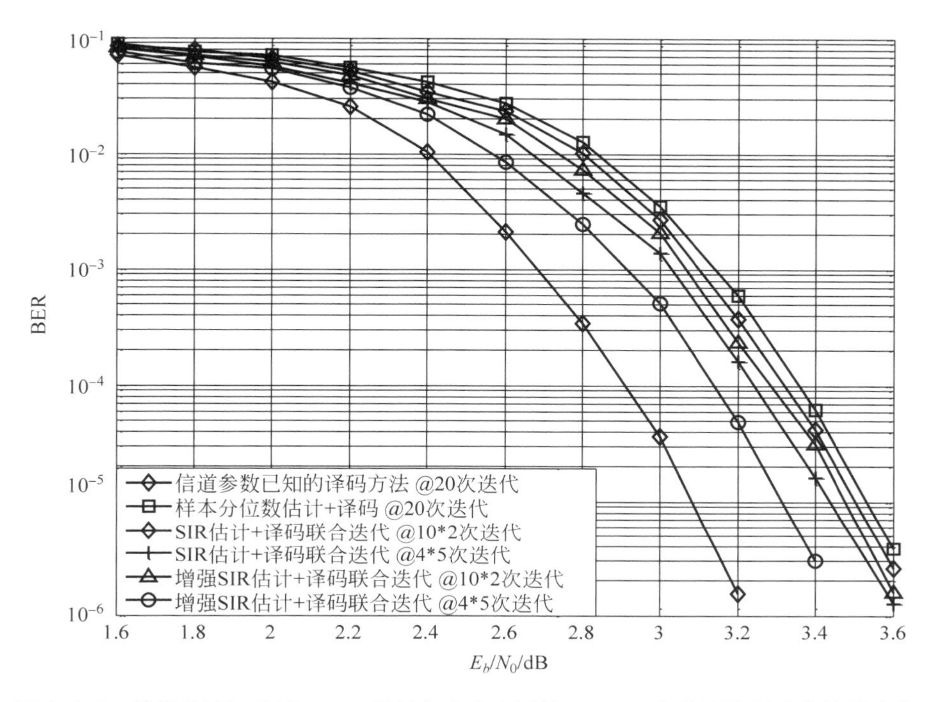

图 4.4.4　采用(8000,4000)LDPC 码的各方案在平均 $\alpha=1.5$ 条件下的误码率性能比较

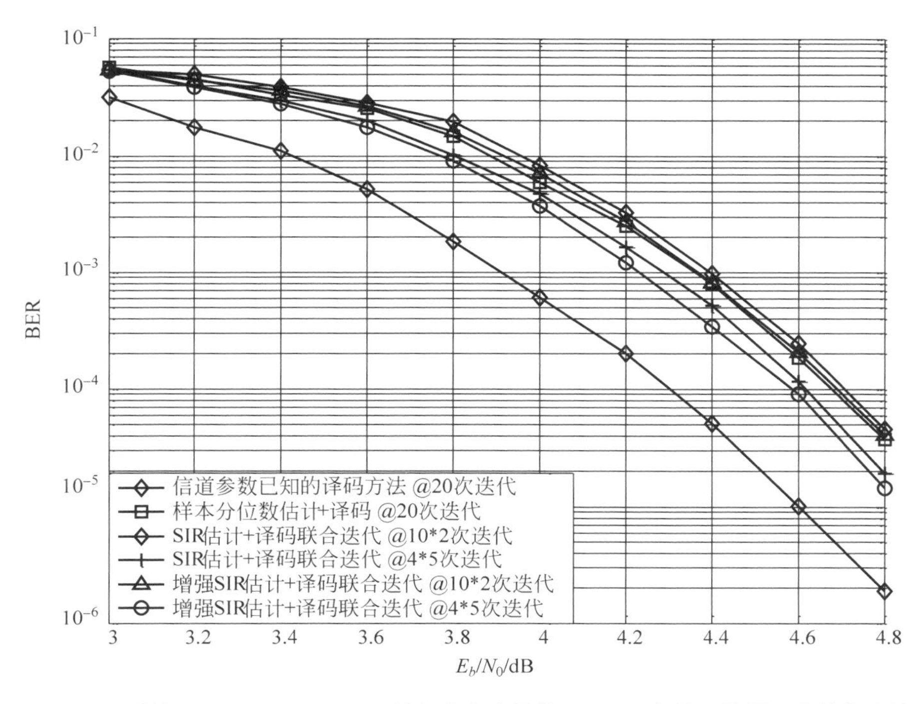

图 4.4.5　采用(8000,4000)LDPC 码的各方案在平均 $\alpha=1.1$ 条件下的误码率性能比较

1.1)的误码率性能。从仿真结果可知,对于本章所研究的联合估计与译码方法,SIR 信道估计器与 LDPC 码和积译码器之间进行消息交互越频繁,即外部迭代次数越多,越有助于提升整体的误码率性能。采用了 E-RWM 重采样算法的 SIR 信道估计方法(图中简称为增强 SIR 估计)相比重采样时只依据重要性权重值变化趋势决定样本取舍的原始 SIR 估计方法在 3 种典型时变脉冲噪声场景下均获得了更优的性能,且随外部迭代次数的增加,使用了 E-RWM 重采样算法的联合估计与译码方法的性能提升会更加显著。

当所研究方法的外部迭代数设置为 5 次时,无论是否采用 E-RWM 重采样算法,其误码率性能在 3 种时变脉冲强度条件下均优于采用基于样本分位数进行估计并级联译码的方法,且在低误码率区域的性能与已知实时信道参数的理想译码器性能(亦为联合估计与译码方法在给定译码迭代次数下所能达到的误码率下界)仅相差 0.3dB。当所提方法的外部迭代次数为 2 次时,其误码率性能在时变脉冲强度较弱和中等时好于使用样本分位数估计的方法,但是在较强的时变脉冲强度条件下性能差于后者。主要原因是时变的强脉冲噪声下 LDPC 码和积译码初始内信息的可靠度相比脉冲强度较弱时明显下降,造成译码输出似然信息的可靠度较低,而在所研究的联合估计与译码消息传递框架下 SIR 信道估计器的性能与 LDPC 码译码性能密切相关,同时较少的外部迭代次数也使得 SIR 估计器无法通过与译码器的多次消息交互对接收符号似然信息进行修正,因此估计精度不可避免的降低,进而使得信道估计后的 LDPC 码译码难以获得理想性能。与之相反的是,基于样本分位数的估计方法由于采用硬判决去除调制信息而非软判决迭代的方式,对时变的脉冲强度变化敏感度较低,所以在时变强脉冲条件下优于使用少量外部迭代次数的本章所研究的方法。换言之,本章所研究的联合估计与译码方法达到较优误码率性能所需的外部迭代次数随时变信道脉冲强度的增加而提高。

4.5 本章小结

本章研究了一种适用于块时变无记忆脉冲噪声信道的无数据辅助联合信道估计与译码方法。该方法利用 SIR 算法结合 RWM 重采样算法将连续的信道参数值域空间离散化,以便在消息传递框架下进行译码器和估计器之间的信息交互来提升最终的纠错性能。此外,通过信道参数失配条件下的译码渐进性能分析对所研究方法中的重采样算法进行了改进。仿真实验结果表明,本章所研究方法的性能优于采用基于样本分位数的信道估计结合 LDPC 码译码的方法。与已知实时信道参数的译码结果相比,本方法在低误码率区域的译码增益差距仅为 0.3dB 左右。

第 5 章

脉冲噪声信道对数似然比近似表达

5.1 引言

根据第 1 章中对研究背景以及脉冲噪声建模相关现状的阐述可知,SαS 分布模型是对包括电力线通信、无线通信、浅水水声通信、极低频/甚低频通信等诸多场景下存在的脉冲噪声进行描述的有效工具。能够在通信系统中为数据传输过程提供优异抗差错能力的 LDPC 码在上述场景中具有很大的应用潜力。由于 LDPC 码软判决译码方法对输入的接收符号可靠性度量值十分敏感,所以各个接收符号初始化对数似然比的准确性对译码性能至关重要。不幸的是,SαS 分布在大多数情况下并不具备概率密度函数的闭式表达式,造成通过噪声概率密度函数得到接收符号对数似然比的计算十分困难。因此如何在服从 SαS 分布的脉冲噪声信道下高效准确地获取 LDPC 码译码初始化所需的对数似然比信息是本章所要研究并解决的问题。

5.2 对数似然比函数

5.2.1 脉冲噪声信道模型

考虑到通信过程中脉冲噪声所具有的非高斯对称分布的特点,本章采用基于广义中心极限定理的 SαS 分布,作为所研究通信场景下脉冲噪声的模型。由于 SαS 分布的概率密度函数在除去高斯分布(Gaussian distribution)和柯西分布

(Cauchy distribution)这两种特例外不具有闭式表达式的形式,所以 SαS 分布通常用其特征函数 $\phi(\omega)$来描述:

$$\phi(\omega)=\mathrm{e}^{-|\gamma\omega|^{\alpha}} \tag{5.2.1}$$

基于此,SαS 分布的概率密度函数 $f_{\alpha}(x)$可以通过特征函数的傅里叶变换求得,计算表达式为

$$f_{\alpha}(x)=\frac{1}{2\pi}\int_{-\infty}^{\infty}\phi(\omega)\mathrm{e}^{-\mathrm{j}\omega x}\,\mathrm{d}x \tag{5.2.2}$$

其中,α 代表 SαS 分布的特征指数,其大小决定了分布函数拖尾的厚度,即脉冲的强度,取值范围是 $\alpha\in(0,2]$。$\alpha=2$ 以及 $\alpha=1$ 时 SαS 分布分别退化为高斯分布和柯西分布,由于在实际通信场景下描述脉冲噪声的 SαS 分布中 α 取值通常大于等于 1,所以在本章的研究中限定 $\alpha\in[1,2]$。不同参数下的 $f_{\alpha}(x)$描述如图 5.2.1 所示。当 $\alpha<2$ 时 SαS 分布概率密度函数在图 5.2.1 中的拖尾部分渐近等同于帕累托分布,即服从幂律关系。γ 表示 SαS 分布的尺度参数(scale parameter),取值范围是 $\gamma\in(0,+\infty)$,γ 值的大小用来衡量满足分布的样本偏离其中心值的程度。

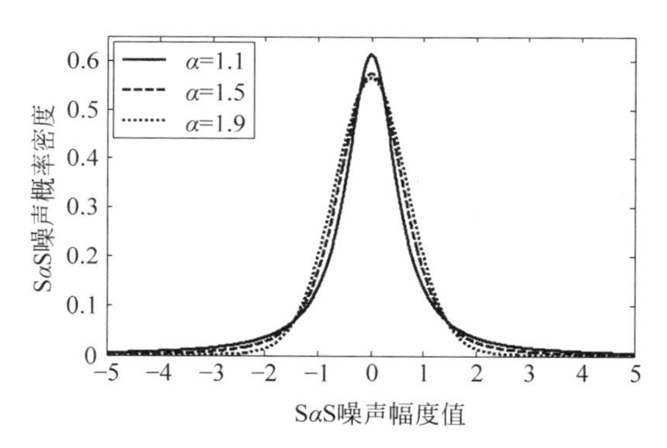

图 5.2.1 服从 SαS 分布的脉冲噪声在不同参数下的概率密度函数

SαS 分布的参数 α 越小脉冲程度越强,如图 5.2.2 所示,可以看到服从 SαS 分布的脉冲噪声样本在相同的 γ 参数下,随 α 取值的减小脉冲现象出现的频率和幅度均会提高,脉冲现象造成的信息传输可靠度降低给 LDPC 码软判决译码过程带来了十分不利的影响。

5.2.2 信号传输模型

在本章研究中,通信系统采用 LDPC 码编码和 BPSK 调制方式,每帧传输信号为 N 个编码调制后的符号 $x_i\in\{-1,+1\}$,经过无记忆加性脉冲噪声信道后接收端收到的符号 y_i 的表达式为

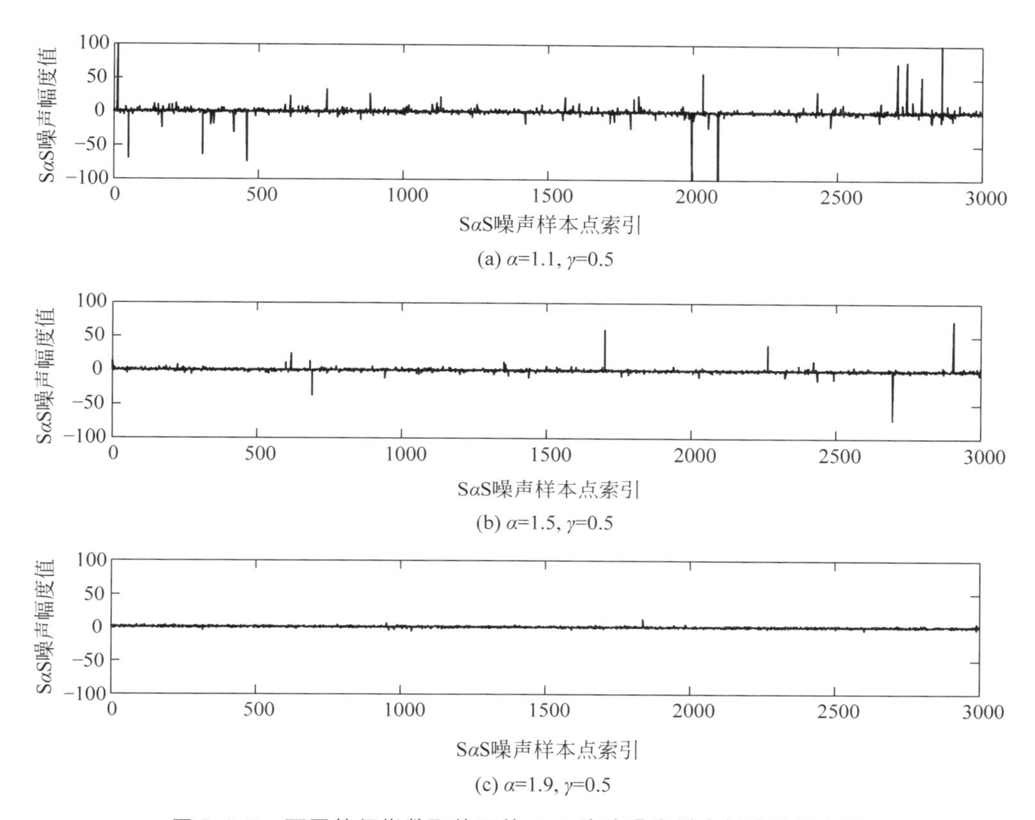

图 5.2.2　不同特征指数取值下的 SαS 脉冲噪声样本幅度值示意图

$$y_i = x_i + n_i,\quad i = 1,2,\cdots,N \tag{5.2.3}$$

其中 n_i 是服从 SαS 分布的独立同分布随机变量。

5.2.3　脉冲噪声信道接收符号对数似然比

在 LDPC 码采用和积算法(sum-product algorithm)的软判决译码过程中，从信道输入的接收符号的可靠性度量是通过对数似然比(LLR)来描述的，LLR 的表达式为

$$\mathrm{LLR}(y_i) = \ln(P(y_i \mid x_i = +1)/P(y_i \mid x_i = -1)) \tag{5.2.4}$$

其中 $P(y|x)$为信道转移概率，由信道噪声分布的概率密度函数求得。LLR 在不同参数的脉冲噪声信道下表现形式如图 5.2.3 所示，可见当 $\alpha \neq 2$ 时，LLR 取值与从信道输出的接收符号幅度值呈非线性关系。与高斯噪声信道下 LLR 所不同的是，当接收符号幅度值较大时，脉冲噪声信道的参数 α 越小，即信道脉冲程度越严重，所对应的 LLR 值越小。

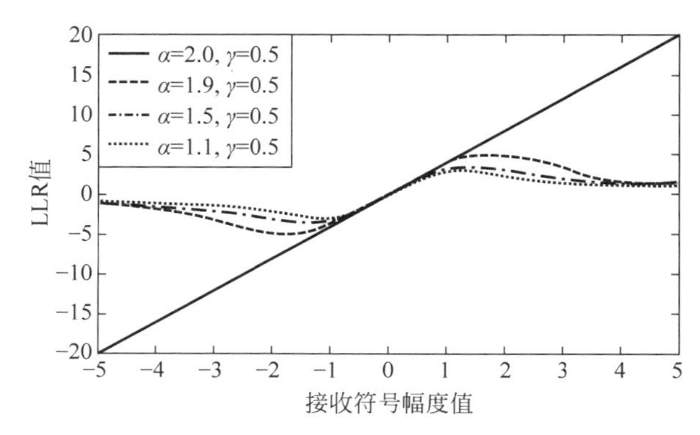

图 5.2.3　接收符号的对数似然比与其幅度值的关系

5.2.4　脉冲噪声信道几何信噪比

根据零阶统计量理论，对于 $\alpha \neq 2$ 的脉冲噪声，由于其二阶矩为无穷大，传统高斯噪声信道下基于噪声方差来度量通信质量的信噪比概念在脉冲噪声信道下不再适用，因此在本章研究中引入几何功率的概念用以描述脉冲噪声下的信噪比，也被称为几何信噪比（GSNR）。GSNR 的定义式为

$$\mathrm{GSNR} = \frac{1}{2C_g}\left(\frac{A}{S_0}\right)^2 \tag{5.2.5}$$

其中 $C_g \approx 1.78$ 是指数形式的欧拉常数，用于保证在 $\alpha = 2$ 的高斯噪声信道下 GSNR 能够退化为传统的 SNR。A 是发送端生成的编码调制信号的幅度值，在本研究中设定为常数 1。噪声的几何功率 S_0 可以表示为

$$S_0 = C_g^{\frac{1}{\alpha}-1}\gamma \tag{5.2.6}$$

考虑到在 GSNR 的计算中并没有涉及编码调制的信息速率，故本章研究的 LDPC 码译码中，对于误码率（SER）和误帧率（FER）性能比较均是基于相同的归一化信噪比，即 E_b/N_0，其与 GSNR 的转换关系为

$$\frac{E_b}{N_0} = \frac{\mathrm{GSNR}}{2R} \tag{5.2.7}$$

其中 R 为编码调制的信息速率，在本章的 BPSK 调制下即为 LDPC 码编码的码率。

5.3　脉冲噪声信道下对数似然比近似方法

由式（5.2.2）所示的 SαS 分布概率密度函数计算式可知，如果直接从定义出发，通过特征函数的傅里叶变换来得到概率密度函数会由于连续积分运算的存在而难以实现。虽然采用 Mittnik 等人所提出的快速傅里叶变换离散化处理方式[71]或是 Zolotarev 以及 Nolan 所提出的直接数值计算处理方式[69-70]可以简化

概率密度函数计算过程中所需的连续积分运算，但是其复杂度对于当前的脉冲噪声信道下高速LDPC码译码所需的初始化LLR计算处理而言依然过高。利用具备闭式表达式的函数对脉冲噪声条件下的LLR进行近似拟合处理是解决上述问题的可行途径。因此，考虑到SαS分布条件下LLR的特点，本章研究了一种针对参数为$1\leqslant\alpha<2$的脉冲噪声信道的非线性LLR近似方法，以期在获得高译码性能的同时保持较低的计算复杂度。

5.3.1 非线性对数似然比近似函数

尽管对于SαS分布而言，除了高斯分布和柯西分布的特例外不具有闭式表达式的概率密度函数，对具有较小(趋近于零)或较大(趋近于无穷)幅度值的接收符号y，SαS分布的概率密度函数$f_\alpha(y)$可以通过渐近展开式来描述。

对于$1\leqslant\alpha<2$，$y\to 0$的情况，有

$$f_\alpha(y)=\frac{1}{\pi\alpha}\sum_{k=0}^{n}\frac{(-1)^k}{(2k)!}\gamma^{-(2k+1)}\Gamma\left(\frac{2k+1}{\alpha}\right)y^{2k}+O(|y|^{2n+1}) \tag{5.3.1}$$

对于$1\leqslant\alpha<2$，$y\to\infty$的情况，有

$$f_\alpha(y)=-\frac{1}{\pi}\sum_{k=1}^{n}\frac{(-1)^k}{k!}\gamma^{\alpha k}\Gamma(\alpha k+1)\sin\left(\frac{k\alpha\pi}{2}\right)y^{-(\alpha k+1)}+O(|y|^{-\alpha(n+1)-1}) \tag{5.3.2}$$

其中，$\Gamma(\cdot)$为伽马函数，计算表达式为

$$\Gamma(x)=\int_0^{+\infty}t^{x-1}\mathrm{e}^{-t}\mathrm{d}t \tag{5.3.3}$$

通过将式(5.3.1)以及式(5.3.2)所表示的概率密度函数渐近展开式代入式(5.2.4)，可以得到脉冲噪声信道下接收符号LLR的渐近表达式

$$\begin{aligned}\lim_{y\to 0}\mathrm{LLR}(y)&=\lim_{y\to 0}\ln\frac{f_\alpha(y-1)}{f_\alpha(y+1)}\\&\approx\lim_{y\to 0}\ln\left[\frac{\Gamma\left(\frac{1}{\alpha}\right)\gamma^{-1}-\frac{1}{2}\Gamma\left(\frac{3}{\alpha}\right)\gamma^{-3}(y^2-2y+1)}{\Gamma\left(\frac{1}{\alpha}\right)\gamma^{-1}-\frac{1}{2}\Gamma\left(\frac{3}{\alpha}\right)\gamma^{-3}(y^2+2y+1)}\right]\\&\approx\frac{y}{\frac{\Gamma(1/\alpha)}{2\Gamma(3/\alpha)}\gamma^2-\frac{1}{4}}\end{aligned} \tag{5.3.4}$$

$$\begin{aligned}\lim_{y\to\infty}\mathrm{LLR}(y)&=\lim_{y\to\infty}\ln\frac{f_\alpha(y-1)}{f_\alpha(y+1)}\\&\approx\lim_{y\to\infty}\ln\left[\frac{\gamma^\alpha\Gamma(\alpha+1)\sin\left(\frac{\alpha\pi}{2}\right)(y-1)^{-(\alpha+1)}}{\gamma^\alpha\Gamma(\alpha+1)\sin\left(\frac{\alpha\pi}{2}\right)(y+1)^{-(\alpha+1)}}\right]\end{aligned}$$

$$\approx \frac{2(\alpha+1)}{y} \tag{5.3.5}$$

可见，脉冲噪声信道下的LLR函数具有如下特点：

(1) 当$y \to 0$时，由式(5.3.4)所得近似结果的分母项$\frac{\Gamma(1/\alpha)}{2\Gamma(3/\alpha)}\gamma^2-\frac{1}{4}$在固定的信道参数下可以视为常数，因此该条件下的LLR值与接收符号幅度值y成正比例线性关系。

(2) 当$y \to \infty$时，由式(5.3.5)得到的近似结果的分子项$2(\alpha+1)$也可以视为常数，该条件下的LLR值与接收符号幅度值y成反比例关系。

由图5.3.1可以看出，脉冲噪声信道下的LLR函数为关于原点成中心对称的奇函数，即满足

$$\mathrm{LLR}(-y)=-\mathrm{LLR}(y) \tag{5.3.6}$$

因此，根据LLR函数上述的两个特点，我们研究了一种利用非线性的多项式分式函数来近似拟合脉冲噪声信道下接收符号LLR的方法，即

$$\mathrm{LLR}_{\mathrm{apprx}}(y)=\frac{y}{ay^2+b} \tag{5.3.7}$$

该函数用于LDPC码和积译码过程初始阶段的内信息计算，其中参数a和b的选择决定了LLR函数的近似效果，进而影响到LDPC码译码的性能，因此需要合理选取参数a,b的取值。

5.3.2 对数似然比近似函数参数选取准则

为了使得接收符号幅度值所对应的近似后LLR函数与原始LLR函数在相同区间具有一致的单调性，则式(5.3.7)中$\mathrm{LLR}_{\mathrm{apprx}}$的参数$a$,$b$的选取需要保证近似后函数和原始函数的驻点相同，即在相同的信道噪声条件下拥有同样的极值点。由于原始LLR函数可以分为接收符号幅度绝对值较小时所对应的线性变化区间以及幅度绝对值较大时所对应的幂律变化区间，所以近似LLR函数需确保全局极大值点和全局极小值点与原始LLR函数重合即可。

通过设定$\mathrm{LLR}_{\mathrm{apprx}}$的一阶导数为零可以求解得到其全局极大值和极小值点的坐标分别为$\left(\sqrt{\frac{b}{a}},\frac{1}{2\sqrt{ab}}\right)$以及$\left(-\sqrt{\frac{b}{a}},-\frac{1}{2\sqrt{ab}}\right)$，如果原始LLR的上述两个极值点坐标分别为$(m,n)$和$(-m,-n)$，则根据对应各象限的极值点坐标相同有

$$a=\frac{1}{2mn} \tag{5.3.8}$$

$$b=\frac{m}{2n} \tag{5.3.9}$$

因此，在不同的脉冲噪声信道条件下，可以利用离线搜索的方式预先确定脉冲噪声参数组合$\{\alpha,\gamma\}$与原始 LLR 函数极值点坐标系数$\{m,n\}$之间的一一对应关系，进而得到 LLR 近似函数参数组合$\{a,b\}$。在实际应用中可以采用查找表的方式根据输入的信道状态信息进行 LLR 的近似计算处理，具体实现方法将在 5.3.3 节中进行详细阐述。

所研究的 LLR 非线性近似方法在不同强度脉冲噪声下的拟合效果如图 5.3.1 所示。从图 5.3.1 中可以看出，本节所研究的近似方法对于脉冲程度较强，尺度参数较大的脉冲噪声条件下的 LLR 函数拟合效果较优，采用本近似方法所得到的内信息(intrinsic information)进行 LDPC 码和积译码的性能能够逼近使用真实 LLR 时的译码性能。由于在脉冲程度较弱、噪声尺度参数较小时的接收符号信息通常可靠度较高，因此 LLR 拟合造成的偏差对 LDPC 码软判决译码迭代更新过程产生的不利影响也相对较小，利用本近似方法同样能够获得较好的译码性能。

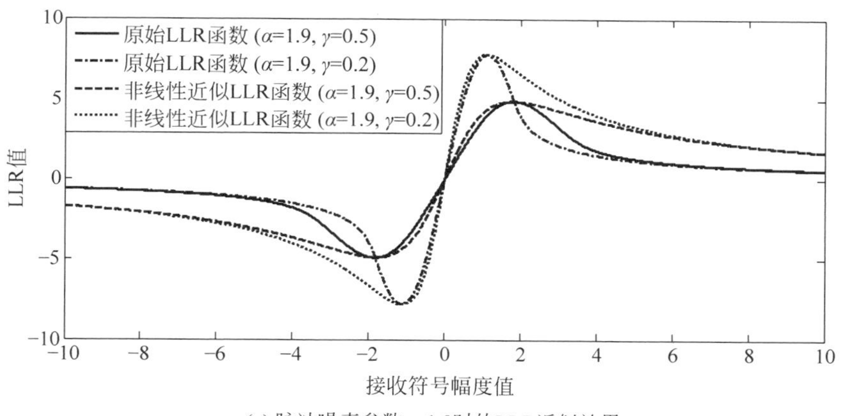

(a) 脉冲噪声参数α=1.9时的LLR近似效果

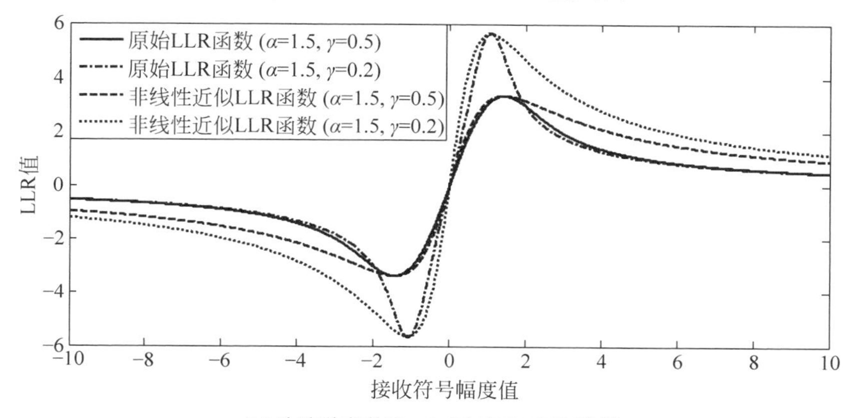

(b) 脉冲噪声参数α=1.5时的LLR近似效果

图 5.3.1　所研究的 LLR 近似方法在不同强度脉冲噪声下的拟合效果

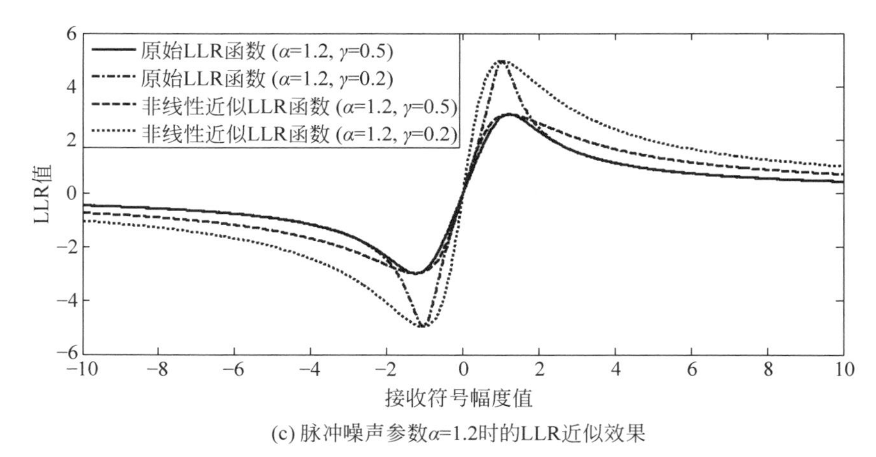

(c) 脉冲噪声参数α=1.2时的LLR近似效果

图 5.3.1 （续）

图 5.3.2 和图 5.3.3 中展示的是本章所研究的非线性 LLR 近似表达式中参数 a 和 b 通过式(5.3.8)以及式(5.3.9)计算所得到的值与脉冲噪声信道的特征指数 α、信噪比 GSNR 值之间的关系(由于 10dB 以上参数 a 和 b 的值基本恒定，故没有在图中显示)。能够明显地看出，当噪声参数 α 保持在某一固定值时，近似函数中参数 a，b 的取值随信噪比 GSNR 值的改变呈缓慢变化趋势，因此可以采用任意噪声参数值 α 下 a，b 各自的平均值作为近似函数在该特征指数所对应的所有 GSNR 条件下的参数取值。换言之，在信道参数 α 恒定的条件下，所研究的非线性近似方法中参数的选取对信道参数 γ 的变化具有鲁棒性。

在某些无线点对点自组织网络通信场景下，脉冲噪声的参数 α 仅由通信环境中的路径损耗指数决定，且该路径损耗指数近似为常数，故参数 α 可以被认为在信息传输过程中保持不变，而脉冲噪声的参数 γ 由路径损耗指数以及衰落或阴影的

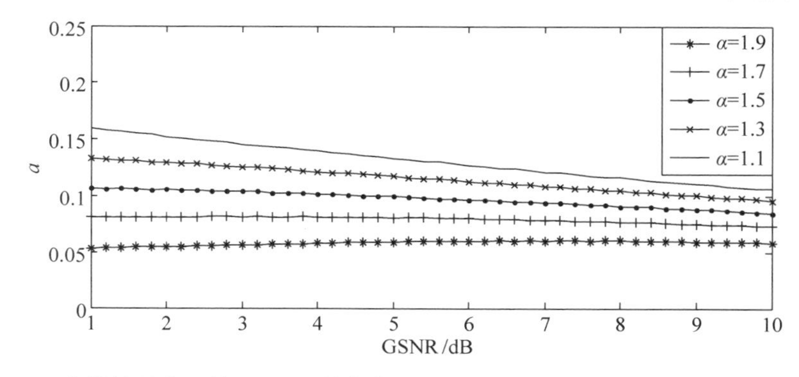

图 5.3.2 非线性近似函数 LLR_{apprx} 的参数 a 在不同信道噪声参数α 及信噪比下的取值

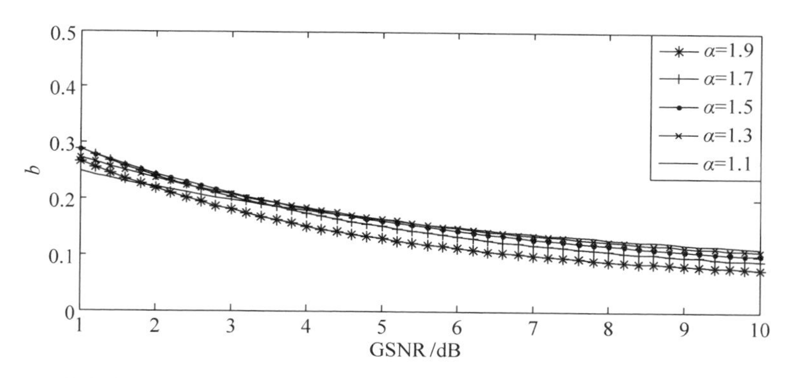

图 5.3.3　非线性近似函数 LLR_{apprx} 的参数 b 在不同信道噪声参数 α 及信噪比下的取值

统计特性共同决定，因而会随时间发生较频繁的改变，造成信道 GSNR 的快速变化。因此可以利用本 LLR 近似方法在参数选取方式上的鲁棒特性弱化对信道噪声参数获取的需求，在上述通信场景中，通信系统仅需要通过信道估计等手段获得静态噪声特征指数 α 的值，即能够在任意 GSNR 条件下采用所对应的固定 a，b 参数值令 LDPC 码译码器获得较好的性能。

5.3.3　对数似然比近似函数的参数快速查找方法

当通信环境中脉冲噪声的特征指数 α 无法看作恒定常数时，则采用查找表的方法快速求解所对应的非线性近似函数参数值 a 和 b。由于式(5.3.8)和式(5.3.9)中参数 a，b 能够直接从原始 LLR 全局极值点(此处及下文中的全局极值点均指第一象限中的点)坐标值计算得到，所以在设计近似函数的参数查找表时选取的查找对象为原始 LLR 的全局极值点坐标。考虑到随着噪声参数 α 的取值逼近 2，全局极值点的纵坐标趋向正无穷，且越接近 2 纵坐标值的增长幅度越大，因此在设计中将查找表根据参数 α 的值域区间以 1.9 为界线分为两部分，查找表中 α 和 γ 的取值间隔根据实际通信系统精度的需要自由设定。

在查找表中第一部分的 α 取值从 1～1.9，间隔 $\Delta_{\alpha1}$，第二部分的 α 取值从 1.9(即 $2-10^{-1}$)～$2-10^{-10}$，指数部分从 −1～−10 间隔 $\Delta_{\alpha2}$。两部分中噪声参数 γ 的取值都是从 0.1～1.0，间隔 Δ_{γ}，当 $\gamma<0.1$ 时均采用 $\gamma=0.1$ 时的结果。上述两部分 LLR 全局极值点坐标查找表分别如图 5.3.4 和图 5.3.5 所示(该示例中取 $\Delta_{\alpha1}=0.1$，$\Delta_{\alpha2}=1.0$，$\Delta_{\gamma}=0.1$)，坐标系第一象限根据极值点的坐标位置划分为若干四边形网格，其中位于同一条实线上的网格顶点代表具有相同的噪声参数 α 值，位于同一条虚线上的网格点代表具有相同的参数 γ 值。极值点坐标(m,n)查找过程具体如下：

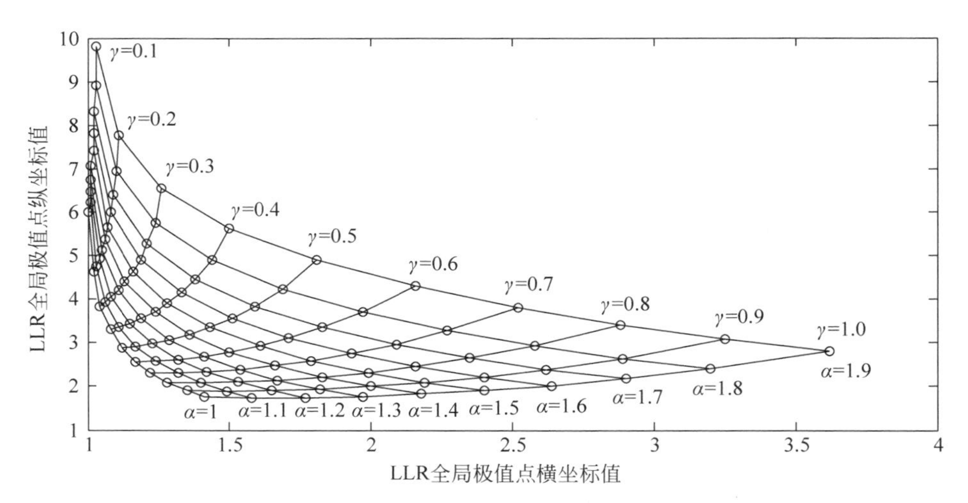

图 5.3.4 噪声参数 α 在[1,1.9]区间的 LLR 全局极值点坐标查找表网格示意图

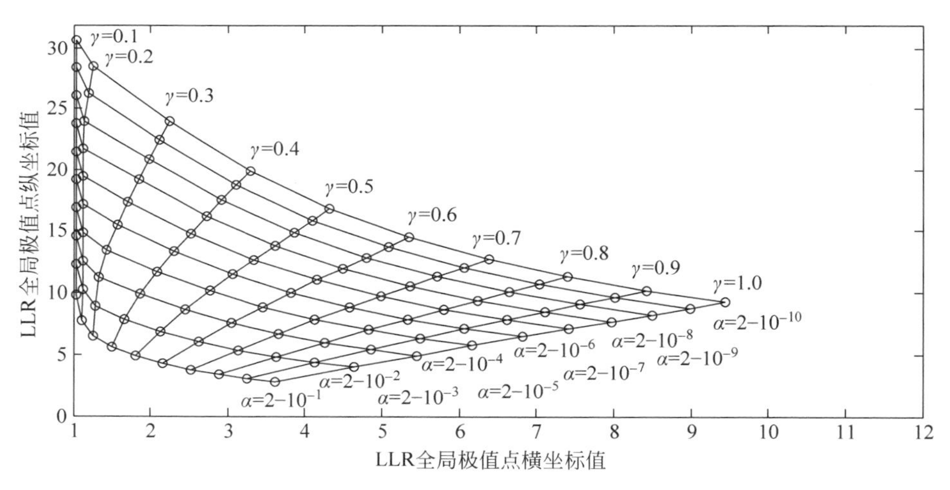

图 5.3.5 噪声参数 α 在$[2-10^{-1},2-10^{-10}]$区间的 LLR 全局极值点坐标查找表网格示意图

(1) 首先根据输入的信道参数 α_{in} 及 γ_{in} 的取值，确定极值点所位于的四边形网格位置。

(2) 以输入的 γ_{in} 值分别在该四边形网格里上下两条实线边上全部网格点的 γ 值所对应的横坐标值中进行插值运算，插值算法采用分段三次厄米特(Hermite)插值算法，得到两个插值结果 m_1 和 m_2，则所求解的 LLR 全局极值点横坐标值为 $m=\dfrac{m_1+m_2}{2}$。

(3) 同理,以输入的 α_{in} 值分别在四边形网格里左右两条虚线边上全部网格点的 α 值所对应的纵坐标值中进行插值运算,得到两个插值结果 n_1 和 n_2,则所求解的 LLR 全局极值点纵坐标值为 $n=\frac{n_1+n_2}{2}$。

利用上述的查找表方法,本章所研究的非线性 LLR 近似函数能够在包括现场可编程门阵列(FPGA)、数字信号处理器(DSP)、中央处理器(CPU)以及图形处理器(GPU)等软硬件平台中快速实现,相比传统的数值积分运算方法,能够大幅降低脉冲噪声信道下 LDPC 码译码中内信息生成所需时间,在保证较好译码性能的前提下提高译码器的实现效率。

5.4 仿真实验和结果分析

5.4.1 采用 LLR 近似方法的译码渐进性能分析

在本节中,利用 LDPC 码的外信息转移(EXIT)图对采用本章所研究的非线性 LLR 近似方法以及目前文献中最新的几种近似方法的译码渐进性能进行分析和比较,具体为柯西近似法、分段近似法以及数值积分法。

与传统高斯噪声信道的译码 EXIT 图计算方法不同的是,在脉冲噪声信道下 LDPC 码和积译码器中传递的外信息值概率分布不具备高斯分布的特点,无法使用高斯近似的手段来简化译码传递信息概率密度函数的计算过程。为了解决这一问题,我们从 EXIT 图中互信息计算的原始定义出发,根据发送的 BPSK 调制编码符号是+1,−1 等概可以得到节点输出的 LLR 信息 L 与该节点所对应的编码调制符号 X 之间的互信息:

$$I(X,L)=\frac{1}{2}\sum_{x=+1,-1}\int_{-\infty}^{+\infty}f_L(l\mid X=x)\cdot \log_2\frac{2f_L(l\mid X=x)}{f_L(l\mid X=+1)+f_L(l\mid X=-1)}\mathrm{d}l \tag{5.4.1}$$

其中 $f_L(l|X=x)$代表发送的编码调制符号为 x 经过信道后接收到符号的对数似然比为 l 的条件概率。对于式(5.4.1)中的积分运算,我们对其进行离散化,利用 N 阶量化后的概率质量函数 $p_L(\cdot)$进行求解,将式(5.4.1)转化为如下形式:

$$I(X,L)=\sum_{i=1}^{N}p_L(i)\log_2\frac{2p_L(i)}{p_L(i)+p_L(N-i+1)} \tag{5.4.2}$$

从而便于对互信息进行计算。

使用不同的脉冲噪声信道 LLR 近似方法会产生不同的初始信息的概率质量函数,进而通过式(5.4.2)得到不同的变量节点输出信息与该节点所对应的编码调制符号之间的互信息初始值 $I_{\{E,V\}}$（相当于校验节点输入的互信息值 $I_{\{A,C\}}$）。同理，将经过 LDPC 码和积译码算法计算出的校验节点输出信息的概率质量函数代入式(5.4.2)可以得到变量节点输入信息与该节点所对应的编码调制符号之间的互信息值 $I_{\{A,V\}}$（相当于校验节点输出的互信息值 $I_{\{E,C\}}$）。变量节点和校验节点各自的外信息传递曲线由上述计算得到的不同迭代次数下的 $I_{\{E,V\}}$ 和 $I_{\{A,V\}}$ 值通过分段三次厄米特插值得到。

图 5.4.1 为脉冲噪声特征指数为 $\alpha=1.9$ 条件下对列重为 3、行重为 6 的规则 LDPC 码译码的 EXIT 图，噪声尺度参数 γ 为采用柯西 LLR 近似法时使得变量节点和校验节点传递外信息对应的两条曲线之间通道闭合的临界值 0.5532。由图中截取的放大部分可以看出，当脉冲强度较弱时本章所研究的非线性 LLR 近似方法能够比分段近似法和柯西近似法获得更大的 EXIT 图曲线间的通道开口，即在无限码长时具有更优的译码门限性能。

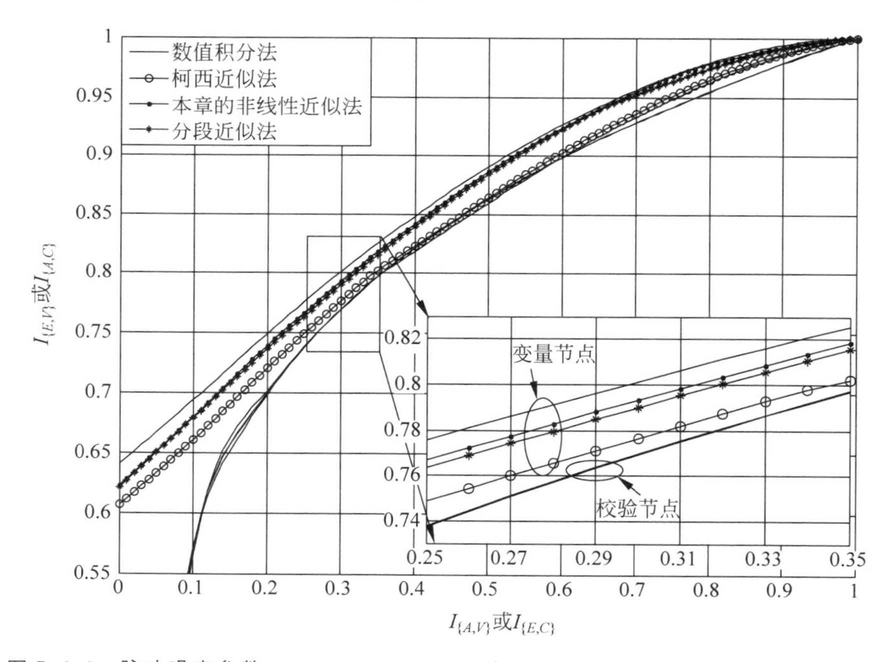

图 5.4.1　脉冲噪声参数 $\alpha=1.9, \gamma=0.5532$ 时采用不同 LLR 近似方法的译码 EXIT 图

图 5.4.2 为脉冲噪声特征指数为 $\alpha=1.2$ 条件下的(3,6)规则 LDPC 码译码 EXIT 图，噪声尺度参数 γ 为采用本章所研究的非线性 LLR 近似法时使得图中通道闭合的临界值 0.4037。从截取的放大图中可知，采用本章研究的方法在脉冲强度较强的脉冲噪声下与采用柯西近似法或分段近似法得到的译码门限值相近，仅存在很小的差距。

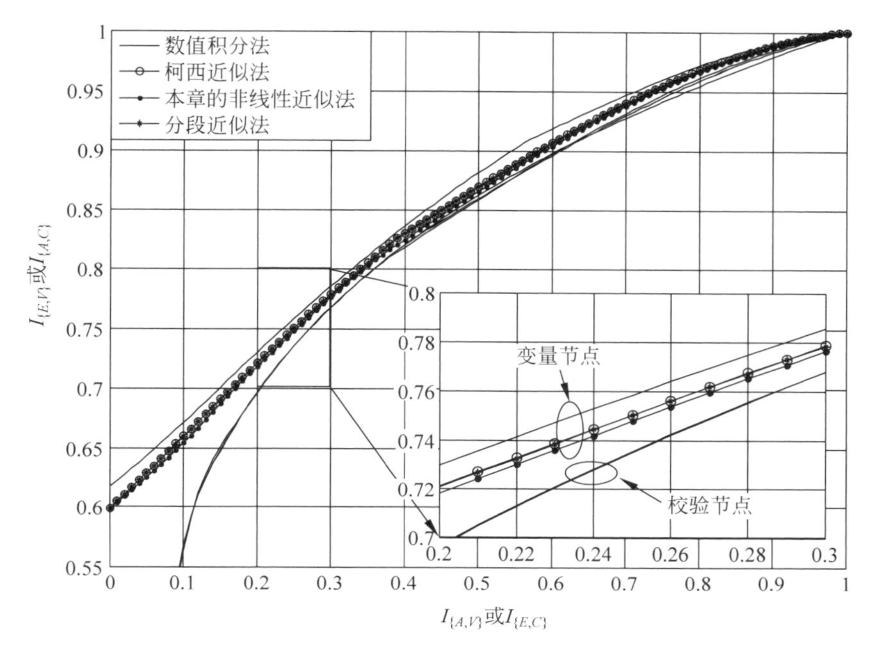

图 5.4.2　脉冲噪声参数 $\alpha=1.2,\gamma=0.4037$ 时采用不同 LLR 近似方法的译码 EXIT 图

5.4.2　数值仿真实验及结果分析

在本节中,对采用本章所研究的非线性 LLR 近似方法在脉冲噪声条件下 LDPC 码译码的误码率及误帧率性能进行了蒙特卡罗仿真评估。同时,也与使用目前该领域研究中最新的几种 LLR 近似方法的译码性能进行了对比,包括 Mâad 等人基于中基于密度进化的线性近似法[73]以及在 5.4.1 节中分析过的柯西近似法、分段近似法和直接数值积分法。

仿真测试中选取了长、短两种码长的 LDPC 码码字,其中长码是国际空间数据系统咨询委员会(Consultative Committee for Space Data System,CCSDS)遥测同步与信道编码标准中提供的(8192,4096)的 AR4JA LDPC 码,短码是全球微波接入(world wide interoperability for microwave access)标准中提供的(576,288) LDPC 码。测试噪声服从 SαS 分布,其中脉冲特征指数 α 分为 3 种取值,$\alpha=1.9$、$\alpha=1.5$ 以及 $\alpha=1.2$,分别代表信道中噪声的脉冲强度为低、中、高的 3 种典型情况。

图 5.4.3 中的(a)、(b)、(c)分别展示的是按照上述 3 种脉冲噪声强度采用不同近似法进行(8192,4096)的 LDPC 长码译码所得到的误码率(SER,但这里用线性相关的误比特率(BER)表示)和误帧率(FER)仿真结果。由图 5.4.3 可以看出,通过直接数值积分法得到的 LLR 值最为准确,使得 LDPC 码译码性能在全部近似

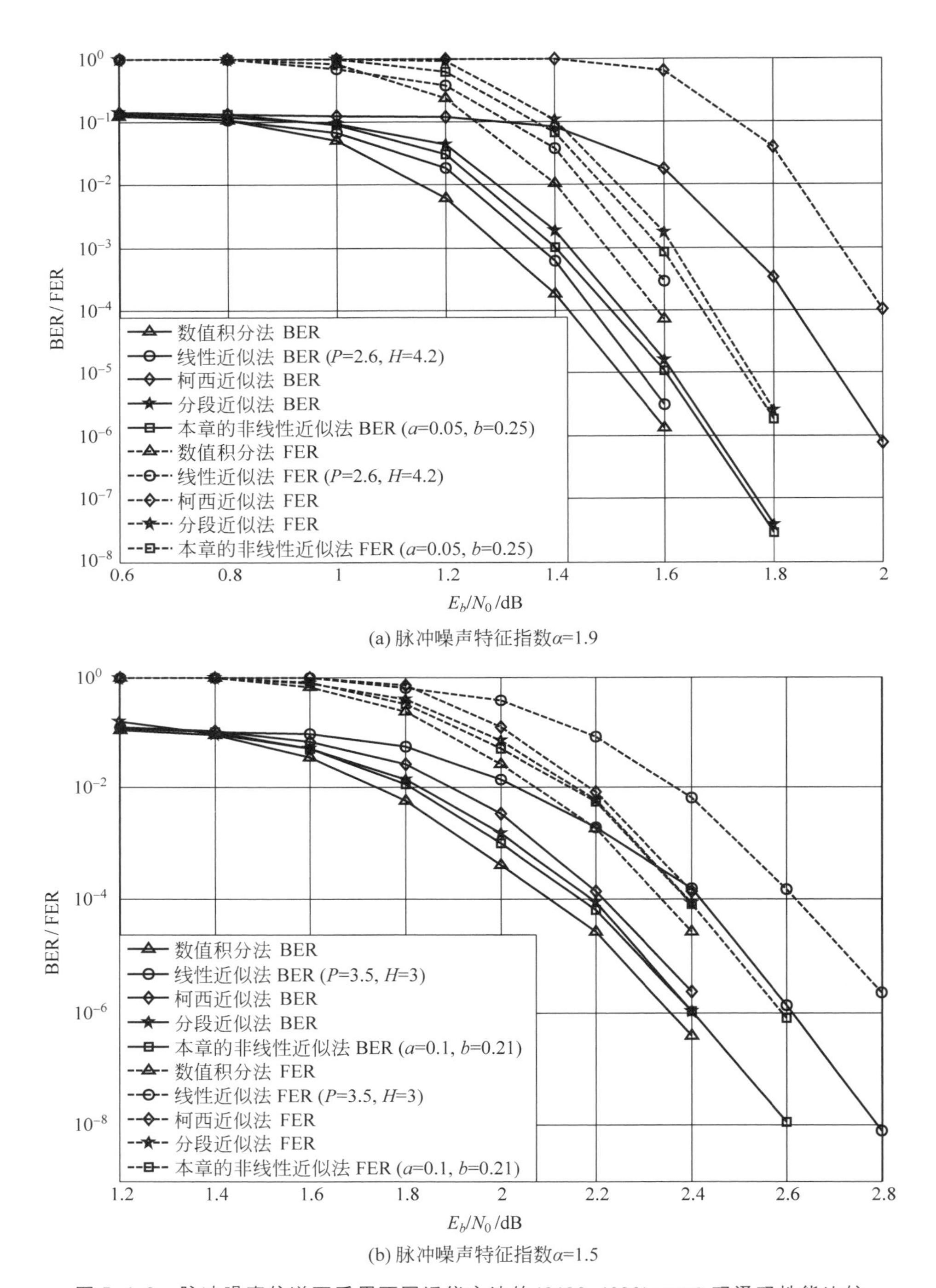

图 5.4.3 脉冲噪声信道下采用不同近似方法的(8192,4096)LDPC 码译码性能比较

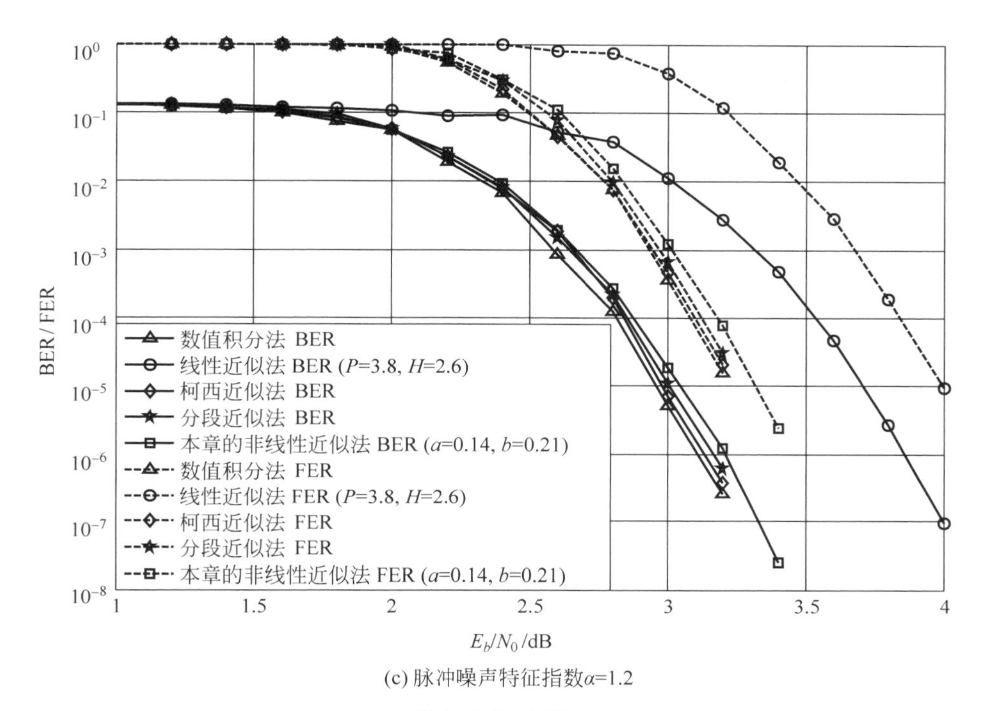

(c) 脉冲噪声特征指数α=1.2

图 5.4.3 （续）

方法中最优，但是其复杂的积分计算过程造成译码器运行效率低下。柯西近似法和线性近似法分别适用于特征指数 α 逼近于 1 和 2 的情况，当信道状态偏离其最佳适用范围时，采用上述两种 LLR 近似方法的 LDPC 码译码性能会严重下降。使用本章研究的非线性近似法生成的 LLR 进行译码的误码率和误帧率性能在 3 种脉冲强度条件下全部与最佳的数值积分法相差在 0.1dB 以内，且研究的近似方法除去在脉冲程度较强的图 5.4.3(c)仿真中稍差于分段近似法以外，其余两种情况下均优于采用分段近似法的结果。需要注意的是，所研究的非线性近似法在本节仿真实验中使用的参数在各个信噪比测试点下均为恒定值，而分段近似法和柯西近似法在仿真中使用了假设已知的噪声尺度参数值 γ，可知本章所研究方法在获得较优译码性能的同时具有参数选取的鲁棒性。

图 5.4.4 中的(a)、(b)、(c)分别展示的是在低、中、高 3 种脉冲噪声强度下采用不同 LLR 近似方法进行(576,288)LDPC 短码译码所得到的误码率和误帧率仿真结果。

可以看到，与长码下的仿真结果相似，采用复杂度最高的数值积分法计算所得 LLR 的 LDPC 码译码性能最佳。本章所研究的非线性 LLR 近似法在脉冲强度为中和低时的译码性能均最逼近数值积分法，在强脉冲噪声时仅略差于处于最佳适

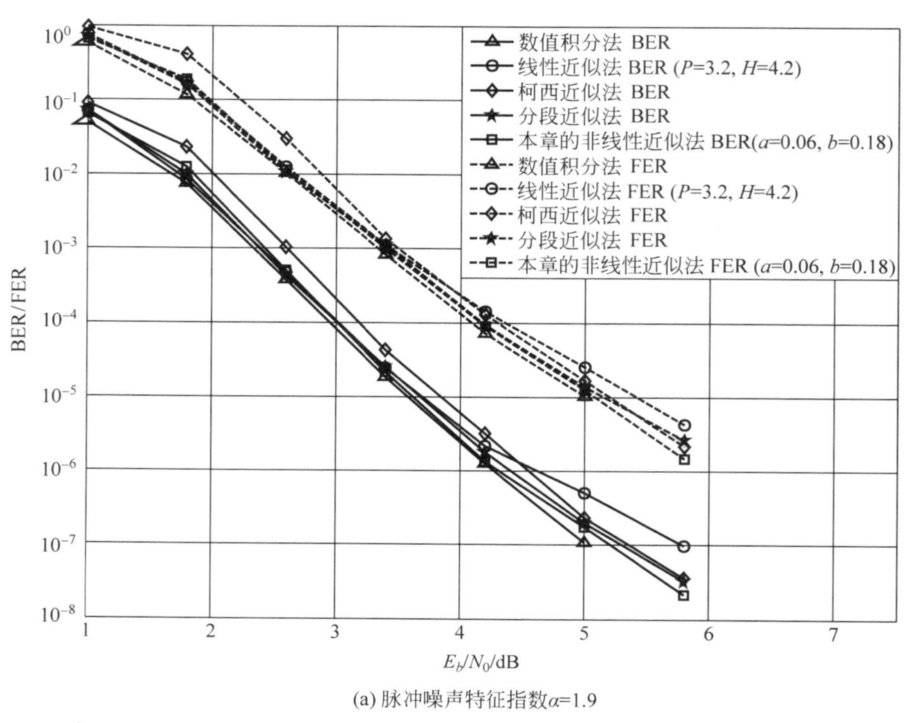

(a) 脉冲噪声特征指数α=1.9

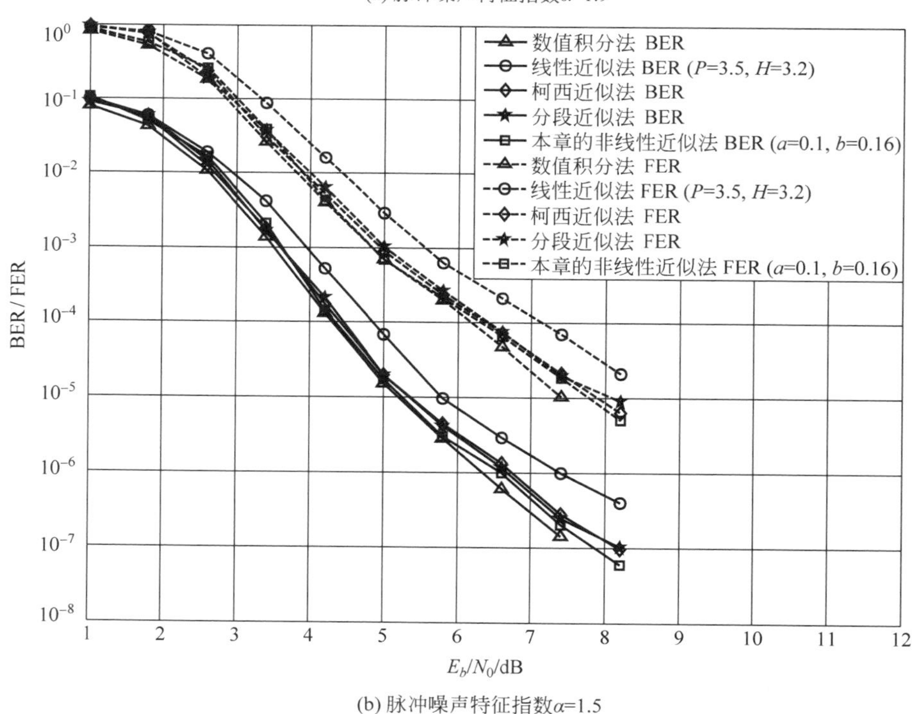

(b) 脉冲噪声特征指数α=1.5

图 5.4.4 脉冲噪声信道下采用不同近似方法的(576,288)LDPC 码译码性能比较

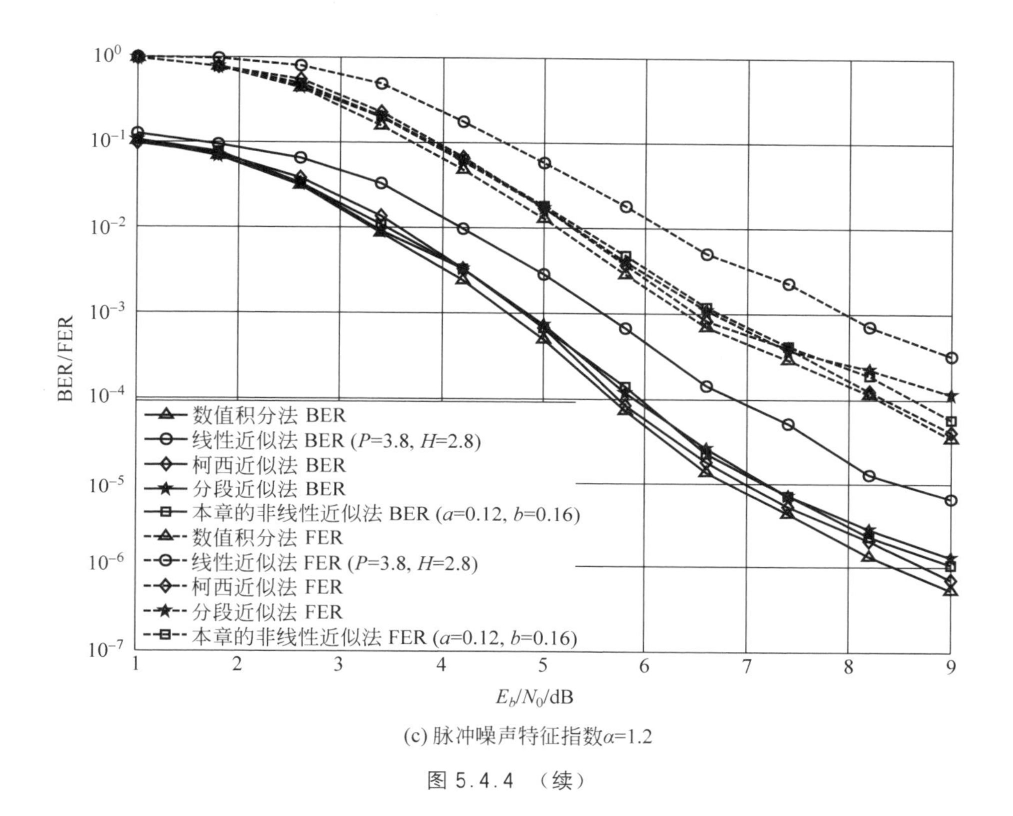

(c) 脉冲噪声特征指数α=1.2

图 5.4.4　（续）

用范围内的柯西近似法。与长码时结果不同的是，线性近似法在脉冲强度较弱时出现了错误平层现象，其原因是线性近似法基于密度进化算法按照无限码长时最优性能选择出的参数 P，H 在码长较短时与最优值偏差较大，导致译码性能下降。

5.5　本章小结

在本章中，我们研究了一种适用于脉冲噪声信道下 LDPC 码软判决译码的非线性 LLR 近似方法。该方法根据译码器接收符号的 LLR 函数特点，采用多项式分式函数对其进行近似拟合处理，提供了近似函数中参数的选取准则，并针对参数快速获取的需求，设计了利用近似函数参数与信道中脉冲噪声参数间对应关系的基于查找表的插值求解方法。此外，在本章中还利用 EXIT 图分析了所研究的非线性 LLR 近似方法以及目前几种最新的脉冲噪声信道下 LLR 近似方法运用于 LDPC 码译码时的渐进性能并进行了理论分析和比较。对于有限长 LDPC 码的长码和短码译码仿真实验结果表明，所研究的非线性 LLR 近似方法在全部脉冲噪声强度下均能逼近性能最优但最为复杂的直接数值积分法，在信道噪声的脉冲强度为中等、偏强时以及中等、偏弱时分别优于现有的柯西近似法和线性近似法。与目前最新的 LLR 分段近似法相比，本章所提方法仅在强脉冲噪声下的长码性能略差，其余情况下均能获得更优的误码率及误帧率性能，与利用 EXIT 图进行的渐进性能分析所得出的对比结论相同。此外，所研究的非线性 LLR 近似方法的参数取值对于脉冲噪声的尺度参数 γ 变化不敏感，在同等的脉冲程度下（即相同的特征指数参数 α 下）即使是采用固定的近似函数参数也能够在较宽的信噪比变化区间内获得满意的译码性能。

第 6 章

脉冲噪声信道硬判决译码

目前对称 α 稳定分布噪声条件下 LDPC 码译码方法的研究更多集中在如何结合 AWSαSN 信道特性改进软判决译码算法。虽然软判决译码算法具有较好的译码性能，但是同样具有非常高的译码计算复杂度。相比而言，硬判决译码算法在译码复杂度上的优势非常明显，其中比特翻转译码算法只需要计算信息比特的翻转判决函数，判断需要翻转的信息比特，无须进行软消息迭代传递，非常适合硬件实现。比特翻转译码算法已经在高斯信道得到了广泛的研究，其中基于最大似然译码准则，将比特翻转中的目标函数建立成一个二元域整数规划问题，利用梯度下降方法进行求解。该方法称为梯度下降比特翻转译码算法，相比于其他比特翻转译码算法（加权比特翻转译码等）有明显的优势。一种噪声扰动梯度下降比特翻转译码算法通过对翻转判决函数加一个随机噪声扰动，可以减少比特翻转译码算法存在的振荡问题。这些算法主要用于加性高斯噪声信道和二进制对称信道。目前还没有 AWSαSN 信道硬判决译码算法的研究，然而直接将梯度下降比特翻转算法应用到 AWSαSN 信道中，相比于加权比特翻转译码算法会有性能损失。因此，本章重点研究如何根据 AWSαSN 信道特性，设计比特翻转译码算法的翻转判决函数。

6.1 引言

在数字通信系统中，信道编码发挥着无可替代的作用，特别地，LDPC 码由于其优越的纠错性能，受到广泛关注。其中基于消息传递的和积译码算法是比较经典的软判决译码算法，具有很好的译码纠错性能，但是译码复杂度也很高。为了降低译码复杂度，一些简化算法比如最小和译码算法、改进最小和译码算法等相继被提出，这些算法主要降低校验节点更新步骤的复杂度。然而，不管是和积算法还是最小和译码算法，在每次迭代过程中还是会需要很多的计算量。

相比而言，硬判决译码算法，特别是比特翻转译码算法能够提供更低的译码复杂度，且更加易于硬件实现。比特翻转译码算法通过计算翻转函数，这里的翻转函数表征了信息比特的可靠性，找到可靠性最差的一个比特或者几个比特进行翻转。尽管比特翻转译码算法相比和积算法来说更加简单，但是其纠错性能离预期还有很大差距。为了提升比特翻转译码算法的性能，一些改进算法比如加权比特翻转，以及梯度下降比特翻转译码算法相继被提出。其中，梯度下降比特翻转算法基于梯度下降方法重新设计了翻转函数，获得了优于其他比特翻转算法的性能。在高斯噪声信道中，这些算法被广泛研究，然而在 AWSαSN 信道中并没有硬判决译码算法的相关研究内容。并且，直接将梯度下降比特翻转应用到 AWSαSN 信道中，相比其他比特翻转译码算法来说会有很大的性能损失。

因此，本章重点解决 AWSαSN 信道梯度下降比特翻转译码算法性能损失的问题。首先研究了一种基于惩罚因子的梯度下降比特翻转译码算法，该方法利用 AWSαSN 信道对数似然比非线性特性推导了惩罚因子的下界。然后，考虑到错误比特很容易影响校验子对翻转函数的计算，通过加入调整因子，最大限度地降低这种影响。仿真实验表明，所提的算法具有很好的译码纠错性能。

6.2 硬判决算法介绍

6.2.1 比特翻转算法

LDPC 码码字 $C\in\{0,1\}$是由稀疏的 $m\times n$ 校验矩阵 $\boldsymbol{H}$ 定义的线性分组码，校验矩阵的每一个元素 $h_{ij}\in \mathrm{GF}(2)$，$i=1,2,\cdots,m$；$j=1,2,\cdots,n$。定义 $\boldsymbol{u}=(u_1,u_2,\cdots,u_n)(u_j\in\{+1,-1\})$为每次译码迭代之后暂定的译码结果，$\boldsymbol{s}=(s_1,s_2,\cdots,s_m)$ 是校验子向量，可以通过 $s_i=\prod\limits_{j\in N(i)}u_j$ 计算得到，其中 $N(i)$表示与校验节点 i 相连的变量节点。所有的校验子 $s_i=1$ 表示满足校验关系。

比特翻转算法是一类硬判决消息传递译码算法，通过检测器对每个接受符号进行硬判，然后传递给译码器。在比特翻转译码中，二分图进行传递的消息是二进制形式，每个变量节点发送一个信息给相邻的校验节点，声明是 1 或者 0，然后校验节点发送校验信息给相邻的变量节点，告诉其相应的变量节点是否满足该校验节点的校验方程。

在比特翻转译码算法中，第 i 个校验节点判断第 j 个变量节点的符号，通过判断该变量节点是否满足第 i 个校验方程的取值，也就是说由第 i 个校验节点判断的第 j 个变量节点的取值是由与该校验节点相邻的其他变量节点的值决定的。因此,第 i 个校验节点决定了第 j 个变量节点的一个值,该值与之前接受到的第 j 个变量节点的值无关,但是,当计算该校验节点相邻的其他变量节点的值时,需要用到这个校验方程决定的值。通过单个校验方程得到的变量节点的值并不一定是正确的,只有通过所有校验方程的码字才可能是正确的码字。

结合从所有相邻校验节点得到的外信息与当前的值来判断信息比特的值。如果从校验节点接收到的大多数信息与当前的值不同,则翻转当前信息比特的值。重复这样的过程直到满足所有的校验方程。所有基于消息传递的译码算法都是通过满足校验方程或者设置最大迭代次数来判断译码是否结束。

由于校验矩阵的稀疏性,可以有效地将信息比特分散到校验方程中,从而不太可能出现不同校验方程包含相同的信息比特集。因此,如果一个不正确的信息比特被大量的校验方程包含,且这些校验方程中不存在其他的错误比特,这些校验方程可以计算出这个信息比特的正确值。比特翻转译码算法正是基于这样的原则进行消息传递的。

比特翻转算法按照每次迭代过程中翻转比特的数目可分为单比特以及多比特翻转译码算法。在单比特翻转译码中,根据翻转规则每次翻转一个信息比特的符号。而在多比特翻转译码算法中,则在一次译码过程中翻转多个信息比特。相比单比特翻转译码算法来说,多比特翻转译码算法具有更快的译码收敛速度,但是多比特翻转译码算法容易出现振荡现象(在一些信息比特中进行循环翻转),而且这种振荡现象很难控制。由于翻转函数是决定比特翻转算法的性能好坏的重要因素,本节重点设计了对称 α 稳定分布噪声系统下的单比特翻转译码算法的翻转函数。

在比特翻转算法中,通过翻转函数来判断翻转信息比特的位置。而原始比特翻转算法只利用了通过叠加校验方程转移的信息作为翻转函数进行判断。目前有一些相关改进比特翻转算法能够取得不错的性能,比如加权比特翻转算法(WBF 译码算法)、修正加权比特翻转算法(MWBF 译码算法)等。其中加权比特翻转算法的翻转函数定义为

$$E_k^{\mathrm{WBF}}=\sum_{i\in M(k)} b_i \prod_{j\in N(i)} u_j \tag{6.2.1}$$

其中,$u_j\in\{+1,-1\}$,$M(k)$是与变量节点 k 相连的校验节点。$b_i(i\in[1,m])$是校验子的可靠性,定义为 $b_i=\min\limits_{j\in N(i)}|y_j|$。这种情况下,通过加权之后的校验子的和判断信息比特的可靠性,找到需要翻转的信息比特。类似于加权比特翻转算法,改进加权比特翻转算法在此基础上包含与接受符号相关的信息量,翻转函数定义为

$$E_k^{\mathrm{MWBF}}=a|y_k|+\sum_{i\in M(k)} b_i \prod_{j\in N(i)} u_j \tag{6.2.2}$$

其中,a 参数是一个正实数。单比特翻转的译码算法的流程总结如下:

(1) 通过接受符号判断信息比特的符号 $u_j = \text{sign}(y_j)$,当 $y_j \geqslant 0$ 时,$u_j = +1$,反之,$u_j = -1$。

(2) 计算所有校验子 $s_i = \prod_{j \in N(i)} u_j$。如果所有校验子的值等于+1,则输出 u,译码结束,否则进入下一步。

(3) 计算所有信息比特的翻转函数,找到翻转函数最小的信息比特,翻转这个比特。

(4) 如果到达最大迭代次数或者到达提前终止条件,则输出 u,否则继续步骤(2)。

在比特翻转的译码过程中,首先根据输出符号 y 的值进行硬判决,u 就是初始化的硬判决结果。然后,计算每个信息比特的翻转函数,并找到其中翻转函数值最小的信息比特。翻转函数可以视为信息比特可靠性的度量,翻转函数值最小的信息比特在每次译码过程中被翻转。

6.2.2 梯度下降比特翻转算法

作为一个隐藏目标函数的最小化优化问题过程,考虑比特翻转算法的动态性似乎是很自然的。因此,自然而然地联想到是否可以利用梯度下降来解决比特翻转的优化问题。最大似然译码是找到码组中跟信道输出符号最相关的码字。等同于求解如下的二进制整数规划问题的全局最大值:

$$\begin{aligned} &\text{maximize} \sum_{j=1}^{n} \lambda_j u_j \\ &\text{s.t.} \sum_{i=1}^{m} \prod_{j \in N(i)} u_j = m \end{aligned} \tag{6.2.3}$$

其中,λ_j 是对数似然比函数(LLR),可以由 $\lambda_j = \log \dfrac{P(y_j \mid z_j = 1)}{P(y_j \mid z_j = -1)}$ 计算得到。这个优化问题的目标函数是最大化码字跟信道输出符号之间的关联,约束条件是所有校验位的和等于校验矩阵的行数。而在 LDPC 码中,只有码组中的码字计算得到的所有校验位的和才等于校验矩阵的行数。因此该约束条件可以使得 u 为有效码字时,目标函数最大化。将约束条件加入到目标函数中可以重新定义目标函数为

$$f(u) \stackrel{\text{def}}{=} \sum_{j=1}^{n} \lambda_j u_j + \sum_{i=1}^{m} \prod_{j \in N(i)} u_j \tag{6.2.4}$$

由于目标函数是非线性函数,存在很多局部最大值,因此这些局部最大值会干扰到全局最大值的求解。梯度下降比特翻转译码算法利用梯度下降方法求解基于

最大似然译码准则的目标函数的最优值，将目标函数转变为无约束的优化问题，并用梯度下降法寻找使得目标函数取到最大的码字序列作为译码结果。梯度下降比特翻转(Gradient Descent Bit-Flipping，GDBF)译码算法的翻转函数表示为

$$E_k^{\mathrm{GDBF}} = u_k y_k + \sum_{i \in M(k)} \prod_{j \in N(i)} u_j \tag{6.2.5}$$

式中，直接用输出符号 y_k 代替对数似然比 λ_j。

6.3 基于惩罚因子的梯度下降比特翻转算法

6.3.1 惩罚因子的下界推导

由于最大似然译码是一个 NP 难问题，很难得到这个 NP 难问题的答案。因此，引入惩罚约束条件是求解该问题的有效方法，重新定义了该译码问题的目标函数为

$$f(u) \overset{\mathrm{def}}{=} \sum_{j=1}^{n} \lambda_j u_j + p\left(\sum_{i=1}^{m} \prod_{j \in N(i)} u_j - m\right) \tag{6.3.1}$$

其中 p 是惩罚因子，可以推导出该惩罚因子的下界。AWSαSN 信道输出符号的对数似然比的绝对值有上界，为

$$|\lambda_j| \leqslant \sqrt{\frac{2\sqrt{2}(\alpha+1)}{\gamma}} \tag{6.3.2}$$

由对称 α 稳定分布特性可知，目标函数(6.3.1)的前半部分满足如下的不等式：

$$-n \cdot \sqrt{\frac{2\sqrt{2}(\alpha+1)}{\gamma}} \leqslant \sum_{j=1}^{n} \lambda_j u_j \leqslant n \cdot \sqrt{\frac{2\sqrt{2}(\alpha+1)}{\gamma}} \tag{6.3.3}$$

当 u 是正确码字时，目标函数(6.3.1)的后半部分为零，可以简写为

$$f(u) = \sum_{j=1}^{n} \lambda_j u_j \tag{6.3.4}$$

而当 u 不是正确码字时，目标函数为

$$f(u) = \sum_{j=1}^{n} \lambda_j u_j + p\left(\sum_{i=1}^{m} \prod_{j \in N(i)} u_j - m\right) \tag{6.3.5}$$

目标函数中校验部分满足不等式 $\sum_{i=1}^{m} \prod_{j \in N(i)} u_j - m \leqslant -1$，故有 $p\left(\sum_{i=1}^{m} \prod_{j \in N(i)} u_j - m\right) \leqslant -p$。惩罚因子 p 应该令错误码字 u 的目标函数值比正确码字的目标函数值小，即需要满足不等式

$$\sum_{j=1}^{n}\lambda_j u_j + pW \leqslant -n\sqrt{\frac{2\sqrt{2}(\alpha+1)}{\gamma}} \tag{6.3.6}$$

其中$W=\sum_{i}^{m}\prod_{j\in N(i)}u_j-m$。因为$-m\leqslant W\leqslant -1$,所以可以解出惩罚因子$p$应该满足不等式

$$p \geqslant \frac{-n\sqrt{\frac{2\sqrt{2}(\alpha+1)}{\gamma}}-\sum_{j=1}^{n}\lambda_j u_j}{W} \tag{6.3.7}$$

其中$n\sqrt{\frac{2\sqrt{2}(\alpha+1)}{\gamma}}+\sum_{j=1}^{n}\lambda_j u_j \geqslant 0$。进一步放缩不等式可得

$$\begin{aligned}\frac{-n\sqrt{\frac{2\sqrt{2}(\alpha+1)}{\gamma}}-\sum_{j=1}^{n}\lambda_j u_j}{W} &= \frac{n\sqrt{\frac{2\sqrt{2}(\alpha+1)}{\gamma}}+\sum_{j=1}^{n}\lambda_j u_j}{-W} \\ &\leqslant n\sqrt{\frac{2\sqrt{2}(\alpha+1)}{\gamma}}+\sum_{j=1}^{n}\lambda_j u_j \\ &\leqslant n\sqrt{\frac{2\sqrt{2}(\alpha+1)}{\gamma}}+n\sqrt{\frac{2\sqrt{2}(\alpha+1)}{\gamma}} \\ &= 2n\sqrt{\frac{2\sqrt{2}(\alpha+1)}{\gamma}}\end{aligned} \tag{6.3.8}$$

如果p满足$p\geqslant 2n\sqrt{\frac{2\sqrt{2}(\alpha+1)}{\gamma}}$,那$p$一定满足式(6.3.7)。因此可以得到$p$的下界为:$p\geqslant 2n\sqrt{\frac{2\sqrt{2}(\alpha+1)}{\gamma}}$。

6.3.2 算法介绍

对于可微函数的数值优化问题,类似于式(6.2.3),梯度下降方法是比较好的解决方法。因此可通过梯度下降法求解得到该优化问题的全局最大值。

$f(u)$函数关于变量u_k的偏导数为

$$\frac{\partial}{\partial u_k}f(u)=\lambda_k + p\sum_{i\in M(k)}\prod_{j\in N(i)\backslash k}u_j \tag{6.3.9}$$

如果将u_k乘以式(6.3.9),可得

$$u_k\frac{\partial f(u)}{\partial u_k}=\lambda_k u_k + p\sum_{i\in M(k)}\prod_{j\in N(i)}u_k \tag{6.3.10}$$

给定一个很小的实数 s，目标函数可以通过一阶近似求解，即

$$f(u_1,\cdots,u_k+s,\cdots,u_n)\simeq f(u)+s\frac{\partial}{\partial u_k}f(u) \tag{6.3.11}$$

当 $\frac{\partial}{\partial u_k}f(u)>0$ 时，要使 $f(u_1,\cdots,u_k+s,\cdots,u_n)>f(u)$，则需要选择一个正数 s。反之，如果 $\frac{\partial}{\partial u_k}f(u)<0$，则需要选择一个负数 s，才能让 $f(u_1,\cdots,u_k+s,\cdots,u_n)>f(u)$ 成立。因此，如果出现 $u_k\frac{\partial}{\partial u_k}f(u)<0$ 并且翻转导致搜索点发生较小的变化，翻转第 k 个信息比特($u_k:=-u_k$)很大情况下能够增加目标函数值。

翻转函数的目的是找到发生错误的信息比特，并使得翻转之后的目标函数值增大，因此，可以将式(6.3.10)当成比特翻转译码算法的翻转函数，即

$$E_k^{\mathrm{PGDBF}}=\lambda_k u_k+p\sum_{i\in M(k)}\prod_{j\in N(i)}u_k \tag{6.3.12}$$

该算法可以称为基于惩罚因子梯度下降比特翻转(Penalty term Gradient Descent Bit-Flipping，PGDBF)译码算法。在比特翻转译码算法中，利用翻转函数找到最不可靠的信息比特，然后翻转该信息比特的符号。因此，基于惩罚因子梯度下降比特翻转译码算法的流程如下：

(1) 计算校验子向量 s。如果向量元素全为 $+1$，则译码结束，u 为输出码字。否则进行下一步。

(2) 利用式(6.3.12)计算所有信息比特的翻转函数。

(3) 通过公式 $k=\mathrm{argmin}_{k\in\{1,2,\cdots,n\}}E_k^{\mathrm{PGDBF}}$ 计算得到需要进行翻转的信息比特的位置。

(4) 若不满足提前终止结束条件，则返回步骤(2)；若码字通过校验或者达到最大迭代次数，则结束译码。

6.4 基于调整因子的梯度下降比特翻转算法

6.4.1 基于调整因子的翻转函数

梯度下降比特翻转算法的关键因素是翻转函数的设计。翻转函数通过计算目标函数关于各信息比特的偏导数得到，可分为最大似然部分和校验子部分。本章前半部分主要结合 AWSαSN 信道特性设计了基于惩罚因子的梯度下降比特翻转译码算法，主要解决梯度下降比特翻转译码算法翻转函数在 AWSαSN 信道不适用

的问题，通过加入惩罚因子 p 使得算法在 AWSαSN 信道下，错误码字目标函数值小于正确码字目标函数值，进而提升梯度下降算法寻找最值的准确度。

在梯度下降比特翻转算法中，当译码迭代次数增加时，主要受到翻转函数第二部分（校验子部分）的影响。惩罚因子乘以所有校验子的和，在一定程度上提升了性能。但是，当计算第 k 个信息比特的校验子 $s_i(i\in M(k))$ 时，若该校验行中相邻的其他信息比特发生错误，则校验结果不可靠，会对第 k 个比特的翻转判决产生消极影响。为了消除这种消极影响，我们引入调整因子 a_{ki}，对第 k 个比特的校验子信息按照可靠性进行加权，使得翻转函数更加准确。由于调整因子是在之前 PGDBF 译码算法基础上的改进（记为 APGDBF 译码算法），因此基于调整因子的翻转函数值可以被定义为

$$E_k^{\mathrm{APGDBF}}=\lambda_k u_k+p\sum_{i\in M(k)}a_{ki}s_i \tag{6.4.1}$$

式中 $s_i=\prod\limits_{j\in N(i)}u_k$，调整因子 a_{ki} 用来判断 s_i 是否对 u_k 的翻转判决产生消极影响。如果将最不可靠的信息比特视为错误信息比特，为了判断 k' 个变量节点在第 T 次译码迭代过程中是否可靠，需要用到这个信息比特第 $T-1$ 次译码迭代过程中的翻转函数值 $E_{k'}^{(T-1)}$。如果 $E_{k'}^{(T-1)}<\theta_1$，则第 k' 个信息比特视为错误节点，其中 θ_1 是判断信息比特是否可靠的阈值，一般通过蒙特卡罗仿真获得其优化的参数。因此，调整因子计算公式为

$$a_{ki}=\begin{cases}r_1, & \exists k'\in N(i)\backslash k, E_{k'}^{(T-1)}<\theta_1\\ r_2, & \text{其他}\end{cases} \tag{6.4.2}$$

6.4.2 算法介绍

调整因子可以通过优化来区分每个校验子对变量节点的贡献。由于本节所提的算法是在 PGDBF 译码算法基础上加入调整因子，因此，本节所提算法可以简称为基于调整因子简化的 PGDBF 译码算法。类似于比特翻转译码算法的一般步骤，APGDBF 译码算法单比特翻转通过找到最小的翻转函数值来判断翻转的信息比特。假设在第 T 次译码迭代过程中，第 k 个信息比特被翻转了，需要同时改变 $E_k^{(T)}$ 的符号（$E_k^{(T)}:=-E_k^{(T)}$），来保证在第 $T+1$ 次译码迭代时第 k 个信息比特被看成一个正确的信息比特。从式(6.4.2)可以看出，对于 k' 个变量节点来说，$E_{k'}^{(T-1)}<\theta_1$ 需要进行 $n_{k'}$ 次的判断（$n_{k'}$ 是第 k' 个信息比特的列重）。因此，为了避免每个节点这样的重复判断，考虑将调整因子的计算放在每次译码迭代更新之前，APGDBF 译码算法的流程如下：

(1) 初始化：令 $T=0, x=u, E_k^{(0)}=x_k y_k, k=1,2,\cdots,n$。

(2) 计算校验子 $s_i = \prod_{j \in N(i)} x_j$，如果 $s_i = +1, i \in \{1,2,\cdots,m\}$则译码结束，输出译码结果，否则 $T = T + 1$。

(3) 令 $a_{ki} = \lambda_2$；$k = 1,\cdots,n$；$i = 1,\cdots,m$。对于所有的 $k' = 1,\cdots,n$，如果 $E_{k'}^{(T-1)} < \theta_1$，则令 $a_{ki} = \lambda_1$，这里 $i \in M(k'), k \in N(i) \backslash k'$。

(4) 由式(6.4.1)计算所有信息比特的翻转函数。

(5) 通过公式 $k = \text{argmin}_{k \in \{1,2,\cdots,n\}} E_k^{\text{APGDBF}}$ 计算进行翻转的比特，令 $x_k := -x_k, E_k^{(T)} := -E_k^{(T)}$。

(6) 若不满足结束条件，则返回步骤(2)；若码字通过校验或者达到最大迭代次数，则结束译码。

6.5　仿真实验与结果分析

本章所提算法虽然是针对对称 α 稳定分布噪声进行改进的，但其中基于调整因子策略的方法也是可以适用于高斯噪声信道中，因此，本节的仿真实验分别在对称 α 稳定分布噪声($\alpha \neq 2$)和高斯噪声($\alpha = 2$)条件下进行。

6.5.1　对称 α 稳定分布噪声下的不同译码算法对比

本节将对所有算法在不同脉冲强度下的性能进行仿真分析。仿真采用 PEGReg504×1008 LDPC 码，同时仿真了最小和译码算法的性能作为性能对比的基准线。图 6.5.1、图 6.5.3 以及图 6.5.5 描述了 3 种脉冲强度下的误码率曲线，包括脉冲强度弱($\alpha = 1.9$)、脉冲强度适中($\alpha = 1.5$)以及脉冲强度大($\alpha = 1.1$)这 3 种脉冲强度的噪声环境。为了公平比较，所有比特翻转的最大翻转次数都设置成 50 次。

图 6.5.1 给出了 $\alpha = 1.9$ 时的误码率结果，从图 6.5.1 中可以看出梯度下降比特翻转(GDBF)译码算法在 $\text{BER} = 10^{-3}$时存在错误平层。而本章所提的两种改进算法都不存在误码平层现象，其中经过参数优化后的 APGDBF 译码算法($\theta_1 = -0.8, r_1 = 0.3, r_2 = 1.6$)性能要好于 PGDBF 译码算法，可以发现，通过调整因子的加入，可以使得译码性能得到进一步的提升。

图 6.5.2 给出了 $\alpha = 1.9$ 时的几种译码算法的收敛性能对比($E_b/N_0 = 6\text{dB}$)。从图 6.5.2 中可以看出，GDBF 译码算法在 30 次迭代时就出现译码错误平层了，而本章所提的 PGDBF 译码算法和 APGDBF 译码算法却能够继续往下降，最终 PGDBF 译码算法在 50 次迭代时能够到达 $\text{BER} = 10^{-5}$，而 APGDBF 译码算法性能更好，在 40 次迭代时就能到达 $\text{BER} = 10^{-5}$。

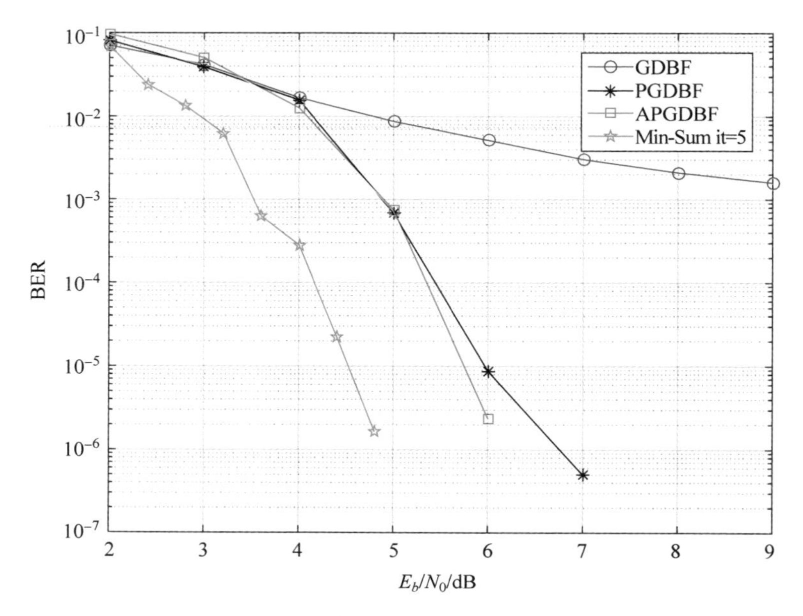

图 6.5.1 $\alpha=1.9$ 时不同译码算法的误码率曲线对比

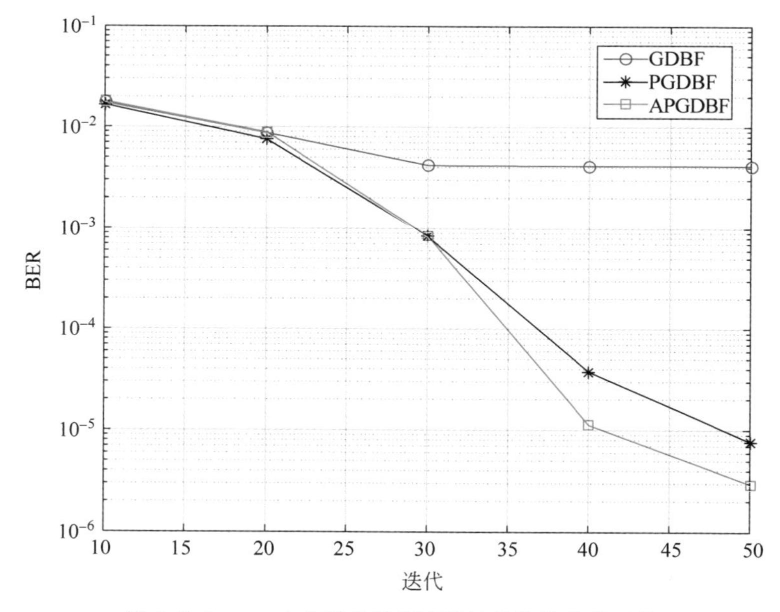

图 6.5.2 $\alpha=1.9$ 时几种译码算法的收敛性能对比

图6.5.3给出了$\alpha=1.5$时不同译码算法的误码率对比。同样地，可以看到GDBF译码算法在$\text{BER}=10^{-2}$时存在错误平层。而本章所提的PGDBF译码算法的误码率能到达$\text{BER}=10^{-5}$以下，但是在$\text{BER}=10^{-6}$左右下降速度变得缓慢。通过加入调整因子排除了不可靠节点对校验子计算的干扰之后，APGDBF译码算法($\theta_1=0, r_1=0, r_2=1$)可以提升PGDBF译码算法的性能，且不出现错误平层现象。

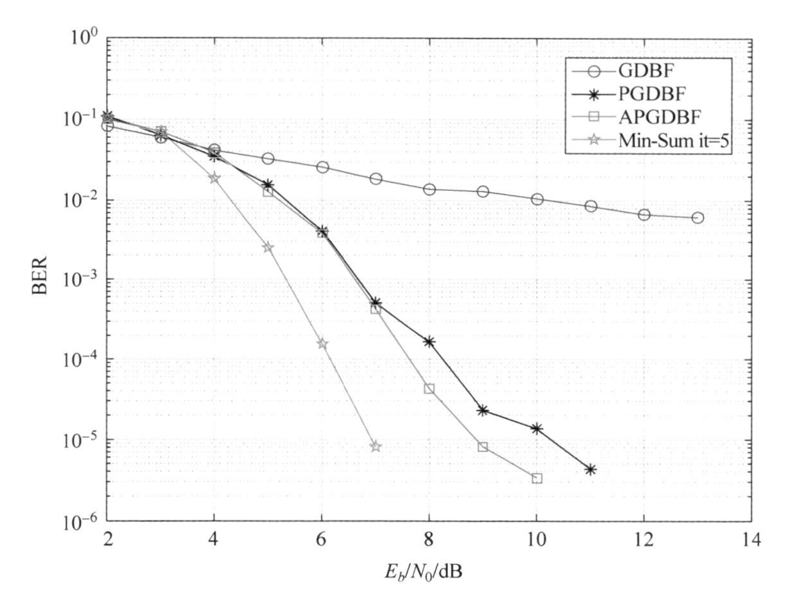

图6.5.3 $\alpha=1.5$时不同译码算法的误码率曲线对比

图6.5.4给出了$\alpha=1.5$时的几种译码算法的收敛性能对比($E_b/N_0=10\text{dB}$)。从图6.5.4中可以看出，GDBF译码算法最大迭代次数从10次到50次之间基本保持在$\text{BER}=10^{-2}$。而本章所提的PGDBF译码算法和APGDBF译码算法在最大迭代次数为30次之前下降速度非常快，之后下降速度略微缓慢。其中APGDBF译码算法误码率能够达到$\text{BER}=10^{-6}$。

图6.5.5给出了$\alpha=1.1$的性能对比结果。随着α减小，信道的脉冲特性更加明显，GDBF译码算法受到对称α稳定分布噪声的干扰更严重，GDBF译码算法在$\text{BER}=10^{-2}$时依然存在错误平层。而PGDBF译码算法通过惩罚因子有效地减轻了对称α稳定分布噪声对梯度下降算法的影响，使得算法可以达到$\text{BER}=10^{-5}$。在此基础上，加入调整因子之后的APGDBF译码算法($\theta_1=0, r_1=0, r_2=1$)能够获得更加优异的性能。相比PGDBF译码算法，APGDBF译码算法在误码率等于$\text{BER}=10^{-5}$时有将近3dB的译码增益。

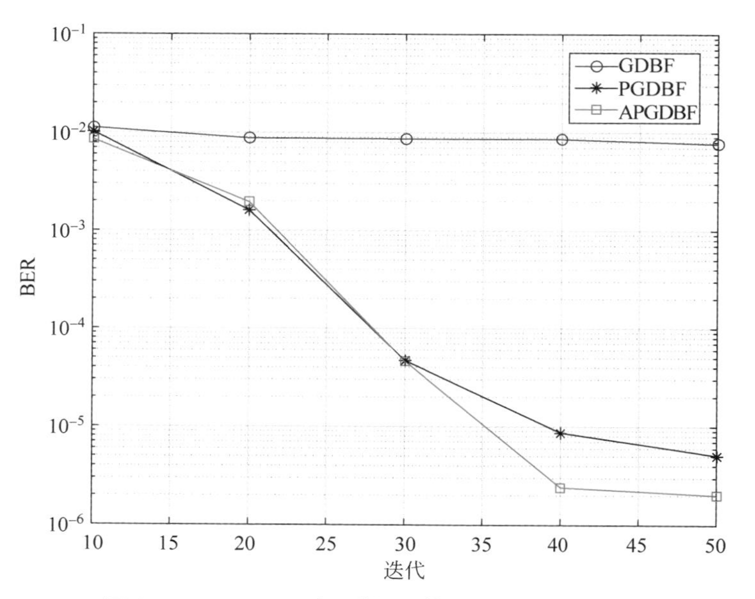

图 6.5.4　$\alpha=1.5$ 时几种译码算法的收敛性能对比

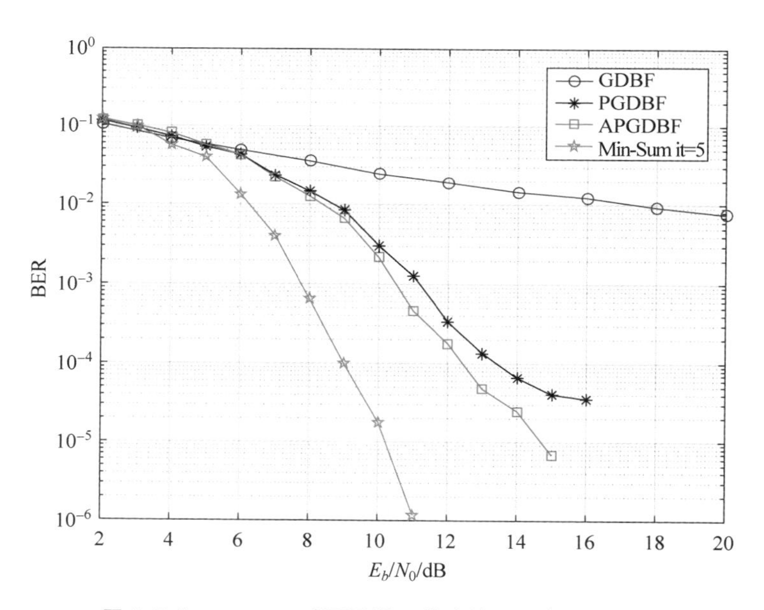

图 6.5.5　$\alpha=1.1$ 时不同译码算法的误码率曲线对比

图 6.5.6 给出了 $\alpha=1.1$ 时的几种译码算法的收敛性能对比($E_b/N_0=14$dB)。从图 6.5.6 中可以看出,相比 GDBF 译码算法,本章所提的 PGDBF 译码

算法和 APGDBF 译码算法收敛性能更快。其中 PGDBF 译码算法在最大迭代次数到达 50 时,误码率可以到达 $\mathrm{BER}=10^{-4}$,而 APGDBF 译码算法在最大迭代次数到达 50 时,误码率可以到达 $\mathrm{BER}=10^{-5}$,说明调整因子对消除不可靠变量节点的消极影响有较好的作用,可以提升比特翻转的纠错性能。

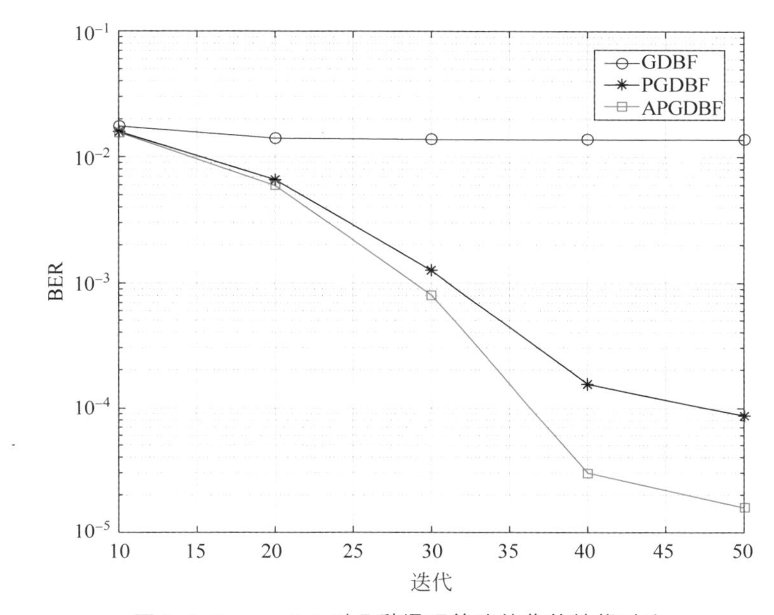

图 6.5.6 $\alpha=1.1$ 时几种译码算法的收敛性能对比

6.5.2 高斯噪声条件下的不同译码算法对比

由于高斯噪声中初始对数似然比跟输出符号之间呈现线性关系,因此在高斯噪声中,无须推导惩罚因子,可以将本章中所提的基于惩罚因子的梯度下降比特翻转算法中惩罚因子直接设置为 1。

在高斯噪声中,梯度下降译码算法的翻转函数加入一个噪声扰动可以带来性能的提升,因此,本章研究的调整因子策略可以跟噪声扰动梯度下降比特翻转(简写为 NGDBF)译码算法进行结合(简写为 ANGDBF 译码算法)。ANGDBF 译码算法的翻转函数可以表示为

$$E_k^{\mathrm{ANGDBF}}=u_k y_k+\sum_{i\in M(k)} a_{ki}s_i+q_k \tag{6.5.1}$$

式(6.5.1)中的 q_k 服从 $N(0,\sigma^2)$。

图 6.5.7 给出了高斯噪声下的几种译码算法对比。这里所有比特翻转译码算法的最大迭代次数设置为 100。在误码率等于 $\mathrm{BER}=10^{-5}$ 时,基于调整因子优化

的 ANGDBF 译码算法($\theta_1=0, r_1=-0.3, r_2=1$)相比初始 GDBF 译码算法和改进的 NGDBF 译码算法分别能够提升 1.2dB 和 0.5dB 的性能。

图 6.5.8 给出了高斯噪声下的几种译码算法的收敛性能对比($E_b/N_0=4$dB)。

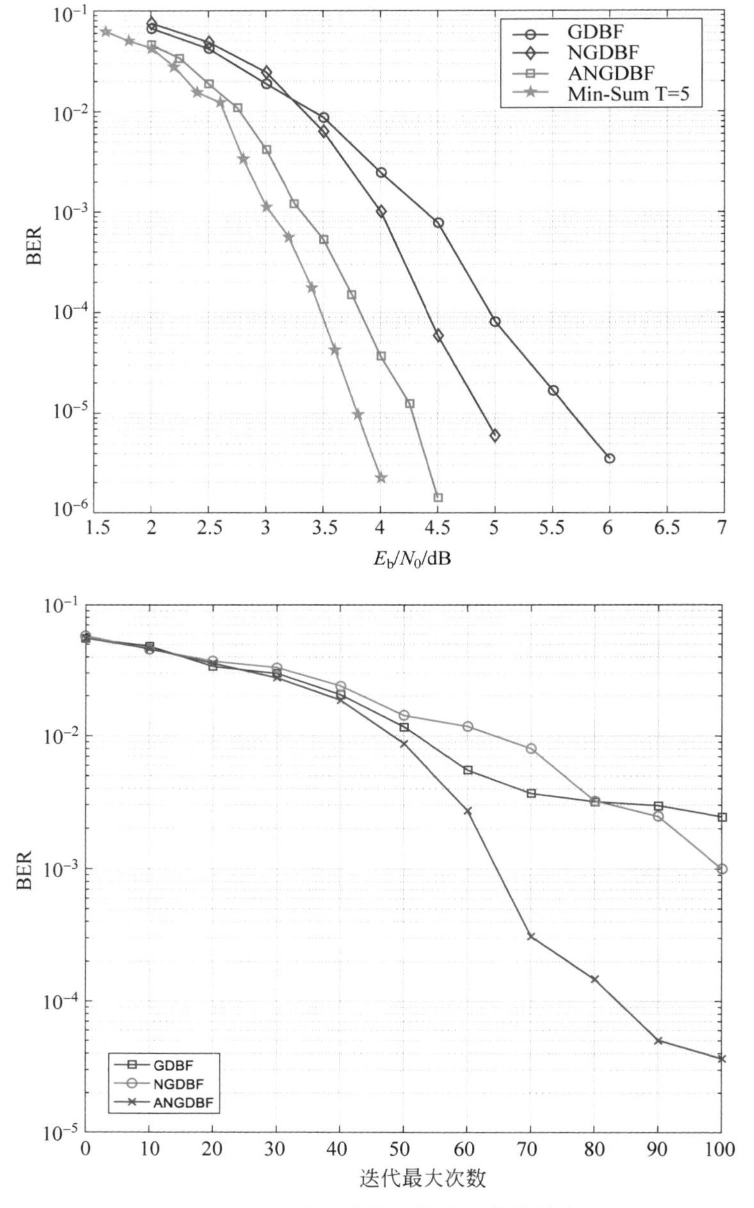

图 6.5.8 $\alpha=2$ 时几种译码算法的收敛性能对比

从图 6.5.8 中可以看出本章研究的调整因子策略可以加快比特翻转译码算法的收敛速度。当最大迭代次数达到 100 次时，GDBF 译码算法和 NGDBF 译码算法最多能达到 $\text{BER}=10^{-3}$，相比而言，本章所提的调整因子策略加入进来，所改进的 ANGDBF 译码算法能够降到 $\text{BER}=10^{-5}$。

通过对称 α 稳定分布噪声条件和高斯噪声条件下的性能对比，可以看出基于调整因子策略的算法能够进一步提升性能，主要原因是调整因子能够增加翻转函数判断的准确性，更加容易找到发生错误的信息比特，并将其翻转过来，实现正确译码。

6.6 本章小结

本章研究了 AWSαSN 信道下的硬判决译码算法，研究了两种比特翻转译码算法。首先研究了一种基于惩罚因子的梯度下降比特翻转译码算法（PGDBF 译码算法）。该算法主要根据对称 α 稳定分布噪声系统模型输出符号的对数似然比特性，推导出惩罚因子的下界值。相比原始梯度下降比特翻转译码算法在 AWSαSN 信道存在严重的性能损失，所提的 PGDBF 译码算法可以获得较好的性能增益。同时考虑到错误的信息比特会给校验子的判断带来消极影响，加入调整因子来降低这种影响，提升翻转函数选择错误的信息比特的准确性。仿真表明，基于调整因子的改进算法（APGDBF 译码算法）能够获得更高的性能增益。

由于调整因子能够改善翻转函数的准确性，也将调整因子策略用于高斯噪声条件下进行了仿真分析，同时考虑到高斯噪声中扰动策略对梯度下降比特翻转算法带来的好处，将调整因子策略加入进来。通过对比发现，调整因子策略也可以改善梯度下降比特翻转算法在高斯信道中的性能，进一步说明了本章所提的调整因子策略的优势。类似于二元域 LDPC 码的比特翻转算法，在多元域 LDPC 码硬判决译码中可以采用符号翻转来降低算法复杂度，而在多元域 LDPC 码符号翻转中存在振荡的问题，可以考虑借助本章算法思路，提升翻转函数判断错误符号的准确性。

第7章

脉冲噪声信道深度学习译码

7.1 引言

在很多领域,深度学习能够获得比传统方法更为显著的性能改进。相比而言,深度学习正在被广泛应用在通信领域,特别是信道编译码的研究中。深度学习利用神经网络前向以及反向传播更新网络中的参数,实现网络的优化设计。由前几章内容可知,脉冲噪声广泛存在于多个通信场景中,信号在传输过程中会受到大量显著的尖峰脉冲噪声的影响产生频繁的异常数据,严重影响了译码的性能。因此,本章首先提出了一种基于前向神经网络的脉冲噪声下译码器,并根据通信编码译码模型,再提出一种新型的神经网络结构——门控神经网络,用于脉冲噪声信道下的线性编码译码。

7.2 神经网络译码概述

神经网络编码译码一直是研究的热点问题,不止是针对通信方面,在深度学习领域也一直都有关于神经网络的自编码器研究,一般称为自动编码器(autoencoder)。自动编码器在提出时的目的是作用于数据压缩,通过神经网络的学习尽可能减少压缩数据的信息损失,神经网络解码器经过训练后尽可能地恢复原始数据信息。但由于维度灾难以及深层网络训练困难等问题,自动编码器现在多用于对数据的降噪、数据降维可视化以及数据生成等功能。其中具有代表性的网络结构有差分自动编码器(variational autoencoder)和生成自动编码器

(generated autoencoder),在数据降噪和数据生成上都有出色的表现。

由于在深度学习领域,自动编码器的优良性能,有研究学者提出将神经网络应用于信道编码译码上。与上述提到的自动编码器降维目的不同,信道编码最主要的目的是增加信息冗余度,确保信息传输过程中的准确性。现有的神经网络信道译码研究主要集中在以下两个方向上。

一是采用完全的神经网络作为信道译码器,编码器可为传统的信道编码器或者类似神经网络编码器,这种方式对译码性能提升大,鲁棒性强,但由于维度灾难等问题只限于较短码长或特定的信道编码方法。

二是神经网络辅助传统方法进行译码,该方法最大优势是神经网络不受码长的限制,能够优化包括线性编码、卷积码、计划码在内的多种码字,但本质上来说还是依赖于传统译码算法,提升效果有一定限制。本章会对这两种研究方向进行介绍,并给出具有代表性的网络结构或神经网络辅助方法,以供进一步研究时参考。

7.2.1　神经网络模型介绍

7.2.1.1　循环神经网络

循环神经网络(recurrent neural network)是人工神经网络的一种,其特征是不同层神经元之间的连接形成了一个可以表征时间序列的有向图。与前向神经网络不同,循环神经网络包含内部状态(也称记忆状态)用于处理不同长度的输入序列。这些特点使得循环神经网络比其他人工神经网络更加适用于处理带有时间顺序的输入,因此循环神经网络多用于语音识别、机器翻译等任务。

循环神经网络的具体实现包含多个变体,包括最简单的循环神经网络,结构对称具有较好鲁棒性的 Hopfield 神经网络,用于处理梯度爆炸问题的长短期记忆(Long Short-Term Memory,LSTM)网络,以及简化后的门控循环单元(gated recurrent unit)神经网络。

基本的循环神经网络都含有循环结构,其表示形式及展开后的结构如图7.2.1所示,其中,$\boldsymbol{h}$ 表示循环层的状态值,某一时刻的状态值 $\boldsymbol{h}_t$ 由上一刻的状态值 $\boldsymbol{h}_{t-1}$ 和当前输入 $\boldsymbol{x}_t$ 共同决定,表示为

$$\boldsymbol{h}_t=\boldsymbol{f}(\boldsymbol{h}_{t-1},\boldsymbol{x}_t) \tag{7.2.1}$$

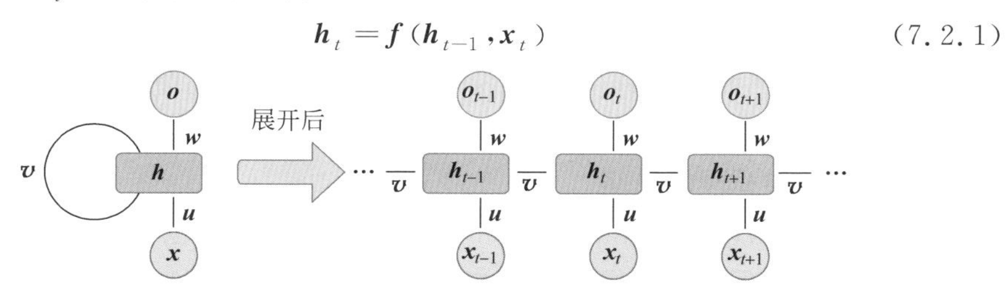

图7.2.1　循环神经网络循环结构示意图

$\boldsymbol{o}$ 表示当前时间点的输出，根据任务需要可选择是否输出，$\boldsymbol{w}$，$\boldsymbol{u}$，$\boldsymbol{v}$ 为运算过程中的权重矩阵。由于本节设计的算法部分根据长短期记忆网络的结构进行了简化，因此本节主要对循环记忆网络中的长短期记忆网络进行重点介绍。

长短期记忆网络模型由 Hochreiter 和 Schmidhuber 于 1997 年提出[211]，见图 7.2.2，比基础的循环神经网络加入了输入门、输出门和遗忘门。其中 $\boldsymbol{c}_t$ 表示记忆单元在 t 时刻维持的一个记忆值，由遗忘门 $\boldsymbol{F}_t$，输入门 $\boldsymbol{I}_t$，当前时刻输入序列 $\boldsymbol{x}_t$，上一时刻内部状态值 h_{t-1} 共同决定，具体表示为

$$c_t = \boldsymbol{F}_t \odot \boldsymbol{c}_{t-1} + \boldsymbol{I}_t \odot \tanh(\boldsymbol{w}_{xc}\boldsymbol{x}_t + \boldsymbol{w}_{xc}\boldsymbol{h}_{t-1} + \boldsymbol{b}_c) \tag{7.2.2}$$

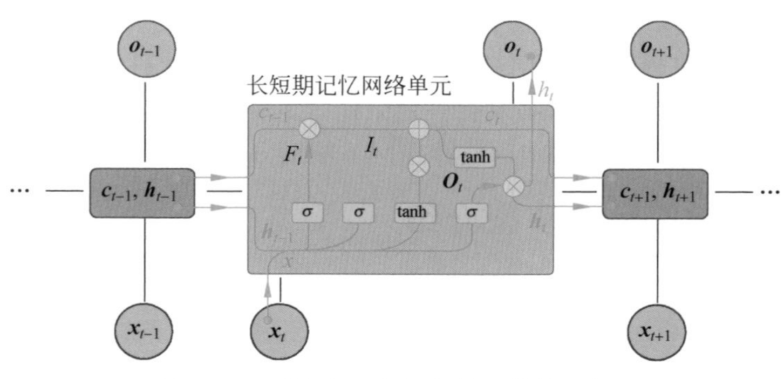

图 7.2.2　长短期记忆网络单元结构示意图

其中，$\boldsymbol{w}$ 和 $\boldsymbol{b}$ 分别为运算过程中的矩阵向量权值和偏置，$\odot$ 为矩阵之间的乘积。根据记忆单元，循环层的输出计算公式为

$$\boldsymbol{h}_t = \boldsymbol{o}_t \odot \tanh(\boldsymbol{c}_t) \tag{7.2.3}$$

$\boldsymbol{o}_t$ 为输出门，根据当前输入 $\boldsymbol{x}_t$ 和上一刻状态 $\boldsymbol{h}_{t-1}$ 计算得

$$\boldsymbol{o}_t = \sigma(\boldsymbol{w}_{xo}\boldsymbol{x}_t + \boldsymbol{w}_{xo}\boldsymbol{h}_{t-1} + \boldsymbol{b}_o) \tag{7.2.4}$$

总结长短期记忆网络的运算流程为：输入门用于筛选输入信息，遗忘门作用于之前的记忆信息进行选择，二者加权求和后可得汇总信息，最后再通过输出门决定最终的输出信息。

循环神经网络针对音频信号降噪效果较好，对平稳噪声和瞬时噪声都可进行处理，此外能够优化传统噪声估计算法中的时延问题，收敛性较好。但循环神经网络降噪方法高度依赖于数据，一般模型较大，运算量大，此外针对的降噪场景较为有限，因此限制了其进一步的发展。

7.2.1.2　卷积神经网络

卷积神经网络(Convolutional Neural Network，CNN)也是一大类人工智能网络，常用于分析处理视觉图像。这类神经网络应用广泛，例如图像视频识别、推荐系统、图像分类、医疗图像分析以及自然语言处理等[202]。卷积神经网络的特征在

于在神经网络的运算中采用了一种卷积的线形运算方法。输入卷积神经网络的图像一般含有多个维度，在经过卷积层后，图像可以被抽象为特征图谱，对维度和大小都进行了减少，方便后续网络层的识别和处理。

卷积神经网络在图像降噪中有大量应用，其中较为著名的卷积神经网络——DnCNN(Denoising Convolutional Neural Network)在图像降噪方面表现较优。该网络结合了残差学习方法与卷积神经网络，即使在较深的神经网络中，依然表现出了出色的收敛性与降噪性能。根据残差学习原理，该网络设计为在隐层中将真实的图片从原噪声图中消去，最后只输出残差噪声。卷积神经网络用于提取噪声特征，残差方法用于解决深度网络的梯度消失问题。最后实验验证该模型在高斯降噪，超分辨率以及联合图像专家组(Joint Photographic Experts Group，JPEG)去锁3个问题上都有出色的性能表现。

在卷积神经网络应用在通信去噪声领域上，也有研究者提出采用卷积神经网络结合传统译码方法——置信传播算法，即BP-CNN神经网络，对带有信道噪声的编码信号进行译码，并取得了较好的降噪译码结果。

7.2.2　神经网络辅助译码

现在针对神经网络应用在通信领域的信道译码上的研究，主要集中在神经网络辅助传统译码器译码。这主要是因为，如果单纯采用神经网络作为译码器，当码字长度增加时，码字空间成指数倍上升，此时神经网络需要提取的特征也成指数倍上升。一般而言，中等长度码字含有1024bit左右的信息位，此时码字空间大约在10E300左右，如此大的样本空间，现有的神经网络无法全部学习，因此对于一般的中长码，该方法不可取。另外，传统的译码算法，例如和积算法中有很多经验性数值，一般取一个大概范围，这在一定程度上影响了传统译码算法的精度。如果通过神经网络训练求出该数值，经过充分训练，神经网络得出的数值能够更加准确，从而提升了传统译码算法的译码性能。此外，传统算法一般基于高斯噪声信道模型，给定条件较为理想，而结合现有的去噪网络，还可以增强传统译码算法的鲁棒性。

7.2.2.1　神经网络辅助和积译码算法

将神经网络用于辅助传统的译码算法这一想法最早在2016年由Nachmani等人提出[98]，并成功应用在置信传播算法及最小和算法上。这一想法的灵感来源于：置信传播等译码算法的过程可以通过Tanner图来表示，转换为校验位和信息位的信息传递。而Tanner图本身就是一种天然的网络结构，可以很自然地与神经网络进行结合。Nachmani等人主要将Tanner图信息传递中的硬判决增加权值，即将一个无权图转为有权图，来标明Tanner图中信息传递的准确度。

Nachmani等人对置信传播算法、和积算法、最小和算法都进行了改进，但主体思想是一致的，下面主要对神经网络辅助置信传播算法进行介绍。置信传播方法中的信息在 Tanner 图中的传递下。对于隐藏层 $i(i=1,2,\cdots,2L)$，并让 $e=(v,c)$ 表示层中待处理的特定边，其中 v 表示变量节点，c 表示校验节点，该节点输出信息用 $x_{i,e}$ 进行表示。则对于奇数层(偶数层也是相应的)i，$x_{i,e}$ 是 BP 算法在经过 $(i-1)/2$ 次迭代后，从变量节点到校验节点的输出信息。

Nachamani 等人对置信传播算法进行了改进，他们设计了带有参数的深度神经网络(Deep Neural Networks，DNN)译码器来泛化置信传播算法的过程。与传统算法的不同之处在于，他们对 Tanner 图的连接边分配了权值，这些权值的具体数值通过神经网络的随机梯度下降算法经过训练后得到。该神经网络的损失函数为预测输出和准确的译码信息之间的交叉熵。整体神经网络设计的结构图可参考图 7.2.3。

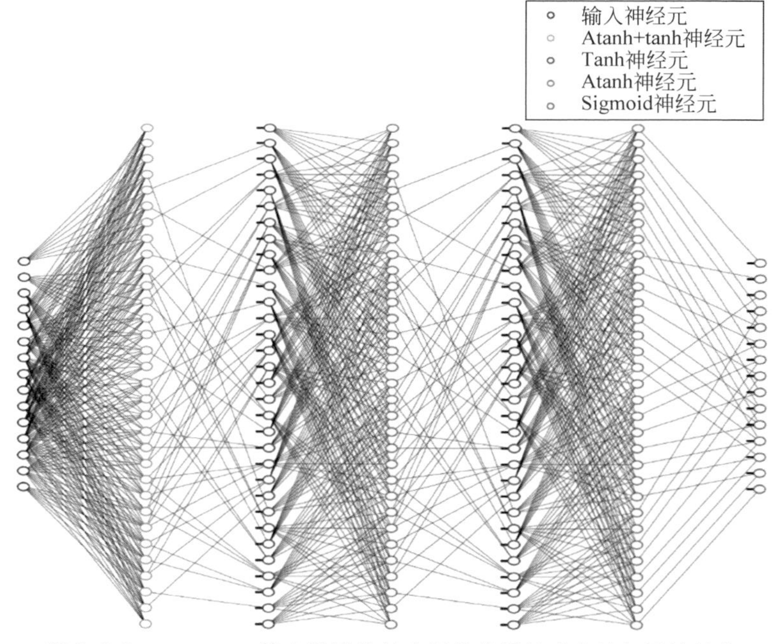

图 7.2.3　Nachmani 等人设计的结合置信传播算法的神经网络结构

Nachmani 等人提出参数补偿的置信传播算法的动机在于，通过正确设置 Tanner 图的权重，可以有效补偿 Tanner 图中的较小的环。也就是说，由校验节点发送到变量节点的信息可以被权值度量，当这个信息由相邻的检验节点产生时，信息的可信度就会降低，而通过权值参数可以在可信度上进行补偿。深度神经网络的时间复杂度大致与普通的置信传播算法相同，对每次输入的信息都需要额外的乘法计算。

在实验验证上，Nachmani 等人将该方法应用在了不同的线性码上：BCH(63,45)，BCH(63,36)，BCH(127,64)以及 BCH(127,99)等。相比传统的置信传播算法，深度神经网络辅助算法大约可以提升 0.2～1.0dB 的误码率，当码长减小时，提升程度还会进一步增加。在其他传统译码算法上的应用也能够达到相似的提升。Nachmani 等人提出的辅助算法将 Tanner 图和神经网络有机地进行了结合，在提升了算法精确度的同时也摆脱了神经网络对码长的依赖。

7.2.2.2　神经网络结合置信传播算法

神经网络辅助译码算法相关研究中，除了类似于上述的建立带有权值的 Tanner 图译码算法以外，中国科技大学的 Liang 等人还提出了一种迭代的 BP-CNN 译码结构[101]，在非白噪声的信道下依然有极好的译码表现，提升了传统译码算法的鲁棒性。

Liang 等人重点考虑了信道中相关噪声下译码的情况，传统的解决该问题的方法一般为将有色噪声转换为白噪声后进行处理，但这样的方法需要大量的矩阵乘法，对于长码字具有很高的复杂度。此外，在经过白化后的接收码字，其等价码字符号可能和发送的符号有了不同的结构，这也成为译码算法的一大难点。而另一种估计噪声分布的方法，尽管可以降低译码算法的复杂度，但估计噪声分布本身复杂度就极高而一般很难应用在实际情况中。而深度学习则提供了另一种解决这个问题的方向。

Liang 等人设计了一种结合传统的置信传播算法和卷积神经网络的译码结构。这种译码器将训练过的卷积神经网络与一个标准的置信传播译码器直接连接，并在置信传播译码器和卷积神经网络之间迭代地处理接收到的符号。在接收端，接收到的符号首先由置信传播译码器处理获得的初始译码结果。接着再从接受符号中减去发射符号用以估计信道噪声。最开始由于噪声的存在，置信传播算法译码结果并不准确，信道噪声估计因此也有偏差。但我们将得到的信道噪声估计结果输入到卷积神经网络中，获得更靠近实际信道噪声的输出结果，从而进一步消除神经网络译码器的估计误差，此外还可利用噪声的相关性来提高噪声估计的准确性。置信传播算法和卷积神经网络直接的迭代将逐步提高译码器的译码性能，见图 7.2.4。

此外，Liang 等人设计的迭代 BP-CNN 译码器还具有其他的特性，例如它比标准的置信传播算法所需迭代次数更少，复杂度更低。这也主要归功于卷积神经网络的结果，卷积神经网络本身就是一种简化的深度神经网络，常用于处理大规模的图像和视频，它主要由一些线性运算和非线性运算组成，并能够允许系统直接从数据中学习出网络的参数而无须任何的信道的先验知识。此外，这个译码器的架构还适用于并行计算，并在不同的噪声下也展现出了较好的鲁棒性。

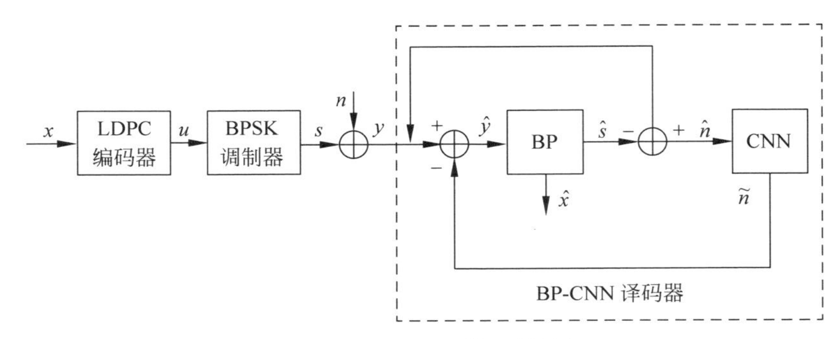

图 7.2.4 BP-CNN 译码器结构

Liang 等人设计的方法为我们提出了另一个研究方向，通过深度神经网络来解决译码中对噪声处理，将译码的部分依然交给传统的译码算法进行处理。尽管是两部分的结合，但由于更少的迭代次数，整体而言在实际应用中，反而是结合了神经网络的译码算法计算复杂度、运行时间更少。由于上述特点，Liang 所设计的译码结构可直接应用在码长为 576 的低密度奇偶校验码上，并在含有相关噪声的信道下展现出了接近译码上限的性能。

7.2.3 神经网络译码器

采用深度神经网络来完全代替传统的译码器是一个极具挑战性的问题。在 2000 年左右，这个想法就已经被提出，但由于维度灾难的问题，使得基于神经网络的译码研究止步不前。针对实际块长度训练神经网络的唯一方法是，让神经网络学习某种形式的译码算法，即可以仅从对一小部分代码字的训练中推断出完整的码字空间。但是，为了让神经网络学习解码算法，码字本身必须具有某种基于简单编码规则的结构，例如在卷积编码或线性编码的情况下。Gruber 等人给出了这个问题的答案[102]：相比随机码字，基于规则编码的码字更容易被神经网络学习，并可从小样本中推测出全部的码字空间。这也给神经网络译码器指明了之后的研究方向。

除此之外，还有研究学者探讨了什么样的码字结构更适合神经网络学习，并可扩展至长码。Kim 等人提出循环神经网络特别适用于卷积码[104]，并且由于卷积码特殊的结构，神经网络译码器实现了对任意码长的译码，可以说是该领域的一个重大突破。下面重点介绍这两个方向的算法具体细节。

7.2.3.1 深度神经网络译码器

Gruber 等人还第一次提出了完全使用神经网络替代传统译码器，而编码部分仍然采用传统的极化码编码器(也可扩展至低密度奇偶校验码编码器)。所设计的网络结构较为简单，一共只有3层隐藏层，这3层隐藏层的神经元个数只有128、64、32个，属于极为轻量化的神经网络。Gruber等人提到，在神经网络译码器这个问题上，相比其他的深度学习领域的问题，最大的优势是不会缺乏训练数据，这意味着神经网络译码器具有极大的潜力和性能上升空间。在图像、语言以及文本的学习问题上，获得相关且高质量的数据一般是很难的事情，但由于神经网络译码器处理的是人为设定的码字信号，因此可以直接生成任意多的训练样本，而且无须再进行处理就可作为真正意义上的训练数据。具体的系统结构图参见图7.2.5。

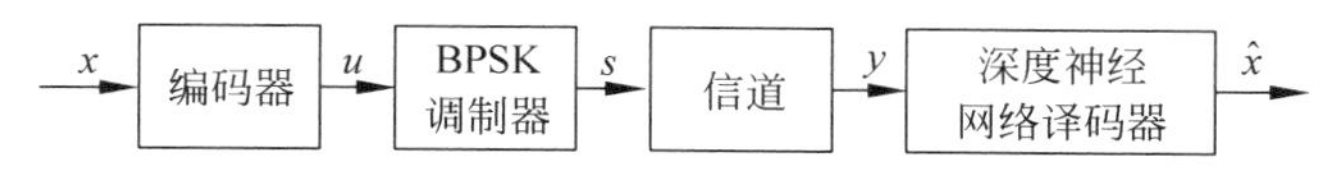

图7.2.5 深度神经网络译码器的结构

整个实验假定信道噪声为高斯白噪声，码字结构为极化码，码长为16bit。实验结果表明，小规模的神经网络经过2^{18}次迭代运算之后，距离译码上限最大似然译码算法，只有0.1dB以内的差距。但当码字长度增加之后，需要的神经网络规模依然呈指数倍上升，单纯增加训练次数依然无法充分训练。尽管在中长码的泛化上遇到了困难，但Gruber等人的研究指出了神经网络译码器在短码的情况下，有达到译码上限的能力，并且由于将计算复杂度转移到了训练过程中，在实际应用中计算复杂度和运行时间相比传统译码方法都大幅度下降，因此可以视为神经网络译码器的一大优势。

除了普通的神经网络译码器，Lyu和Wei等人还测试了不同类型的神经网络作为信道译码器[204]。通过大量的数值性实验，他们得出循环神经网络，尤其是长短期记忆网络，相比卷积神经网络和普通的深度全连接网络，在译码问题上性能最佳，但由于门控结构和循环过程的存在，其复杂度也是最高的。基于长短期记忆网络的译码器优势主要在于，受噪声的影响较小，达到相同精确需要的训练批次更少。根据这个结论，我们会优先采用长短期记忆网络处理脉冲噪声下的译码问题。

7.2.3.2 循环神经网络译码器

Kim等人则专门针对序列码研究了循环神经网络的架构[5]，他们在顶级会议上发表的论文证明了经过专门设计和训练的循环神经网络架构可以在加性高斯白噪声信道上接近译码上限，并且针对的序列码包含范围广泛，包括卷积码和Turbo码，这可以算是译码算法上的一个突破性进展（考虑到Viterbi和BCJR译码器都是动态化计算和前后传递的）。此外，他们还展现了强大的泛化能力，即旨在特定的信噪比和码长下进行训练后，可以应用在不同的信噪比和码长下，对于信道的噪声也有较好的鲁棒性和适应性。

Kim等人首先是从卷积码的编码结构上切入。标准的卷积码可以看作码率为

1/2 的递归系统卷积(recursive systematic convolutional)码。编码器部分相当于一个不停向前输出的循环网络结构,参考图 7.2.6,1bit 的信息位经过编码器后输出为 2bit 的码字,分别为二进制状态矩阵和二进制输出矩阵。两倍于信息位的输出比特会经过含噪信道,译码器则根据输入码字之间的关系译出最初的 K bit 信息数据。Kim 等人提出的方法的巧妙之处在于,他们将这个译码问题作为了 K 维的二分类问题,每一个信息比特都是一个二元的分类结果。训练模型的目标是找到一个准确的序列分类器。考虑到编码器的结构类似于一个循环网络,Kim 等人采用了一种特殊的循环网络,双层双向门控循环单元(gated recurrent unit),每一层网络都接连一层 batch 归一化层,而输出层则是单个连接的 Sigmoid 单元。具体结构可参考图 7.2.7。

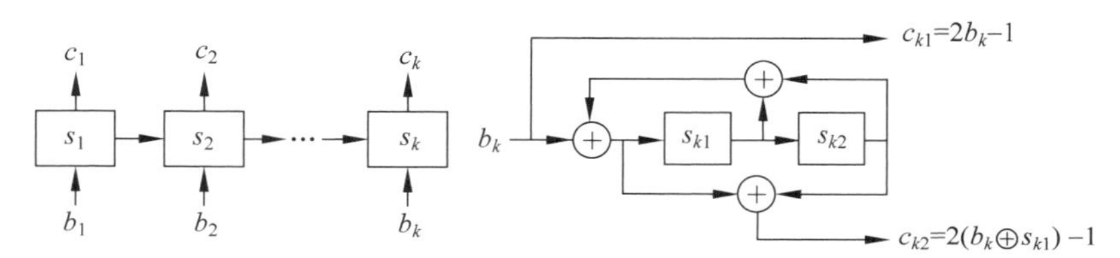

图 7.2.6　循环神经网络译码器

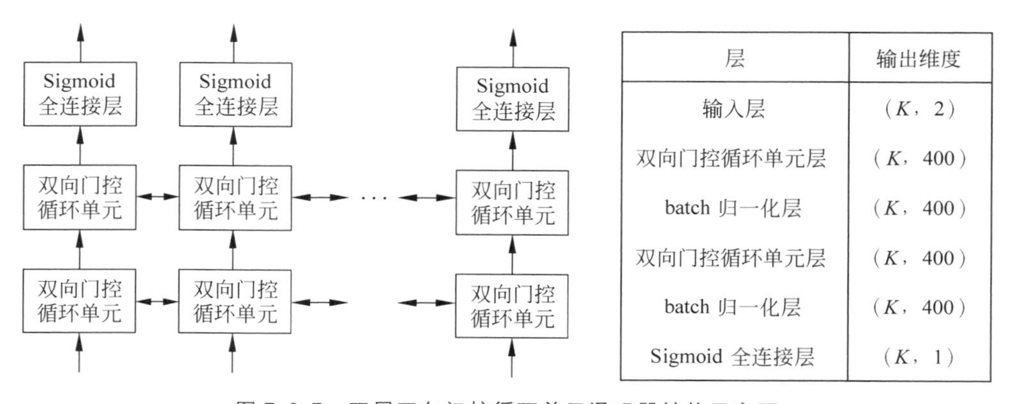

层	输出维度
输入层	(K, 2)
双向门控循环单元层	(K, 400)
batch 归一化层	(K, 400)
双向门控循环单元层	(K, 400)
batch 归一化层	(K, 400)
Sigmoid 全连接层	(K, 1)

图 7.2.7　双层双向门控循环单元译码器结构示意图

大量的实验表明,无论是码长为 100bit 还是 1000bit,循环神经网络译码器的结构都能在充分训练之后达到译码结果的上限,这也是目前所有神经网络算法的最长测试码长。此外在不同噪声的测试下,在经过相应环境的训练后,该神经网络译码器依然有较好的译码性能,具有较强的鲁棒性和适应性。Kim 等人提出的循环神经网络译码器算法针对特殊的码字,可以达到实用性的码字长度,是相关领域的一大突破。

7.3 基于前向神经网络的脉冲噪声下译码算法

本章提出了基于前向神经网络的脉冲噪声下译码器。前向神经网络是一种最基础的神经网络，它结构简单、复杂度较低。在之间的章节中，我们详细分析了脉冲噪声信道的特征，针对脉冲噪声信道，我们将前向神经网络作为接收端的译码器，并测试了不同结构下的译码结果。经过实验分析，基于前向神经网络的译码器在脉冲噪声信道与最大似然译码结果存在着极大的译码误差，且单纯提升训练次数、神经元个数以及网络层数无法使前向神经网络的译码性能接近译码上限。为后续的神经网络译码研究工作提供了普适性的指导价值。

7.3.1 系统设计

7.3.1.1 发送部分

整个系统包含发射器、信道加噪、接收器3个部分，其中前向神经网络作为译码器，整体模型图如图7.3.1所示。在发送端，主要包含线性分组编码层和BPSK调制层。长度为K的信息比特经过编码器后映射为长度为N的码字，再经过BPSK调制层，码字符号映射到$\{-1,1\}$上，之后再发送到脉冲信道下。其中，编码过程采用了随机码字，而调制层和加噪层则是带有特定功能的确定层。需要注意的是，尽管在发送端，我们采用了LDPC码编码器，但由于整个系统并未依赖LDPC码编码器的特点，因此基于前向神经网络的译码器可适用于任意的线性分组编码器。

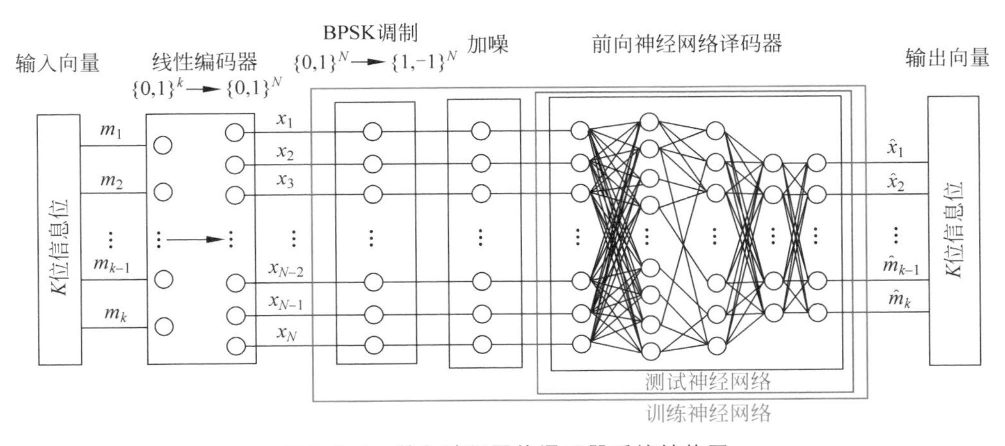

图7.3.1 前向神经网络译码器系统结构图

7.3.1.2 接收部分

接收部分由一个带有 3 层隐藏层的前向神经网络构成，对带有噪声的接收码字进行译码，最终恢复出不含噪声的信息比特。

单层的神经网络由许多相连的神经元组成，在这样的神经元中，所有的输入经过加权后都会和一个偏置进行相加，结果通过非线性激活函数后进行传播。如果神经元没有反馈地分层进行排列，那么就是本章提到的前向神经网络。因为信息在没有反馈的情况下会从左向右流经网络。由于本章中所使用的标准的前向神经网络译码器含有 3 层隐藏层，此外加上输入层和输出层，因此是一共有 5 层的神经网络。

7.3.2 神经网络训练方法

基于门控神经网络的译码器可用于码长 32 位以下的任意线性分组码，随着码长的增长，神经元数量也需对应扩展。为解释训练流程，我们以码长为 16，信息位为 8 的低密度奇偶校验码作为示例，所采用的校验矩阵 $\boldsymbol{H}$ 为

$$\boldsymbol{H}=\begin{bmatrix}0&0&1&0&0&0&1&0&1&0&0&0&0&0&1&0\\0&0&0&1&0&0&0&1&0&0&1&0&0&0&0&1\\1&0&0&0&1&0&0&0&0&1&0&0&0&0&0&1\\0&0&0&1&0&0&0&1&0&0&0&1&0&1&0&0\\0&0&1&0&0&0&1&0&0&1&0&0&0&1&0&0\\1&0&0&0&0&1&0&0&1&0&0&0&1&0&0&0\\0&1&0&0&0&1&0&0&0&0&1&0&0&0&1&0\\0&1&0&0&1&0&0&0&0&0&0&1&1&0&0&0\end{bmatrix} \tag{7.3.1}$$

7.3.2.1 网络参数初始化及优化方法选择

在系统训练过程中会不断更新神经网络的参数与权重，以接近在噪声下最佳译码结果。对于神经网络的初始化方法一般有 3 种：全零初始化、随机初始化以及均匀分布初始化。3 种训练方法最后的收敛结果相差不大，但随机初始化方法的收敛速度一般会更快，因此对门控神经网络采用随机初始化网络参数。下面重点介绍随机初始化方法。

随机初始化方法生成的网络参数初始值服从高斯分布，并与神经网络的输入维度相关。例如，当神经元的输入维度为 N_i，初始化后得到的网络参数 $P_{i,j}$ 服从均值为 0，方差为 N_i 的高斯分布，即有 $P_{i,j}\sim N(0,N_i)$。此外需要注意的是，初始化的参数太小会出现梯度弥散的问题，较小的参数在反向传播时会导致较小的梯度，导致训练速度过慢。

网络训练的本质是更新网络的参数，不同的优化方法可以加速训练过程。常见的模型优化方法有：随机梯度下降（stochastic gradient descent）法，Momentum

算法，Adagrad 算法以及 Adam 算法。系统模型采用 Adam 进行优化，其最大的特点是训练过程中可以自动调整学习率。它利用梯度的一阶矩估计和二阶矩估计动态调整的每个参数的学习率，使得学习率一直处于稳定的状态，能够有效提高模型的训练效率以及训练模型的效率。其具体算法如下所示：

$$\begin{cases} \hat{m}_t = \dfrac{m_t}{1-\mu} \\ \hat{n}_t = \dfrac{n_t}{1-v} \\ m_t = \mu m_{t-1} + (1-\mu) g_t \\ n_t = v n_{t-1} + (1-v) g_t^2 \\ \Delta\theta_t = -\dfrac{\hat{m}_t}{\sqrt{\hat{n}_t} + \varepsilon}\eta \end{cases} \tag{7.3.2}$$

其中 m_t，n_t 分别为梯度的一阶矩估计和二阶矩估计，而 $\hat{m}_t$ 和 $\hat{n}_t$ 为其的近似无偏估计。μ 和 v 是调节参数，一般分别取值 0.9 和 0.99。Adam 算法结合了处理稀疏梯度和处理非平稳目标的优点，训练过程对内存需求较小，不同参数可以计算不同的自适应学习率。此外该方法可以用于大多数的非凸优化，适用于大数据集和高维空间数据。

7.3.2.2　门控神经网络参数选择

考虑到尽量减少网络复杂度，采用的前向神经网络含有 1 层输入层、1 层输出层及 3 层隐藏层，3 层隐藏层的神经元数目和相关的输入输出维度有关。输入层神经元和 LDPC 码编码的码长相关，输出神经元和 LDPC 码输出信息位的数目有关。为尽可能抽取第一层输入层的特征，第一隐藏层的神经元数目应尽可能多，但过多的神经元会导致计算复杂度的急剧上升，因此需要达到二者的平衡。经过实验，第一隐藏层神经元数量取到第一层输入层数量的 16 倍时性能满足需求，此后再增加第一隐藏层神经元数量对整体系统性能影响不大。第二隐藏层及第三隐藏层的神经元数目逐级递减，一般按 2 的倍数减少。此外需注意，部分连接层需放在第一隐藏层和第二隐藏层之间，可以最大限度地减少神经网络的复杂度。

7.3.2.3　模型训练

通过大规模的训练，可以更新前向神经网络的参数，最终达到良好的去噪译码性能。训练数据的输入、输出分别为经过编码调制及复杂信道后的数据和 LDPC 码译码结果的信息位。其数据集的生成需遵循几个原则：

(1) 保证训练数据集和测试数据集的数据量，由于信道情况复杂，生成的样本数据越多，越有可能让系统模型达到性能上限。如果数据集过小，即使增加训练批次，得到的训练后的模型依然可能会产生过拟合的问题。

(2) 训练数据和测试数据应尽可能全面地包含可能存在的数据分布，系统模型需要在不同信噪比下进行训练。在训练过程中，应先在较难训练的低信噪比下进行训练，然后再提高信噪比产生数据，在较小的信噪比下进行训练。

(3) 保证测试数据与训练数据的独立性。测试数据集应保证和训练数据集不相关，以保证采用测试数据衡量系统模型时的可靠性。

为包含不同信噪比下的样本，我们分别对 1dB、5dB 下含噪码字进行训练。具体流程为先在小信噪比 1dB 下生成 256 个样本数据进行 $2^{12}\sim2^{16}$ 批次训练，再在中等信噪比 5dB 下生成数据训练相同数量的批次。需要注意的是，应按照从小信噪比到大信噪比的训练流程，不同信噪比训练时模型网络参数不可再进行初始化。此外，生成数据所基于的信噪比可根据实际情况再进行进一步调整。

基于门控神经网络的译码器训练具体过程如下。

第一步：定义神经网络模型。通过深度学习框架 Keras(Keras 是一个开源人工神经网络库)提供的 Lambda 网络层实现特定的通信功能层，包括 LDPC 码编码层、BPSK 调制层、含有脉冲噪声的信道模型层、门控神经网络译码等。其中：

(1) Lambda 网络层用于完成特定的功能函数，可以参与整体神经网络的训练，但并不包含需要训练的神经元，不存在大规模的矩阵运算。

(2) 包含脉冲噪声的信道通过 scipy 库中自带的 levy_stable 函数进行实现，该函数主要包含 alpha，beta，loc，scale 4 个参数，其中 alpha 和 scale 分别对应稳态分布的特征指数及尺度参数，beta 和 loc 参数设定了分布的偏移量，一般设置为 0。

(3) 前向神经网络层包含输入层、3 层隐藏层及输出层。构建完所有网络层后，可以通过 Keras 自带函数 model. summary()查看所有定义的网络。

第二步：生成训练数据集及测试数据集。首先定义相应的校验矩阵和生成矩阵，根据对应的生成矩阵，生成 256 组对应的训练数据，其中输入值为所有可能的码字，设定的真值为对应的信息位。生成训练数据集的同时，将一部分划分为验证集，用于训练网络时防止过拟合。测试数据生成方法类似。

第三步：训练前向神经网络。首先对之前构建好的神经网络调用函数 model. compile()进行编译，确定优化器为 Adam 优化器，损失函数为平方差函数，测量函数为误码率。调用拟合函数 model. fit()，包含训练数据集、验证集，训练批次大小设定为 256，一共训练 218 批次。混淆参数 shuffle 选择 True，在每次输入训练集时能够打乱其顺序。根据经验在训练 218 批次到 220 批次不会出现过拟合现象，可以稳步提升神经网络的准确度。根据实际情况，可以在不同的 GSNR 下进行多次训练，在仿真过程中，分别在 1dB、5dB、10dB 对应的信噪比下进行训练，训练完成后使用 model. save()函数将模型以 *. h5 格式进行保存。

第四步：测试前向神经网络。从 0dB～5dB，步进为 1dB 进行训练，为保证测试的准确性，测试数据集应该足够大，至少满足在每个信噪比下错误 100bit 以上后再进行误码率计算。在仿真过程中，对于一个特定的信噪比，生成 10 000 000 组数据，分 10 000 批次完成测试。还需注意，在随机生成测试数据中，每批次的随机种子 np.random.seed()也应进行变化，确保测试数据的随机性和均匀性。经过测试的神经网络未能达到性能要求，可以重新加载保存的神经网络继续进行训练。

7.3.3 实验结果

为了找到神经网络最佳的译码性能参数，我们分别在 3 种情况下进行了测试，并总结了对应的规律：在不同的训练次数下神经网络译码器的性能对比，在不同神经元参数下的神经网络译码器性能对比，在不同神经网络层数下的对比。这些规律对后面设计性能更好的神经网络译码器具有普适性指导意义。

7.3.3.1 不同训练次数下对比

为了探究训练次数对前向神经网络译码器的影响，我们设计了相关的实验，在前向神经网络结构固定的情况下，唯一可变因素为训练批次，3 种情况分别为：训练 2^{12}、2^{14} 和 2^{16} 次。此外该实验结果还给出译码结果上限——最大似然译码算法的译码结果作为参考，实验结果如图 7.3.2 所示。

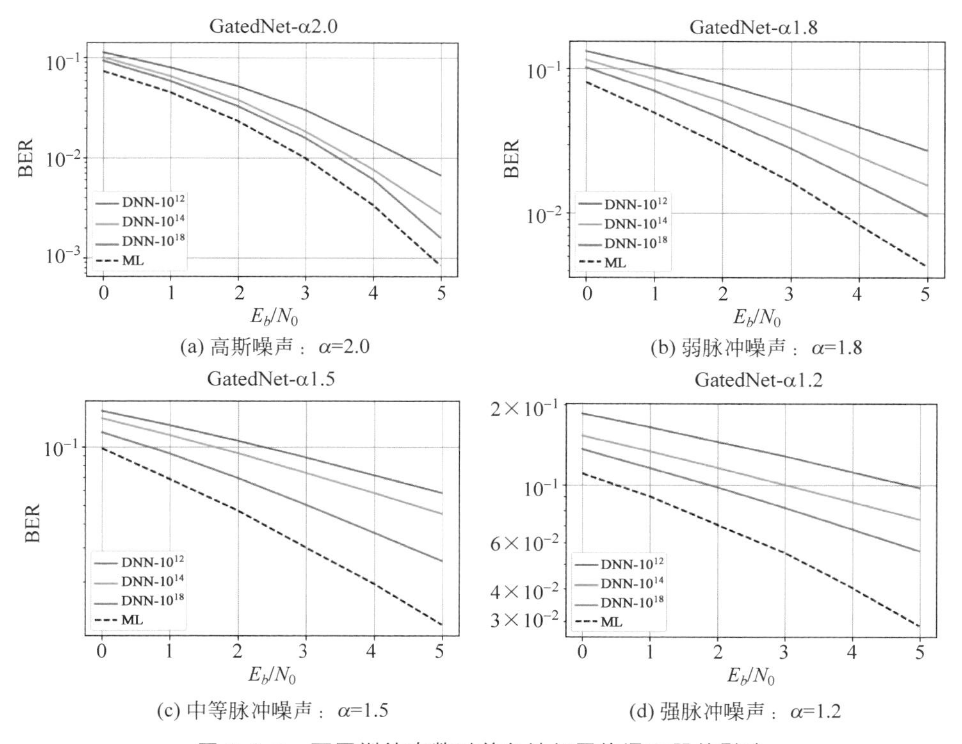

(a) 高斯噪声：α=2.0　(b) 弱脉冲噪声：α=1.8

(c) 中等脉冲噪声：α=1.5　(d) 强脉冲噪声：α=1.2

图 7.3.2 不同训练次数对前向神经网络译码器的影响

从图 7.3.2 中可以得到，随着训练次数的增加，前向神经网络译码结果有显著提升，但依然与最大似然译码器译码结果相比有不小的译码性能差距。可以合理推测，如果进一步提升训练次数，前向神经网络译码器译码性能会得到进一步提升，但提升的幅度会随着训练次数的增加有所减少，最终收敛在一个性能界限处。由于训练时间不可能无限制地增加，因此前向神经网络译码器的译码性能也会有所限制，与最大似然译码器译码性能有着不小的差距。因此单纯的提升训练次数很难解决译码上限。

7.3.3.2 不同神经元参数下对比

为了探究不同神经元参数对前向神经网络译码器的影响，我们设计了第二个实验，在前向神经网络训练次数相同以及神经网络层数相同的情况下，唯一可变因素为每一层的神经元数目，我们对标准情况分别进行了扩大和缩小，而输入、输出层由码字和信息位长度进行了限定，因此不做改变 3 种情况分别为：{128，64，32}，{256，128，64}，{512，256，128}。此外该实验结果同时也和译码结果上限——最大似然译码算法的译码结果进行了对比，实验结果如图 7.3.3 所示。

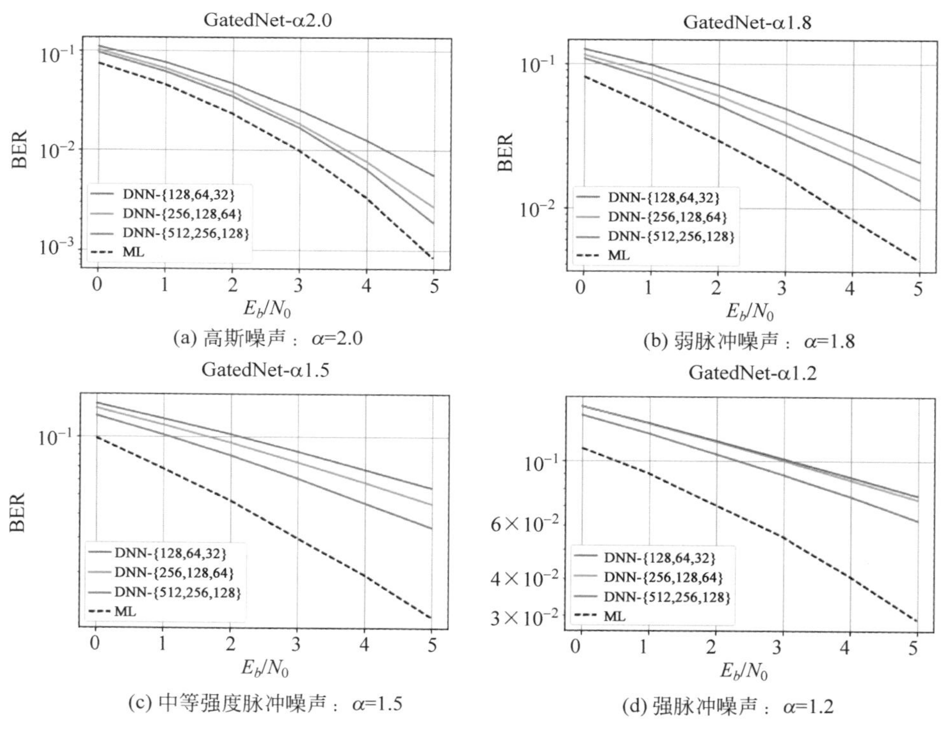

(a) 高斯噪声：α=2.0

(b) 弱脉冲噪声：α=1.8

(c) 中等强度脉冲噪声：α=1.5

(d) 强脉冲噪声：α=1.2

图 7.3.3　不同神经元参数对前向神经网络译码器的影响

从图 7.3.3 中可以得到，随着前向神经网络中神经元数目的增加，前向神经网络译码结果也有所提升，但与最大似然译码器译码结果相比依然有明显差距。可以推测，如果进一步提升神经元数量，前向神经网络译码器译码性能会得到进一步提升，但提升的幅度会随着神经元的增加有所减少，最终收敛在一个性能界限处。受到实际硬件计算性能的限制，在实际情况中不可能无限制地扩展神经元数量，因此只靠提升神经元数量去接近译码上限是不合理的。单纯提升训练神经元参数也很难达到译码上限。

7.3.3.3　不同神经网络层数下对比

为了探究不同神经网络层数对前向神经网络译码器的影响，我们设计了第三个实验，在前向神经网络训练次数相同的情况下，唯一可变因素为神经网络层数，3 种情况分别为 1 层神经层、3 层神经层以及 5 层神经层，3 种情况下的隐藏层神经元个数分别为{256}，{256，128，64}，{256，192，128，64，32}。实验结果如图 7.3.4 所示。

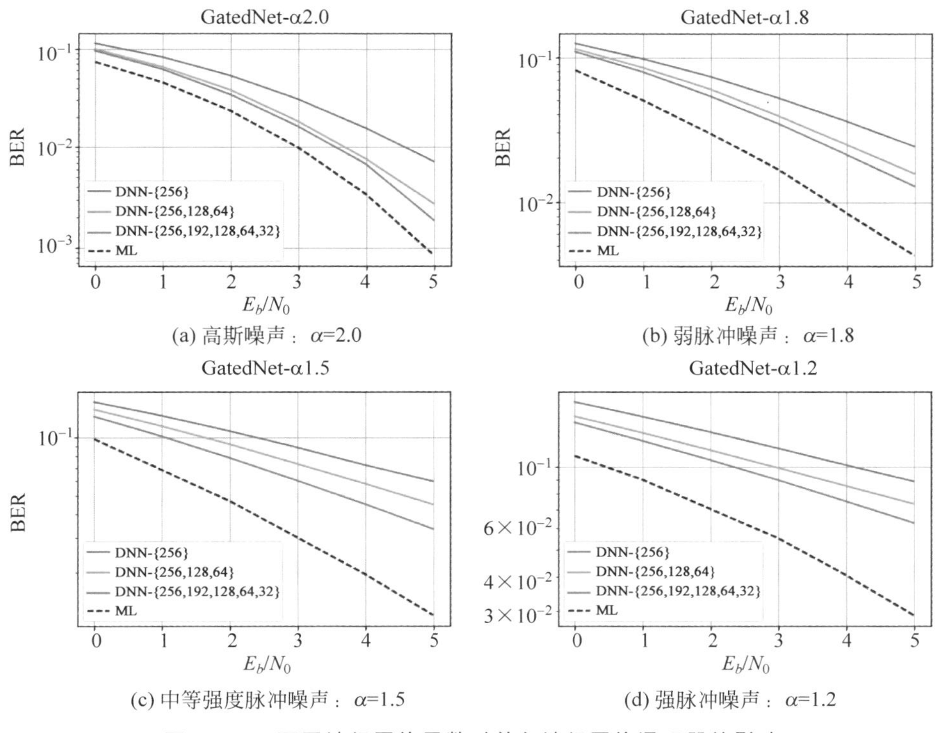

(a) 高斯噪声：α=2.0　(b) 弱脉冲噪声：α=1.8

(c) 中等强度脉冲噪声：α=1.5　(d) 强脉冲噪声：α=1.2

图 7.3.4　不同神经网络层数对前向神经网络译码器的影响

从图 7.3.4 中可以得到，随着前向神经网络中层数的增加，前向神经网络译码结果也有一定的性能上的提升，但依然很难接近译码上限。此外，随着神经网络层数的增加，训练时会更加容易出现梯度消失的问题，这将导致整个训练的失败，风险增加。因此前向神经网络层数的增加也是有一定限度的，可以进行推测 ，如果进一步提升神经网络层数量，前向神经网络译码器译码性能会得到进一步提升，但提升的幅度会随着层数的增加有所减少，最终收敛在一个性能界限处。受到现有神经网络参数更新方法的限制，神经网络层的增加是有一定限度的，因此无法单纯通过增加神经网络层数来接近脉冲噪声下的译码上限。

7.4 基于门控神经网络的脉冲噪声下译码算法

本节首先对现有的神经网络降噪方法进行分析，分别介绍了在图像处理、音频信号上常见的神经网络降噪方法。再根据通信编码译码模型，提出了一种新型的神经网络结构——门控神经网络，用于脉冲噪声信道下的线性编码译码。针对脉冲噪声设计的门控结构用于抑制噪声，根据线性编码构造设计的部分连接层可有效降低计算复杂度。实验结果表明，相比复杂度更高的全连接层，部分连接层能够提升一定的译码性能。和传统的置信传播译码算法相比，门控神经网络译码性能在 $\mathrm{BER}=10^{-3}$ 时提高了 1.3dB；和译码性能极限最大似然译码算法相比，性能接近且仅差 0.1dB，但运行更快。同时，仿真实验表明门控结构和部分连接层都达到了预期设计效果。

7.4.1 系统设计

现有的基于神经网络的译码技术主要可分为两大类：一种是与传统译码方法结合，例如 BP 译码算法等；一种是采用神经网络进行直接译码降噪。考虑到运行复杂度以及针对的码字较短，整体系统方案完全采用神经网络进行译码以及降噪功能。针对线性编码特点，采用了直连神经网络，并对计算复杂度最高的隐藏层采用部分连接进行了优化，减少复杂度的同时提升了译码性能；针对脉冲噪声，根据长短期神经网络中的门控结构，设计了门控神经网络，相比直连神经网络，能够有效降低脉冲噪声对神经网络译码的影响。整体系统根据功能可分为两部分：发送部分（包含信道加噪）以及接收部分（门控神经网络）。

7.4.1.1 发送部分

整个系统包含发射器、信道加噪和接收器 3 个部分，其中神经网络作为译码器，可以省略传统译码过程中的迭代过程，实现一次性译码。整体系统模型图如图 7.4.1 所示，长度为 K 的信息比特 m 经过线性分组编码后变为长度为 N 的码

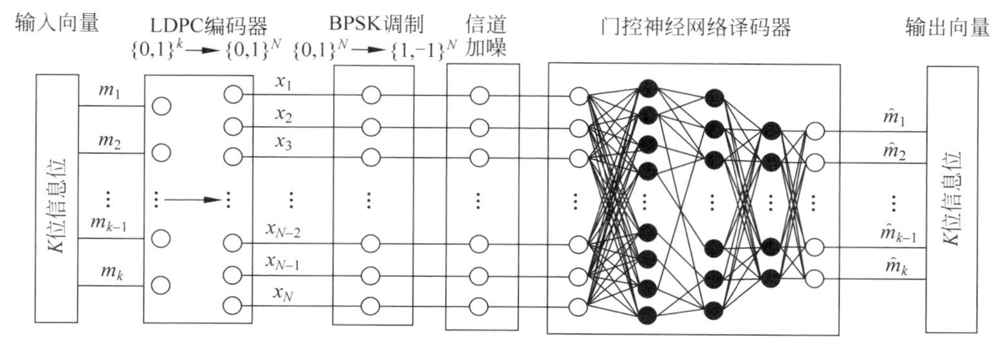

图 7.4.1　门控神经网络译码器系统结构图

字 x，经过调制后，进入脉冲噪声信道，接收端采用门控神经网络译码器。我们使用随机码字作为编码过程，调制层和加噪层被设计为确定层来执行特定的功能。

训练数据包含了不含噪声的码字，标签为相关的信息位。研究采用梯度下降算法和反向传播算法来更新训练神经网络，用来减少均方差损失函数。为了观察训练结果，将从不同的几何信噪比中产生含噪码字作为门控神经网络的输入，并根据检测的结果计算误码率。

7.4.1.2　接收部分

接收部分由一个门控神经网络构成，对带有噪声的接收码字进行译码，最终恢复出不含噪声的信息比特。其中，门控神经网络译码器最初接受信号定义为 $y_i = x_i + n_i$，其中 x_i 是调制后的信号，n_i 为信道噪声。门控神经网络用于从噪声码字 y_i 中估计出正确的传输信息。门控神经网络包含 1 个输入层、3 个隐藏层、1 个输出层。

7.4.2　门控神经网络译码详述

7.4.2.1　门控神经网络整体结构设计

针对短码设计的门控神经网络结构如图 7.4.1 所示，一般含有输入层、3 层隐藏层和一个输出层。对于每一层，经过神经元的输入会根据该神经元的权值矩阵进行相加，偏置矩阵则被选择性相加，结果传入非线形的激活函数，通常使用 sigmoid 函数或线性修正单元(rectified linear unit)，分别被定义为

$$g_{\text{sigmoid}}(x) = \frac{1}{1+\mathrm{e}^{-z}} \tag{7.4.1}$$

$$g_{\text{ReLU}}(x) = \max\{0, x\} \tag{7.4.2}$$

所设计的门控神经网络的每一层都没有反馈连接，即后一层的网络输出重新作为前面神经层的输入，因此属于一种前向神经网络。第 i 层的神经网络输入为

n_i，输出为 m_i，执行非线性映射 $f^{(i)}$，权重和偏置为神经元的参数。记 V 为最初输入，W 为神经网络的最终输出，输入、输出的映射可以表示为有关参数 θ 的一系列函数：

$$W=f(V,\theta)=f^{(D-1)}(f^{D-2}(\cdots f^{0}(V))) \tag{7.4.3}$$

其中 D 表示神经网络层数，也定义为神经网络的深度。只要 $D\geqslant 2$，在神经元足够的情况下，函数可以在理论上近似拟合任何有界连续函数。这也是门控神经网络用于译码的理论基础。

尽管文献表明，含有 3 层隐藏层的神经网络可以在高斯信道下达到接近最大后验概率的译码性能，但在复杂的信道噪声下，性能损失严重。针对这种情况，在尽量不改变神经网络规模和结构的情况下，重新设计了隐藏层的神经元结构，以计算量的线性增加的代价换取性能的提升。

7.4.2.2 门控单元

实验结果表明，前向神经网络会在脉冲噪声下遭受巨大的性能损失。这是因为脉冲噪声信道更容易产生幅值不稳定的噪声，由于这些异常值，使得前向神经网络容易学习到不合适的参数。因此，我们使用控制门重新设计了隐藏层中的神经元结构，这样可以避免不合适的学习。

长短期记忆（LSTM）网络最初被用来解决循环神经网络中梯度爆炸的问题。它引入了用于控制错误流的门控单元。根据其设计思想，我们提出了门控神经元，并针对前向神经网络进行了简化，用来减少训练时产生的异常值。LSTM 网络自身结构带有循环反馈，即根据任务需要，中间神经层或最后神经层的输出需要反馈输入给前面的神经层，经过多次循环后输出最终结构，因此计算复杂度和运行时间较长。在采用神经网络进行译码的过程中，由于采用了线性编码，码字之间不存在时间上的依赖关系，因此循环神经网络的反馈结构对该任务是一种冗余，前向神经网络已经足够处理译码问题。而在 LSTM 网络中，遗忘门重点控制反馈的内部状态的输入，根据所设计的前向神经网络特点，LSTM 网络中门控单元的遗忘门和隐藏状态被删去。

在 LSTM 网络的设计中，输入门和输出门训练后参数也部分取决于隐藏状态，即来自上一时刻的输入反馈，由于前向神经网络不存在反馈特点，输入门和输出门也根据连接进行了简化。其具体结构如图 7.4.2 所示。记神经单元的输入门为 i，输出门为 o，神经内部单元为 c。L 为一层神经元中的个数，M 为该层的输入个数，则有下列定义。

输入向量：$\boldsymbol{v}\in\mathbb{R}^{M}$；输出权重：$\boldsymbol{W}_i,\boldsymbol{W}_o,\boldsymbol{W}_c\in\mathbb{R}^{L\times M}$；偏置权重：$\boldsymbol{b}_i,\boldsymbol{b}_o,\boldsymbol{b}_c\in\mathbb{R}^{L}$。门控单元的运算过程可以记为，输入门：$\boldsymbol{i}=\sigma_g(\boldsymbol{W}_i\boldsymbol{v}+\boldsymbol{b}_i)$，输出门：$\boldsymbol{o}=\sigma_g(\boldsymbol{W}_o\boldsymbol{v}+\boldsymbol{b}_o)$，神经元：$\boldsymbol{c}=\boldsymbol{i}\odot\sigma_h(\boldsymbol{W}_c\boldsymbol{v}+\boldsymbol{b}_c)$，输出结果：$\boldsymbol{y}=\boldsymbol{o}\odot\sigma_h(\boldsymbol{c})$。其中非

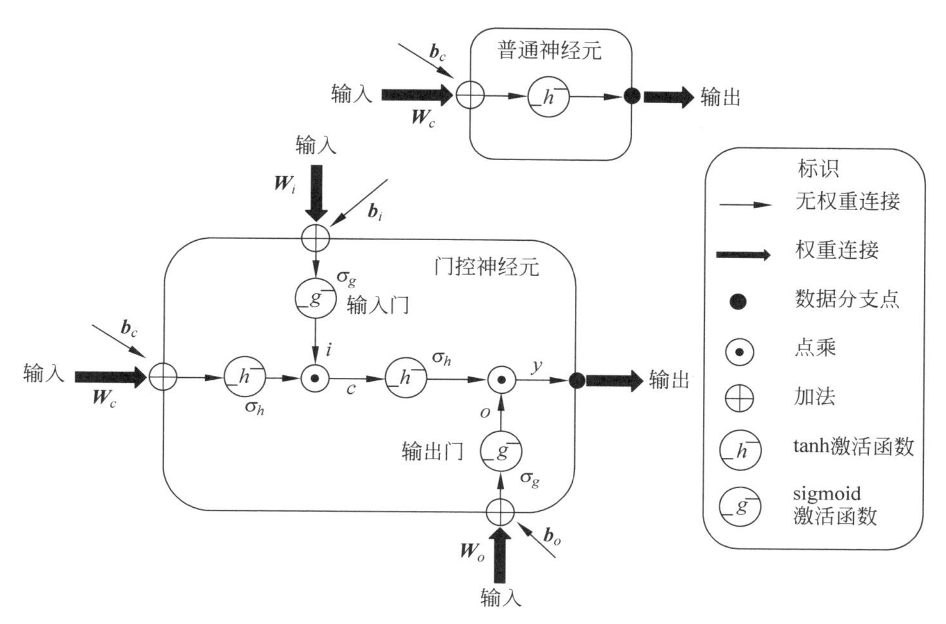

图 7.4.2　门控神经元与普通神经元对比结构图

线性函数有：$\sigma_g(x)=\dfrac{1}{1+\mathrm{e}^{-x}}$，$\sigma_h(x)=\tanh x$，分别为神经元和门控元的激活函数，$\odot$ 为两个矩阵的点乘。

参考 LSTM 网络，与普通神经元进行对比，经过训练后的两个额外的输入门和输出门会控制数据的流向以及参数的传递，辅助神经元输出正确的译码信息。其中，输入门主要用于控制来自上一层神经网络的输入数据。经过训练后，如果输入门的权值趋近于 0，则该次输入被输入门判定为不合适的，并且会被输入门阻止传播到下一层参与运算。输出门则控制着输出数据的流向，并决定了多少信息可以传递给下一层。如果输出门的权值趋近于 1，神经元的输出将不会被改变。

在第 3 章的仿真实验中，我们在不同的信道情况下对比了提出的门控神经网络和前向神经网络，实验结果表明前向神经网络无法通过增加复杂度达到门控神经元一样好的性能。假定在全连接及相同数量的神经元的情况下，门控神经元的复杂度一般为前向神经网络的 3 倍。根据训练参数，计算复杂度大约表示为

$$O\left(3N_{\text{in}}N_{h_1}+\sum 3N_{h_{l-1}}N_{h_l}+3N_{h_d}N_{\text{out}}\right) \tag{7.4.4}$$

其中，N_{in} 和 N_{out} 分别为输入和输出的神经元数量，N_{h_i} 为神经网络隐藏层 h_i 的神经元数量。一般来说，提出的门控神经元包含 3 个隐藏层并且 $N_{h_1}>N_{h_2}\gg N_{h_3}\sim N_{\text{in}}>N_{\text{out}}$ 的关系，式(7.4.4)可被简化为

$$O(3N_{h_1}N_{h_2}) \tag{7.4.5}$$

7.4.2.3 部分连接层

根据上述复杂度分析，N_{h_1} 和 N_{h_2} 为神经网络复杂度的主要因子项，在采用前向神经网络的前提下，隐藏层之间如果采用全连接的方式，即上一层的每个神经元的输出都作为下一层神经元的输入，此时隐藏层的计算复杂度达到最大值。根据这个特点，减少神经网络计算的复杂度，即要减少隐藏层，尤其是 h_1 和 h_2 之间神经元的连接数，因此我们在隐藏层 h_1 和 h_2 之间设计了部分连接层（Partial Connected Layer，PCL），取代全连接层（Fully Connected Layer，FCL）以减少计算复杂度。

根据仿真实验，如果在隐藏层 h_1 和 h_2 之间随意减少 1/3 的连接数量，译码性能会有明显下降。为了尽可能减少译码性能的降低，我们根据生成矩阵 $\boldsymbol{G}$ 进行简化而非采用随机选择减少连接。生成矩阵 $\boldsymbol{G}$ 代表了线性分组码信息位和校验码字之间的关系。不失一般性，我们假设 $N|N_{h_1}$ 和 $K|N_{h_2}$，即第一隐藏层的神经元数目 N_{h_1} 能够整除码字长度 N，第二隐藏层的神经元数目 N_{h_2} 能够整除信息位长度 K。具体步骤如下：我们首先将 h_1 划分为 N 个部分，h_2 划分为 K 个部分，每一部分分别代表码字比特和信息比特。令 h_{ij} 表示 h_i 中第 j 个部分，$h_{1j}-h_{2K}$ 表示 h_{1j} 和 h_{2K} 全连接。我们根据生成矩阵 $\boldsymbol{G}$ 删去不同部分之间不重要的连接。例如，在图 7.4.3 中，$G_{12}=G_{13}=0$，这表明第一个信息位不参与生成第二个和第三个码字比特，因此我们相应删去 $h_{12}-h_{21}$ 和 $h_{13}-h_{21}$。而 $G_{11}=G_{14}=1$，表明第一个信息位参与生成第一个和第四个码字比特。这意味着 h_{21} 中的神经元只和 h_{11} 及 h_{14} 连接，图 7.4.3 中用实线标识。考虑到 $G_{21}=G_{24}=0$，即第二个信息位不参与生成第一个和第四个码字比特，因此删去 $h_{11}-h_{22}$ 和 $h_{14}-h_{22}$ 的连接，$G_{22}=$

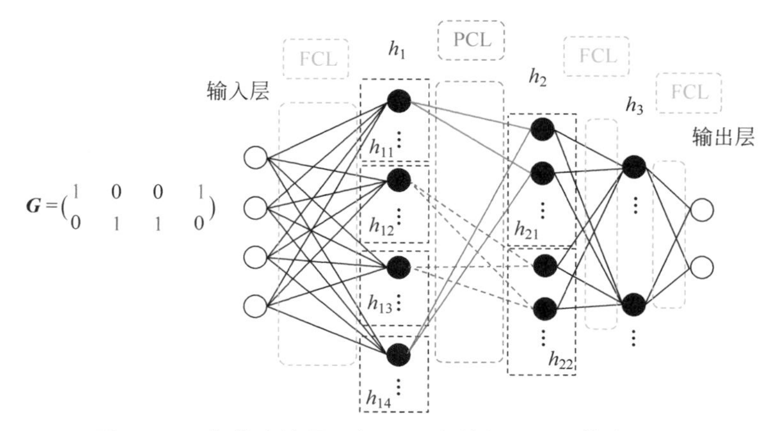

图 7.4.3 部分连接层示意图（黑色神经元为门控神经元）

$G_{23}=1$ 表明第二个信息位只参与生成第二个和第三个码字比特，因此 $h_{12}-h_{22}$ 和 $h_{13}-h_{22}$ 用虚线进行标识。

仿真结果表明，带有部分连接层的门控神经网络相对采用全连接层的门控神经网络具有更好的性能，而采用随机减少的方式删去相同数目的连接层则相对全连接层表现出明显的性能损失。这验证了根据生成矩阵设计的部分连接层可以更有效地提取出输入数据的重要信息。由于生成矩阵表明了码字和信息比特的关系，恰好分别对应神经网络译码器的输入和输出，因此在一定程度上，部分连接层可以视作是人为辅助设定了有关输入码字的特征向量，并通过设置第一隐藏层的连接实现对特征向量的抽取与传输到下一层神经层。相比全连接的方式，部分连接层相当于在人为设定下省略了对有效信息的筛选，因此在相同训练次数下，能取得更好的译码效果。

更重要的是，相比全连接层，根据生成矩阵设计的门控神经网络的训练参数减少为

$$O\left(3\frac{G_1}{G_0+G_1}N_{h_1}N_{h_2}\right) \tag{7.4.6}$$

其中，G_1 和 G_0 分别为矩阵 $\boldsymbol{G}$ 中 1 和 0 的数量。在特殊情况下，如果使用系统码，部分连接层可以至少减少隐藏层 h_1 和 h_2 层中的训练参数的 $\frac{K-1}{N}$。在这种情况下，上式等于 $O\left(3\left(1-\frac{K-1}{N}\right)N_{h_1}N_{h_2}\right)$。

7.4.3 神经网络训练方法

考虑到尽量减少网络复杂度，采用的门控神经网络含有1层输入层、1层输出层及3层隐藏层，3层隐藏层的神经元数目和相关的输入、输出维度有关。在具体的训练数据生成上，由于码长为短码，可以在每批次训练时遍历所有的码字情况，即256种情况，但需注意信道噪声具有随机性，因此带有噪声的256种码字并非全部的样本空间。以每批次训练256个数据为例，至少应训练 2^{16} 批次，一般训练至 2^{18} 批次时，性能较佳，此时再提升训练批次耗时较多而性能提升较少。

为包含不同信噪比下的样本，我们分别对1dB，5dB，10dB下含噪码字进行训练。具体流程为先在小信噪比1dB下生成256个样本数据进行 $2^{16}\sim2^{18}$ 批次训练，再在中等信噪比5dB下生成数据训练相同数量的批次，最后在高信噪比10dB下按照相同方式进行训练相同数量批次。

训练批次提升到 2^{20} 批次以上或进一步扩大网络参数时，可能会出现过拟合现象，此时可以通过加入batch归一化层进行缓解，即在网络的每一层输入时，再插入一个归一化层进行特征归一化处理（一般归一化至均值0、方差为1），然后再进入网络的下一层。此外也可以采用早停法对过拟合现象进行检测。由于在系统

仿真中，只进行至 2^{18} 批次的训练，所以无须考虑过拟合的情况。在具体的代码实现中，多个深度学习框架都已经提供了较好的自动化训练接口，确定好生成数据、测试数据训练批次以及优化器后，深度学习框架会自动更新神经网络参数。对最终得到的训练好的神经网络参数可以进行保存，下次使用时无须重新进行训练。

7.4.4 仿真性能分析

根据 7.4.2 节所设计的门控神经网络结构以及 7.4.3 节的训练方法和参数设定，我们对训练后的门控神经网络的译码性能进行了仿真测试。根据仿真结果，我们将门控神经性能分析分为 3 个部分：首先是将门控神经网络方法与传统译码方法进行了性能和译码速度上的对比；其次根据是否含有门控结构，我们验证了门控单元对脉冲噪声的抑制作用；最后我们对比了 3 种连接方式，证明了部分连接层的有效性及对性能上的提升。

7.4.4.1 与传统译码方法相比

仿真中使用的整体系统模型主要包括发送端、信道加噪及接收端 3 个部分。根据训练及测试的需要，信道中加入的脉冲噪声强度可任意调节。在发送部分，信息位经过 BPSK 调制后，采用 LDPC 系统码进行编码，其码长 $N=16$，码率 $r=0.5$。需要特别说明的是，尽管在仿真中采用了 LDPC 系统码，但由于整体系统及设计的译码器并未依赖 LDPC 码的任何特性，而是对线性编码都具有一般性，因此可以应用在任意线性编码上。

接收部分的门控神经网络根据 7.4.3 节设计，包含 1 个输入层、3 个带有门控神经元的隐藏层和 1 个输出层，部分连接层在隐藏层 h_1 和 h_2 中执行。根据 7.4.2 节介绍，门控神经网络进行随机化初始参数。两个重要的超参数，h_i 中神经元个数 N_{h_i} 和训练次数 e 一同记为 $\{N_{h_1}, N_{h_2}, N_{h_3}; e\}$。其他具体的训练超参数在表 7.4.1 中给出。

表 7.4.1 门控神经网络训练参数

参数	数值
输入层的维度	16
输出层的维度	8
训练码字和训练次数	$\{256, 128, 32; 2^{18}\}$
训练的几何信噪比	1dB,5dB,10dB
批量大小	256
损失函数	MSE
优化器	Adam
训练速率	0.001

我们在 4 种信道情况下测试了门控神经网络译码器：无脉冲噪声（高斯信道下，$\alpha=2.0$），弱脉冲噪声（$\alpha=1.8$），中等强度脉冲噪声（$\alpha=1.5$），强脉冲噪声（$\alpha=1.2$）。在每个信道下，我们在 0dB～8dB 之间的几何信噪比下进行性能估计。

为了验证编码的功能，我们首先仿真了未编码的系统误码率以及经过 LDPC 码编码并采用传统译码方法置信传播译码后的误码率，仿真结果在图 7.4.4 中进行展示。与进行 LDPC 码编码后的译码结果相比，在任意脉冲噪声强度下，未编码的误码率在 BER$=10^{-2}$ 时至少相差 4dB 性能损失。这表明系统如采用未编码的信息位直接发送，则将会产生极大的性能损失，使用信道编码后能在一定程度上有效抵抗信道噪声，降低误码率。这也将验证后续有关神经网络的仿真实验中，译码性能的提升来自神经网络本身，而非系统或码字的特殊设计。

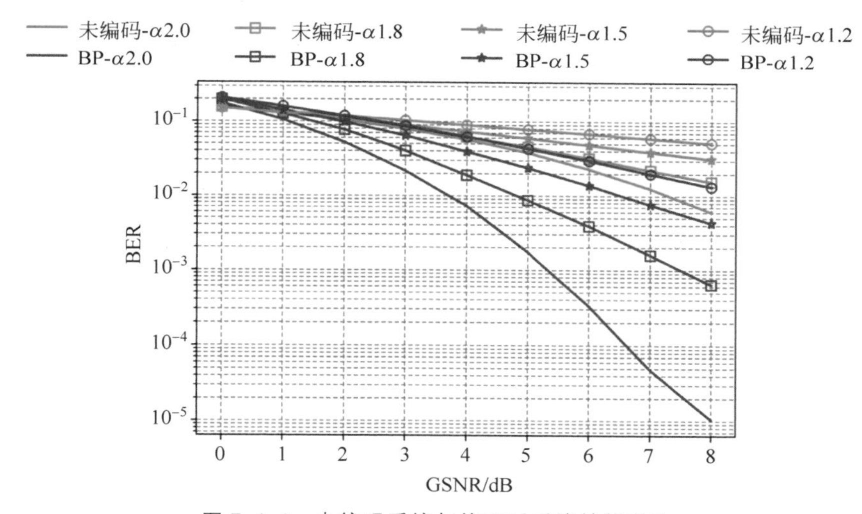

图 7.4.4　未编码系统与编码后系统性能对比

在验证了编码的有效性后，我们将门控神经网络的仿真结果与两种传统的译码方法进行对比：①最大似然（Maximum Likelihood，ML）译码器，并保证发送的码字是等概率的，在这种情况下，最大似然译码结果等价于最大后验概率（MAP）译码结果，即译码结果的上限。②假定信道是已知的，使用置信传播（BP）译码器从观测信道中计算对数似然比（LLR）。需要注意的是，BP 方法的内部信息是根据对称 α 稳态分布而非高斯信道模型生成的。仿真中的 BP 译码器迭代运行 100 次来接近其译码最佳性能。

图 7.4.5 展示了在不同强度的脉冲信道和几何信噪比下，门控神经网络（Gated neural Network，GN）译码器、最大似然译码器以及置信传播（BP）译码器的译码性能结果。对比最大似然译码结果和门控神经网络结果，所提出的门控神

经网络在任意强度的脉冲噪声信道下都可以达到接近最大似然译码器的性能。在训练 2^{16} 批次下,门控神经网络译码器的性能距最大似然译码器,即译码性能上限,其性能差在 1dB 以内。根据训练次数和译码性能的关系趋势可以推测,在增加对门控神经网络的训练次数后,其译码性能可以进一步逼近译码上限。可以认为,门控神经译码器在脉冲噪声信道下,有达到译码上限的能力。

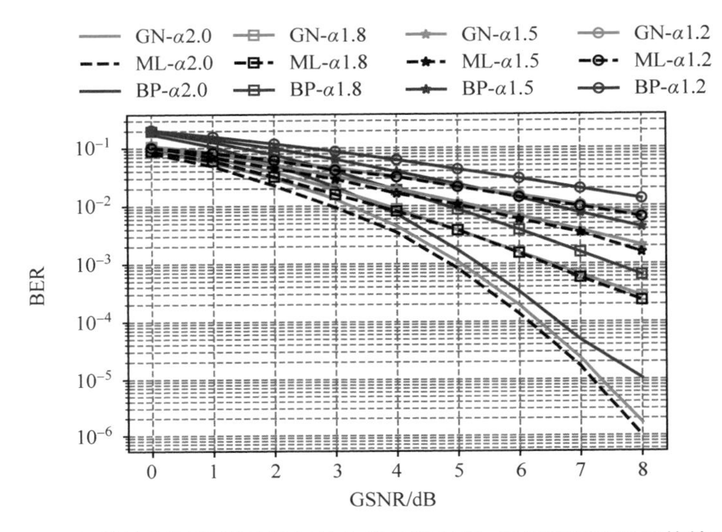

图 7.4.5　门控神经网络译码器和最大似然译码器、置信传播译码器的结果对比

对比门控神经网络和传统译码方法下的置信传播译码器,门控神经网络译码器在高斯信道和脉冲噪声信道下比置信传播译码器的性能更好。对比门控神经网络和传统译码方法下的置信传播译码器,在不同的几何信噪比下,门控神经网络译码器都比置信传播译码器好 0.5～2dB,该差距随着几何信噪比的增加并无减少,因此可以推断在任意几何信噪比下,门控神经网络译码器的译码性能都好于置信传播算法。对比不同强度的脉冲噪声信道下,当脉冲噪声越强烈,门控神经网络译码器相对置信传播译码器提升的性能越大。在弱脉冲噪声($\alpha=1.8$)情况下,门控神经网络译码器可以提高译码性 BER=10^{-3} 情况下大约 0.8dB,而在强脉冲噪声的情况下($\alpha=1.2$)这个数值趋近于 1.3dB。可以证明,置信传播译码器受脉冲噪声强度干扰更加明显,而相比之下,门控神经网络译码器对强脉冲噪声的干扰具有更好的鲁棒性。

为了对比最大似然译码器和门控神经网络译码速度,我们在 32GB 内存 i7@3.7GHz 的 CPU 下生成了 25 600 帧数据进行测试。译码结果展现在表 7.4.2 中。我们发现,对比最大似然译码器,门控神经网络译码器在不同的信道模型下都有更短的译码时间。其中脉冲噪声信道下的最大似然译码器的译码时间主要消耗在对称 α 稳定分布的概率密度分布的计算上。尽管神经网络模型需要更长的时间进行训练，但这是一次性的复杂度消耗，在实际译码中，无须消耗译码训练时间，只用计算具体的神经网络译码时间，相比计算量较大的最大似然译码算法是一大优势。此外，最大似然译码器的计算复杂度随码字呈指数增长，但门控神经网络译码器的译码时间主要取决于训练后神经元数量，当码字长度增加时，可以通过压缩网络模型等方法继续减少门控神经网络译码器的译码时间，灵活性更高。

表7.4.2　门控神经网络译码器和最大似然译码器译码时间对比

信道模型	训练时间/s		译码时间/s	
	ML译码器	GN译码器	ML译码器	GN译码器
高斯信道	无	4200±300	16±1	0.60±0.05
脉冲信道	无	4200±300	1700±40	0.60±0.05

总体来说，门控神经网络译码器相比最大似然译码器，译码性能接近，但在脉冲信道下，由于将复杂度转移到了训练时间上，具体的译码时间相比最大似然译码器大大降低，成为神经网络译码方法的一大优势，在译码性能和译码速度上达到了很好的平衡。相比传统方法中常用的置信传播译码器，门控神经网络鲁棒性更强，在不同的噪声强度下译码性能都优于置信传播译码算法。

7.4.4.2　门控结构验证

为了验证门控单元的结构的有效性，我们将门控神经网络和前向神经网络(Feedforward Neural Network，FNN)进行了对比。为公平对比，我们增加了前向神经网络中神经元的个数和训练次数，其他的训练参数不变，对前向神经网络增加量倍神经元后，门控神经网络和前向神经网络的计算量基本相当。我们分别在3种不同的参数设置下，对两种神经网络译码器进行对比，结果显示在图7.4.6中。图例中T_1，T_2，T_3分别表示了3种不同的训练及网络参数，其中代表的具体数值分别为：$\{256,128,32;\ 2^{16}\}$，$\{256,128,32;\ 2^{18}\}$，$\{512,256,64;\ 2^{18}\}$。

实验结果表明，在不同的脉冲噪声情况下，门控神经网络相比前向神经网络有更好的性能提升($\mathrm{BER}=10^{-3}$下至少提升4dB)。实验结果同时表明，通过增加复杂度和增加神经元个数无法使前向神经网络达到和门控神经网络一样的性能。这证明了，在脉冲噪声信道下，真正能提升译码性能、抑制脉冲噪声的是神经网络中的门控单元，而单纯地增加计算规模或训练次数无法达到相同的效果。考虑到两种神经网络之间性能的巨大差异，我们可以判断门控结构在对抗信道噪声对网络的训练干扰上有极好的效果。

除此之外，为消除部分连接层对译码结果的影响，我们还对比了只含部分连接层不带有门控结构的神经网络和普通的前向神经网络进行对比，仿真结果展现在图7.4.7中。从图中看到，不带有门控结构只含有部分连接层的神经网络在脉冲

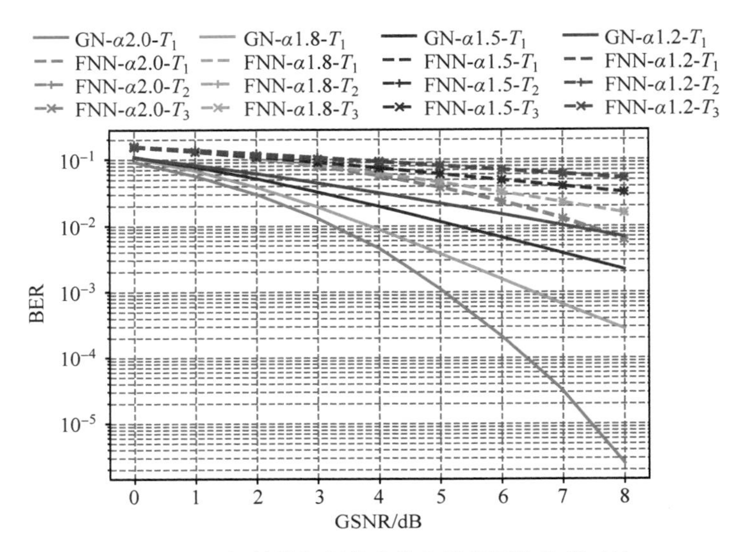

图 7.4.6 门控神经网络和前向神经网络性能对比

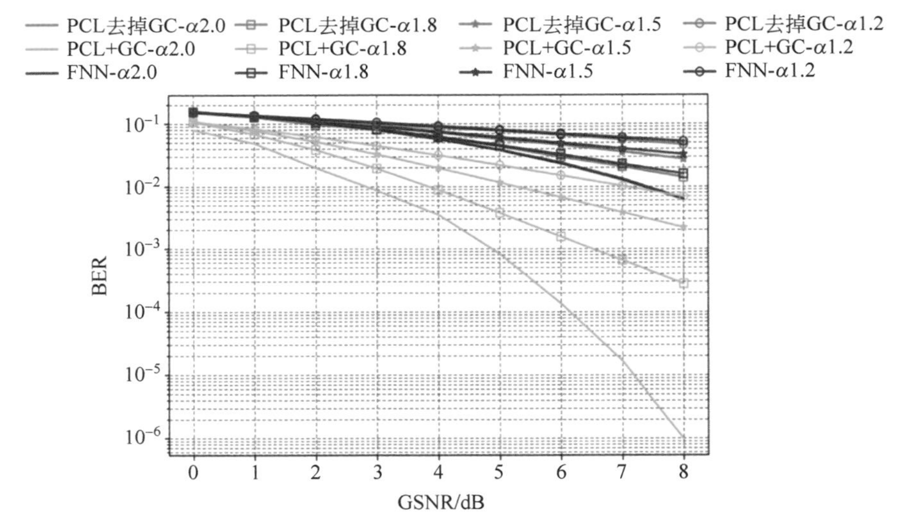

图 7.4.7 只含部分连接层的神经网络与前向神经网络译码结果对比

噪声信道下的译码结果和普通的前向神经网络译码结果相差无几，而带有门控结构及部分连接层的神经网络译码性能依然远高于其他二者。这再次证明了，能够在神经网络训练过程中有效抑制脉冲噪声，提升复杂信道下神经网络译码器译码结果的是门控结构。

7.4.4.3 部分连接层验证

为了测试部分连接层的性能，我们分别将部分连接层（PCL）、全连接层（FCL）和随机连接层（Random Connection Layer，RCL）分别应用在门控神经网络上来展现部分连接层额外的增益。部分连接层和随机连接层具有相同数量的连接，所有训练参数与表7.4.1中相同。为方便结果展示，我们将特定信噪比下三者结果的具体数值对比展现在表7.4.3中，三者译码结果对比曲线图展现在图7.4.8中。

从图7.4.8中可以看出，在不同强度的脉冲噪声下，采用部分连接层的门控神经网络译码性能都略好于采用全连接层的门控神经网络，明显好于采用随机连接方式的门控神经网络。与全连接层相比，部分连接层在几何信噪比较高时有至少0.1dB的性能提升，而计算复杂度低于全连接层，证明了部分连接层的有效性。与计算复杂度相同的随机连接层相比，部分连接层展现了更好的译码性能，而随机连接层展现出了性能的损失，可以证明随机连接方式会造成性能损失，不存在提升译码性能的可能性。整体的仿真结果表明由于采用了特定的连接，部分连接层能帮助提升门控神经网络译码器的性能。

表7.4.3 不同连接层性能对比

信道参数		BER		
α	GSNR/dB	PCL	FCL	RCL
2.0	7	1.67×10^{-5}	2.65×10^{-5}	4.13×10^{-5}
	8	9.77×10^{-7}	1.93×10^{-6}	3.13×10^{-6}
1.8	7	6.50×10^{-4}	7.08×10^{-4}	1.51×10^{-3}
	8	2.78×10^{-4}	3.18×10^{-4}	6.52×10^{-4}
1.5	7	3.82×10^{-3}	4.21×10^{-3}	5.77×10^{-3}
	8	2.18×10^{-3}	2.40×10^{-3}	3.41×10^{-3}
1.2	7	1.03×10^{-2}	1.12×10^{-2}	1.43×10^{-2}
	8	6.96×10^{-3}	7.57×10^{-3}	9.79×10^{-3}

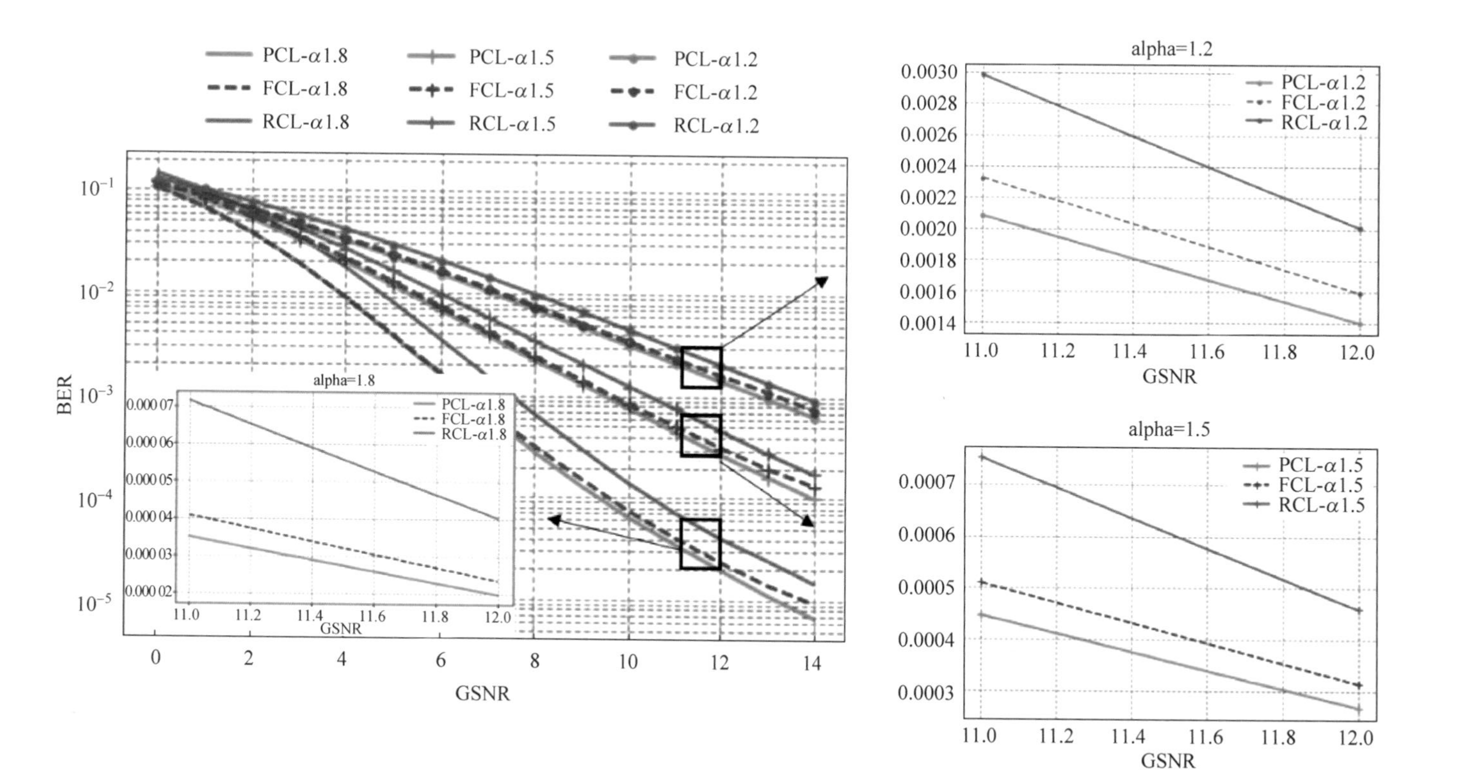

图 7.4.8 采用不同连接层性能译码对比曲线

7.5　本章小结

本章主要介绍了脉冲噪声深度学习译码。首先总结了近 3 年来基于神经网络的信道译码器的两大方向。采用神经网络译码器辅助传统译码器，或者从特定的码字结构出发，精心设计了神经网络译码器的结构直接替代传统的译码算法。然后介绍了基于前向神经网络的脉冲噪声信道下译码器，采用的是完全使用神经网络对译码器进行替代。与译码上限最大似然译码器的译码结果相比，基于前向神经网络的译码器在不同脉冲噪声强度下都有不小的差距。此外，通过对比实验发现，无论是提升训练参数、增加神经元数量还是增加神经网络层数，译码性能都有所提升，但受到各种实际因素的影响，所提升的性能是受到限制的。这意味着，在不改变前向神经网络拓扑结构的情况下，单纯靠增加模型参数和训练时间是无法达到一个理想的译码结果的。因此，针对脉冲噪声的特殊情况，寻找到一种针对性神经网络模型是进一步提升译码性能的关键。最后介绍了针对脉冲噪声信道下设计的神经网络译码器。与传统的神经网络去噪采用的循环神经网络和卷积神经网络不同，本章设计的门控神经网络在结构上依然属于简单的前向神经网络，因此运算量小、计算复杂度较低，属于轻量级神经网络。针对信道特点，设计的门控单元可以有效抑制不同强度的脉冲噪声对神经网络训练时的干扰，因此在普通的前向神经网络译码器表现出脉冲噪声下译码性能损失巨大时，门控神经网络译码器依然能接近译码上限——最大似然译码结果，展现出了在复杂信道下极佳的译码性能，而较低的译码时间则成为相比最大似然译码器的一大优势。针对门控单元带来的计算复杂度上升，我们根据线性编码的特点，重新设计了神经网络中隐藏层的连接方式，在降低计算复杂度的同时，还能带来译码性能的提升。整体来说，门控神经网络译码器在复杂的脉冲噪声信道下取得了较好的译码性能，同时计算复杂度相比同类神经网络降噪方法较低，具有较好的实用性。

第 8 章

脉冲噪声信道图形处理器高速译码实现

8.1 引言

LDPC 分组码由于其近香农极限的优异纠错性能而被包括 IEEE 1901、IEEE 802.11、IEEE 802.16、CCSDS 标准、DVB-S2 在内的多种电力线通信、无线网络通信以及卫星通信等标准所采用，上述标准所对应的应用场景下均可能出现环境噪声具有脉冲特性的情况，特别是电力线通信场景。在前面几章的研究中，所完成的工作主要集中在提升 LDPC 码译码性能的算法层面，而对于一种好的信道译码技术而言，具有优秀的理论性能只是其中一个必备的要素，具备良好的实用性同样至关重要。例如在 IEEE 1901-2020 宽带电力线通信网络标准中，对于物理层的传输速率要求最高达 500Mbps，译码方法的实现效果决定了 LDPC 分组码在实际场景下的应用价值。

由第 1 章中对研究现状所做的分析可知，具有高速、灵活可重配置等特点的软件实现方式是 LDPC 分组码译码实现技术研究的新兴主流方向。考虑到 LDPC 分组码消息传递译码算法的节点更新过程在高速实现时的并行化处理需求与当前拥有大规模并行运算资源的图形处理器（GPU）平台所能提供的处理能力相吻合，因此本章的研究将致力于设计适用于脉冲噪声信道的 LDPC 分组码 GPU 高速软件译码架构。

LDPC 分组码的译码大多采用消息传递译码算法，该算法将 LDPC 码看作单奇偶校验码通过交织器与重复码的级联码形式，通过在这两个分量码之间迭代更新并传递外信息的方式进行译码。根据迭代更新准则的不同，消息传递译码算法可以被分为两大类：并行消息传递机制（也被称为洪水译码机制、两阶段消息传递（Two-Phase Message Passing，TPMP）译码机制）与串行消息传递机制。其中，串行消息传递机制又可依照节点更新次序的不同分为按校验节点顺序串行更新的消息传递(也被称为分层消息传递或 Turbo 消息传递(Turbo-Decoding Message Passing,TDMP)译码机制)以及按变量节点顺序串行更新的消息传递译码机制(也被称为置乱消息传递(Shuffled Message Passing,SMP)译码机制)。相比于TPMP 译码机制仅使用前次迭代信息进行本次的节点更新运算,串行译码机制由于在每次迭代内部利用了即时节点更新信息因而具有更快的译码收敛速度,但串行译码机制的局限性是有更新信息依赖关系的节点无法同时更新。考虑到目前通信标准所采用的 LDPC 分组码绝大部分是子矩阵行列重均为 1 的准循环 LDPC(QC-LDPC)码,采用串行译码机制的译码器能够按照校验矩阵分块以部分并行的方式执行译码,既保证了高的译码收敛性,又利于并行化的高速实现。

1999 年由 Felström 和 Zigangirov 所提出的 LDPC 卷积码在近年来依靠优异的纠错性能(即门限饱和现象)和理论可分析性迅速成为信道编码领域的研究新热点[260],其译码的实现技术也得到了学术界和工业界的广泛关注。在第 7 章中,我们设计了适用于脉冲噪声信道条件的基于 GPU 的 LDPC 分组码软件高速译码架构,然而对于 LDPC 卷积码而言,由于其校验矩阵为半无限长的形式,所以无法直接采用码字符号全部接收完毕才启动译码过程的传统的分组码译码架构。

在本章中,分别介绍了脉冲噪声信道下 LDPC 分组码和 LDPC 卷积码在 GPU 平台上高速软件译码架构,其中分组码所设计的 GPU 高速软件译码架构中采用了最小和 TDMP 译码方法。

8.2 脉冲噪声信道 LDPC 分组码 GPU 高速译码

8.2.1 最小和 TDMP 译码算法概述

TDMP 译码算法将 LDPC 码校验矩阵 $\boldsymbol{H}$ 分解为 L 层,即 $\boldsymbol{H}^{\mathrm{T}}=[\boldsymbol{H}_1^{\mathrm{T}}\ \boldsymbol{H}_2^{\mathrm{T}}\ \cdots\ \boldsymbol{H}_L^{\mathrm{T}}]$,每层列重至多为 1。TDMP 算法在层与层之间传递子码的更新信息,设定 $R_{cv}^{k,t}$ 表示在第 k 次迭代第 t 层中从校验节点 c 传递到变量节点 v 的更新信息,$L_{vc}^{k,t}$ 表示在第 k 次迭代第 t 层中从变量节点 v 传递到校验节点 c 的更新信息,$L_v^{k,t}$ 表示第 k 次迭代中从第 t 层传递到下一层的变量节点 v 的层传递信息,$N(c)\backslash v$ 表示与校验节点 c 相连的变量节点中除去变量节点 v 的集合。具体译码步骤如下:

1. 初始化阶段

对于变量节点 v 所对应的层传递信息 $L_v^{1,0}$,按照接收信道条件初始化为内信息 L_v,对于校验节点 c 到变量节点 v 的更新信息 $R_{cv}^{0,1}$ 初始化为 0,层数 $t=1$,迭代次数 $k=1$。

2. 变量节点信息更新阶段

变量节点 v 更新并传递到校验节点 c 的外信息 $L_{vc}^{k,t}$，表示如下：

$$L_{vc}^{k,t}=L_{v}^{k,(t-1)}-R_{cv}^{(k-1),t} \tag{8.2.1}$$

3. 校验节点信息更新阶段

校验节点 c 更新并传递到变量节点 v 的外信息 $R_{cv}^{k,t}$ 计算如下：其中，最小和的修正系数设定为 η。

$$R_{cv}^{k,t}=\eta\prod_{n\in N(c)\backslash v}\operatorname{sign}(L_{nc}^{k,t})\cdot\min_{n\in N(c)\backslash v}\{L_{nc}^{k,t}\} \tag{8.2.2}$$

为了简化节点更新过程，校验节点利用最小和的方法进行更新。

4. 层传递信息更新阶段

第 t 层变量节点传递到下一层对应位置变量节点的层传递信息 $L_{v}^{k,t}$ 的更新计算公式为

$$L_{v}^{k,t}=L_{vc}^{k,t}+R_{cv}^{k,t} \tag{8.2.3}$$

$t=t+1$，回到步骤 2，直至最大层数 L。

最后一层译码结束后，若达到预设的最大迭代次数，则进入步骤 5，反之则回到步骤 2，层数 $t=1$，迭代次数 $k=k+1$。

5. 判决阶段

对于所有的变量节点 v，按下式所示方法进行判决得到硬判决信息 $\hat{v}$：

$$\hat{v}=\begin{cases}1, & L_{v}^{k,t}<0\\ 0, & L_{v}^{k,t}\geqslant 0\end{cases} \tag{8.2.4}$$

8.2.2 脉冲噪声信道下采用最小和算法的 TDMP 译码初始化方法

译码器输入内信息 L_v 为信道对数似然比(LLR)函数 $\lambda(y)$，即

$$L_{v}=\lambda(y)=\log\frac{P(y\mid x=+1)}{P(y\mid x=-1)} \tag{8.2.5}$$

对于传统译码器设计中所针对的高斯噪声信道，$\lambda(y)$与信号幅度 y 是呈线性关系。考虑到最小和算法在节点更新中仅需要比较不同传递消息绝对值的大小关系，而不必像和积算法进行数值运算，因此可以直接使用信号幅度值作为似然函数值。然而，在噪声服从 SαS 分布($1\leqslant\alpha<2$)的脉冲噪声信道下，$\lambda(y)$与信号幅度 y 是非线性关系，且该非线性关系除个别情况($\alpha=1$ 时的柯西噪声)外不具有闭式表达式的描述，如果依然将接收符号的幅度值直接作为最小和算法的内信息使用，则会造成译码性能的严重下降。因此，需要利用第 2 章中的研究结果，对脉冲噪声信道下采用最小和算法的 TDMP 译码器输入内信息进行合理的拟合表示，考虑到

GPU 实现时尽可能低的运算复杂度需求，拟合方式应尽可能为线性形式。

根据第 2 章的研究可知，对于输入信号幅度较小的情况，SαS 分布的概率密度函数可认为和高斯分布类似，因此信道 LLR 函数 $\lambda(y)$ 可以表示为

$$\lambda(y)_{y\to 0} \approx \frac{y}{\gamma^2} \tag{8.2.6}$$

根据 Bergström 的 SαS 分布概率密度函数的序列展开公式[264]，概率密度函数 $f_\alpha(y)$ 在输入信号幅度 y 较大时有如下的近似闭式表达式：

$$\lambda(y)_{y\to\infty} \approx \frac{2(\alpha+1)}{y} \tag{8.2.7}$$

式(8.2.6)与式(8.2.7)所示表达式的交点为$\left(\gamma\sqrt{2\alpha+2}, \frac{\sqrt{2\alpha+2}}{\gamma}\right)$，即接收符号 y 的幅度绝对值小于 $\gamma\sqrt{2\alpha+2}$ 时，信道 LLR 函数 $\lambda(y)$ 的绝对值随 $|y|$ 的增加单调递增，当 $|y|$ 大于 $\gamma\sqrt{2\alpha+2}$ 时，$\lambda(y)$ 的绝对值随 $|y|$ 的增加单调递减，当 $|y|$ 较大时 $\lambda(y)$ 趋向于 0。因此最小和算法中译码器输入的信道 LLR 函数 $\lambda(y)$ 可以利用线性分段函数 $\lambda_f(y)$ 来拟合，该函数表达式如下：

$$\lambda_f(y)=\begin{cases}\dfrac{y}{\gamma^2}, & |y|<\gamma\sqrt{2\alpha+2}\\[2ex] \dfrac{\sqrt{2\alpha+2}}{\gamma}-\dfrac{y-\gamma\sqrt{2\alpha+2}}{(k-1)\gamma^2}, & \gamma\sqrt{2\alpha+2}\leqslant y<k\gamma\sqrt{2\alpha+2}\\[2ex] -\dfrac{\sqrt{2\alpha+2}}{\gamma}-\dfrac{y+\gamma\sqrt{2\alpha+2}}{(k-1)\gamma^2}, & -k\gamma\sqrt{2\alpha+2}\leqslant y\leqslant -\gamma\sqrt{2\alpha+2}\\[2ex] 0, & |y|>k\gamma\sqrt{2\alpha+2}\end{cases} \tag{8.2.8}$$

其中参数 k 决定了 $\lambda_f(y)$ 绝对值在 $|y|$ 较大时的减小斜率，k 的取值范围是 $k\in[1,+\infty)$。通过仿真实验发现，当信道脉冲程度较强时，拟合 LLR 需要较大的参数 k 值才能保证最小和 TDMP 译码获得较好的误码性能。

考虑到最小和 TDMP 译码算法初始化后在校验节点更新运算时对输入内信息的处理方式是比较出其中的最小值和次小值，因此信道 LLR 函数的线性分段拟合函数可以进一步简化为

$$\lambda_f(y)=\begin{cases}y, & |y|<\gamma\sqrt{2\alpha+2}\\[2ex] \gamma\sqrt{2\alpha+2}-\dfrac{y-\gamma\sqrt{2\alpha+2}}{k-1}, & \gamma\sqrt{2\alpha+2}\leqslant y<k\gamma\sqrt{2\alpha+2}\\[2ex] -\gamma\sqrt{2\alpha+2}-\dfrac{y+\gamma\sqrt{2\alpha+2}}{k-1}, & -k\gamma\sqrt{2\alpha+2}\leqslant y\leqslant -\gamma\sqrt{2\alpha+2}\\[2ex] 0, & |y|>2\gamma\sqrt{2\alpha+2}\end{cases} \tag{8.2.9}$$

使用式(8.2.9)取参数 $k=5$ 拟合后的信道 LLR 函数 $\lambda_f(y)$ 与原始的信道 LLR 函数 $\lambda(y)$ 如图 8.2.1 中所示，图中脉冲信道噪声参数为 $\alpha=1.5$ 以及 $\gamma=0.6$。可见拟合后的函数有效反映了原始 LLR 函数的幅值变化规律，能够满足最小和 TDMP 译码器对输入软信息精度的需求。

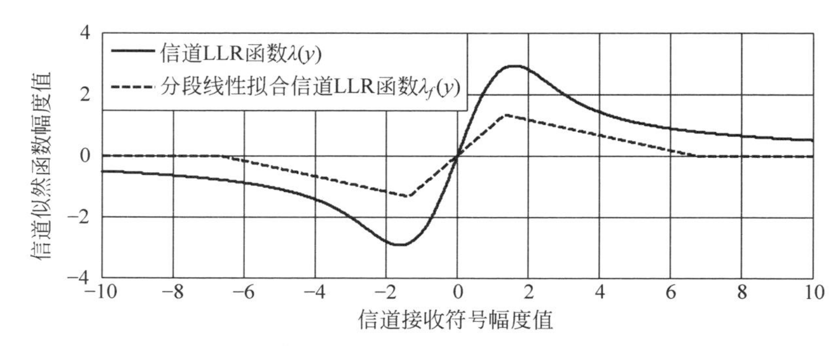

图 8.2.1　信道似然函数的分段线性拟合效果示意图(脉冲信道参数为 $\alpha=1.5$ 和 $\gamma=0.6$)

本章所设计的基于 GPU 的 LDPC 分组码最小和 TDMP 译码器即采用上述译码内信息初始化的拟合方式。

8.2.3　基于 GPU 的 LDPC 分组码译码架构优化设计

LDPC 分组码最小和 TDMP 译码器在 GPU 平台的实现整体架构如图 8.2.2 所示。

该译码架构利用软件实现灵活可重配置的优势，在译码器启动时将码字校验矩阵数据从系统内存传递到 GPU 中具备缓存区的只读常量内存(constant memory)里，以应对不同任务的译码配置需求。所设计的译码架构的性能主要取决于两个方面：GPU 硬件资源对译码算法的执行效率以及主机与 GPU 之间通过 PCI-E 总线进行数据交互的传输效率。GPU 硬件主要由流处理器簇(Stream Multiprocessor，SM)运算阵列以及多种存储单元组成。译码过程根据最小和 TDMP 算法通过 Nvidia 公司统一计算设备架构(Compute Unified Device Architecture，CUDA)内核函数(kernel)控制线程块(block)调用并访问 SM 上的运算资源和存储资源来实现。译码器输入输出数据的传输过程以及译码内核函数的执行过程均通过调用 CUDA 流来完成，不同的流执行模式以及流上资源配置方式会带来不同的实现性能。基于此，本章研究将从内核函数优化以及异步 CUDA 流优化两个方面提升 LDPC 分组码译码架构的吞吐率和延时性能。具体优化设计方法如以下内容所述。

8.2.4　基于 GPU 的 LDPC 分组码译码架构内核函数优化

内核函数是 LDPC 分组码软件译码架构的核心组成部分，它以线程束(warp)

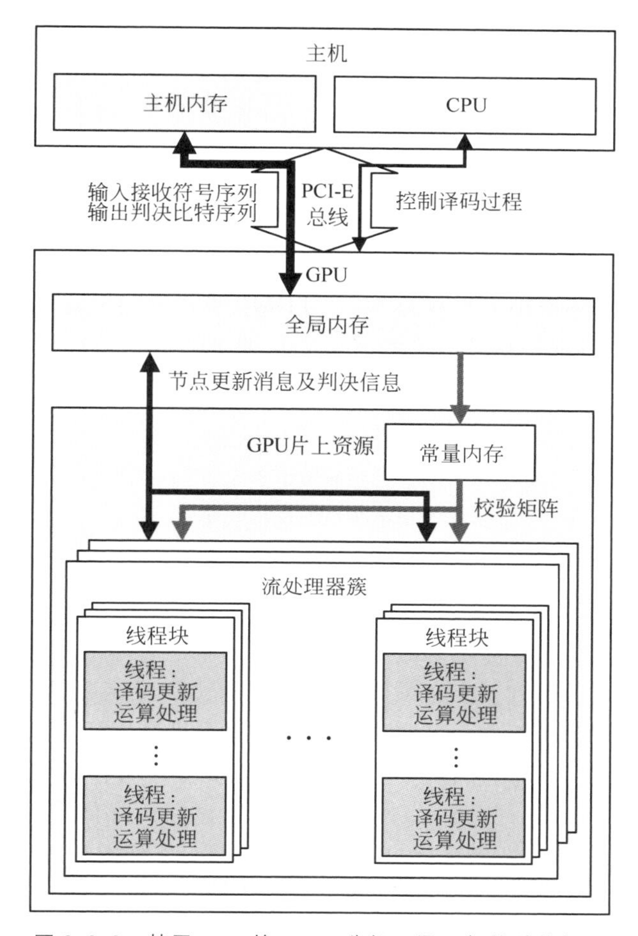

图 8.2.2　基于 GPU 的 LDPC 分组码译码架构总体框图

的方式调用 GPU 内部的运算和存储资源来完成迭代译码的各个步骤。内核函数的执行效率直接影响译码的吞吐率和延时性能，本章所设计的译码架构将从内核函数中线程块资源配置优化、线程分支优化、线程存储资源访问优化以及线程运算量化方式优化 4 个方面提升内核函数执行效率。

8.2.4.1　线程块资源配置优化

在本章研究的架构中，最小和 TDMP 译码过程的帧内和帧间并行执行程度分别对应于译码内核函数线程块内部和块间的并行度。尽管 GPU 硬件提供了大量可进行并行处理的运算资源，但片上存储资源对于中长 LDPC 分组码的译码过程中间信息存储的需求而言依然十分有限，需要设计优化的线程块内和块间并行度。如果线程块内部并行度过高，受限于 SM 中有限的寄存器资源，每个译码线程将无法分配到足够的寄存器从而导致其执行效率低下。过低的线程块内部并行度则无法通过维持一定数目的激活线程来隐藏译码节点信息访问以及节点更新算术运算带来的延迟，导致译码吞吐率下降。此外，线程块间的并行度会影响SM工作负荷情况，需要与硬件资源参数相匹配，否则会引发运算负载失衡造成部分SM运算资源闲置。设定在内核函数调用中，线程块间执行并行度为 N_{bl}，分配到SM的线程块数最小为 B，线程块内的线程执行并行度为 N_{th}，每个线程需要的寄存器数为 Q，GPU硬件拥有的SM个数为 N_{sm}，每个SM拥有的寄存器数为 N_{reg}，每个SM隐藏运算延时所需的最小线程数为 N_{TH}，TDMP算法分层中每一层校验节点数目为 N_{rpl}，则译码线程块并行度的选取需要满足如下的4个条件以得到较高的内核函数线程执行效率：

$$N_{th}BQ \leqslant N_{reg} \tag{8.2.10}$$

$$N_{th}B \geqslant N_{TH} \tag{8.2.11}$$

$$N_{bl} \equiv 0 (\mathrm{mod}\ N_{sm}) \tag{8.2.12}$$

$$N_{rpl} \equiv 0 (\mathrm{mod}\ N_{th}) \tag{8.2.13}$$

8.2.4.2 线程分支优化

在线程级的并行能够完全隐藏存储访问和算术运算延时的条件下，译码内核函数的执行效率将会达到一个瓶颈值，若要继续降低内核函数的执行时间，则需要通过引入线程中指令级的并行来实现。指令级并行度受限于GPU片内的寄存器资源、指令相关性以及译码过程的分支程度，考虑到其中寄存器的消耗和指令相关性受限于最小和TDMP译码算法本身，难以做到显著的降低，因此本章所设计的译码架构通过线程分支优化来提升指令级并行度，进而达到提高译码吞吐率的目的。

鉴于Nvidia公司的GPU是基于单指令多线程(SIMT)模型，线程束中所有线程在同一时间只能获取一条指令。当一个线程束在执行中出现不同分支时，线程束中不满足分支条件的线程将会被阻塞并闲置。由于GPU缺乏类似于CPU所具备的复杂分支预测功能，因此较多的程序分支将大幅降低译码内核函数的执行效率。对于现有通信标准中大多采用的非规则LDPC分组码而言，其校验矩阵行列重的差异性将导致不同行重(列重)的行(列)信息更新时，调用内核函数的资源消耗及计算量不同。现有国内外研究成果中所提出的LDPC分组码译码架构在执行非规则码译码时，是利用单一的内核函数根据存储器中读出的行(列)重值来分配相应的寄存器资源，并以循环的形式进行译码所需行(列)更新计算。然而，循环处理的指令顺序执行特性需要较大的开销，为了达到减少分支以便进行循环展开的目的，本章所设计译码架构为不同行重的分层更新采用不同的内核函数。举例来说，假设最小和TDMP译码各层的行重有3种，w_1，w_2，w_3，则在行信息更新过程中,分别调用不同的内核函数 $kernel\_w_1$,$kernel\_w_2$,$kernel\_w_3$,如图 8.2.3 所示。虽然该方法会增加少许内核函数启动的开销,但能有效避免分支所造成的线程束运算资源浪费,从而降低内核函数的执行所需时间。

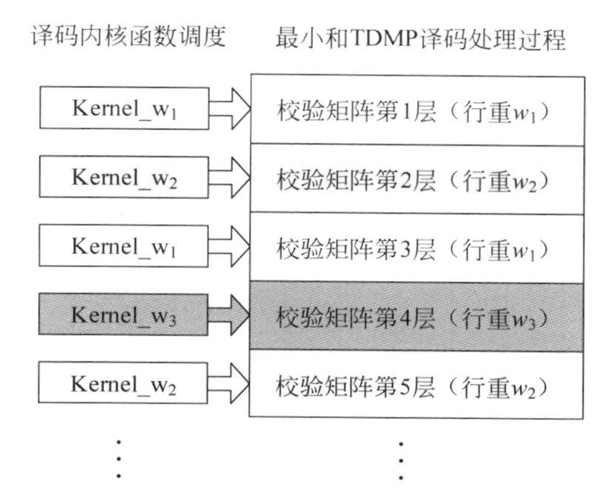

图 8.2.3　最小和 TDMP 译码分层结构多内核函数处理示意图

8.2.4.3　线程存储资源访问优化

在 LDPC 分组码的最小和 TDMP 译码内核函数处理过程中需要对大量节点更新信息以及校验矩阵地址数据进行访问,由于 GPU 存储器的访问速度远低于其运算速度,因此进行存储资源访问优化设计对于提升内核函数的执行效率至关重要。GPU 中存储资源的访问是以线程束为单位进行的,在当前 Nvidia 公司发布的 GPU 架构版本中,线程束由 32 个线程组成,能够同时访问最多 128 字节的存储地址空间。当线程束中所有线程的访问地址连续且与存储地址以 32 字节为单位对齐时,仅需要进行一次存储访问事务(transaction)即可将线程束中所需数据全部读取或写入存储器,否则将需要进行多次存储访问事务。考虑到适用于现有通信标准的 LDPC 分组码通常具有中等或较长的码长以获得理想的纠错性能,其节点更新信息数据量大因而只能存储到片外的全局内存(global memory)中,而 GPU 全局内存的访问延时长达 600～800 个时钟周期,因此不满足连续和对齐要求的存储访问操作将造成内核函数效率的严重下降。

为了保证最小和 TDMP 译码过程中译码线程对存储空间中校验矩阵非零位置地址值访问的连续性,LDPC 分组码的校验矩阵需要按行顺序进行存储。鉴于目前实用化的 LDPC 分组码校验矩阵均为准循环结构,为了节省常量内存的存储空间,本译码架构将校验矩阵的非零子矩阵位置按行块压缩存储为一维数组的形式,数组中每个元素包含两个数值,即非零子矩阵所在的列块绝对位置编号 C 和非零子矩阵的首行偏移量 P。校验矩阵存储图样示例如图 8.2.4,假设 LDPC 分组码校验矩阵循环子矩阵规模为 $Z\times Z$，校验矩阵行块、列块数目分别为 4 和 8，其中 8 个非零子矩阵的首行偏移量分别为 $P_1, P_2, \cdots, P_8$，非零子矩阵位置如图所示，则在常量内存中压缩存储后的校验矩阵为包含 4 个元素的一维数组 Row[0]～Row[3]。

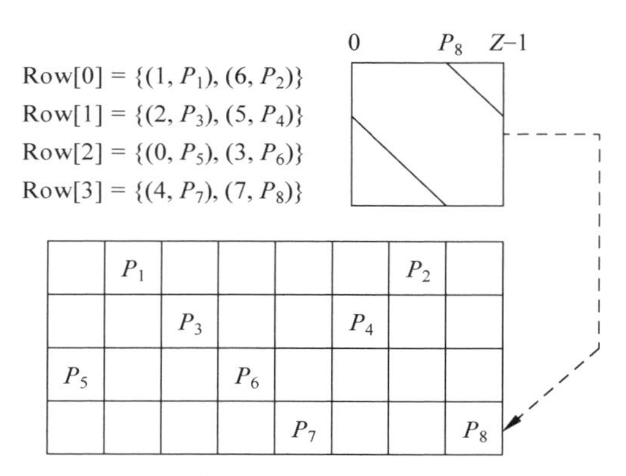

图 8.2.4　校验矩阵压缩存储图样示意图

本译码架构将最小和 TDMP 译码算法中校验节点到变量节点的更新信息 R_{cv} 存储于 GPU 片外的全局内存中。R_{cv} 的存储图样采用如图 8.2.5 所示的二维数组。其中 M 为 LDPC 分组码校验矩阵的行数，即译码更新的校验节点数，$W_{\text{row\_max}}$ 为校验矩阵的最大行重。当第 l 层译码时，对应层内第 r 个非零子矩阵节点更新的译码线程块中编号为 n_{tid} 的线程所访问的 R_{cv} 取值为该二维存储空间里第 $l\times Z+n_{\text{tid}}$ 行第 r 列的数值。在该存储方式下，线程块中线程编号的连续性保证了译码线程对节点更新信息访问地址的连续性。

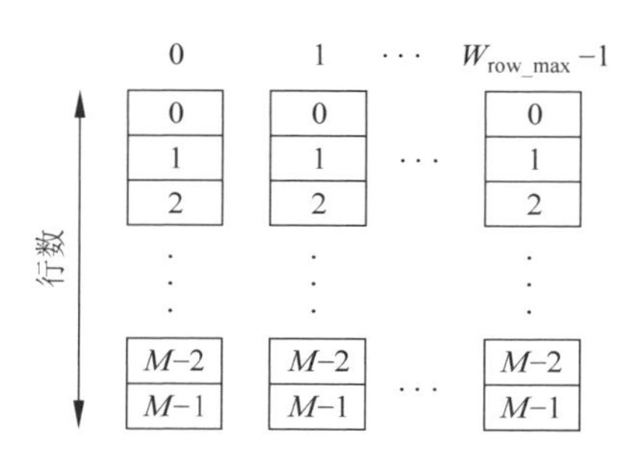

图 8.2.5　校验节点到变量节点更新信息的存储方式示意图

本章所研究的译码架构中变量节点到校验节点的更新信息存储于片外全局内存的一维数组中。利用从常量内存中读取的更新节点所在列块的绝对位置 C 以及节点所处的非零子矩阵首行偏移量 P，可获得节点更新线程 n_{tid} 所对应的一维数组存储空间中的位置索引值 $C\times Z+((P+n_{\mathrm{tid}})\mathrm{mod}(Z))$。该存储访问过程仅在线程束跨越校验矩阵非零子矩阵边界时会发生地址跳变造成一次额外访问事务,其余情况下均能保证访问的连续性。

8.2.4.4 线程运算量化方式优化

GPU 的处理核心对片外全局内存的访问能力相比其运算处理能力而言十分有限,如何更加有效利用有限的存储访问带宽是提升译码内核函数执行效率的关键之一。当前 GPU 架构的处理单元只支持最低 32 位单精度浮点型或整型运算,然而对于 LDPC 分组码最小和 TDMP 译码算法而言,其节点更新信息通常只需要较低的量化精度即可获得与 32 位精度量化相当的误码率性能,译码架构可以通过减少存储节点信息的精度达到提高内核函数存储访问效率的目的,如采用 8 位整型量化或 16 位半精度浮点型量化。然而需要注意的是,8 位量化方式由于值域偏小,LDPC 分组码译码过程中节点更新运算的 32 位整型结果需要进行限幅处理后进行存储,会导致译码线程分支判断开销的增加。此外,由于目前 GPU 对整型数据的运算处理能力较弱(如 Nvidia 公司主流的 Kepler 架构的整型运算能力仅约为其浮点型运算能力的 1/6),8 位整型量化在提升内核函数存储访问带宽利用率的同时会造成其运算能力的大幅下降。因此,8 位整型量化存储方式仅适于对内核函数运算耗时不敏感,存储访问带宽严重受限的译码应用。对于需要同时兼顾内核函数执行效率和存储访问带宽利用效率的译码应用,本章所设计的译码架构选择采用半精度浮点型进行节点更新信息的量化存储,译码线程读取节点信息后转换为单精度浮点型后进行迭代更新运算。半精度浮点型对于最小和 TDMP 算法的节点更新结果具有足够的值域空间,不需要在运算和存储转换时进行限幅处理,保证了译码内核函数运算和存储访问的高效性。

8.2.5 基于 GPU 的 LDPC 分组码译码架构 CUDA 流执行效率优化

LDPC 分组码软件译码架构在 GPU 平台上运行所消耗的时间中,除去译码内核函数执行时间以外其余大部分是用于在主机系统内存和 GPU 片外全局内存之间经由 PCI-E 总线传输译码输入内信息和硬判决输出信息。若要提高译码吞吐率性能,需要引入异步 CUDA 流机制,在提升内核函数自身执行效率的同时优化数据传输和译码内核函数之间的调度机制,最大化 GPU 硬件资源的利用率。此外,在多流处理方式中需要合理配置线程块资源数以便能同时获得更优的译码吞吐率和延时性能。因此,本章所进行的研究从异步调度方式和流上的线程资源配置准则两个方面优化译码架构的 CUDA 流执行效率并降低译码延时。

8.2.5.1 异步 CUDA 流调度优化

相比于近年来 GPU 在运算处理能力上的不断提升(从 Tesla 架构的单芯片顶级型号 GTX285 到 Maxwell 架构的单芯片顶级型号 GTX Titan X,运算处理能力提升了 5 倍以上),主机与 GPU 之间通过 PCI-E 总线的数据传输能力却没有显著增加(从 PCI-E 2.0 到 PCI-E 3.0 的传输速度仅提升了约 1 倍),造成数据传输日益成为 GPU 软件译码架构吞吐率性能提升的瓶颈。此外,内核函数在执行过程中会出现译码线程间由于数据依赖造成的阻塞,影响执行效率。本章所设计译码架构采用 Nvidia 公司在 Kepler 架构(GK110)之后引入的 Hyper-Q 技术,通过异步 CUDA 流实现多帧译码内核函数之间以及内核函数与数据传输之间的交叠执行,如图 8.2.6(b)所示,其中 H2D 和 D2H 部分分别表示数据从主机到 GPU 以及从 GPU 到主机的传输过程,译码内核函数部分表示译码过程的执行时间,可见异步调度模式相比于图 8.2.6(a)所示传统译码器的同步调度模式有效降低了 GPU 运算资源在 PCI-E 总线数据传输时的空闲等待时间,同时通过多内核函数交叠对 SM 运算资源的填充缓解了内核函数内部由于运算相关性而造成较低硬件资源利用率的问题。

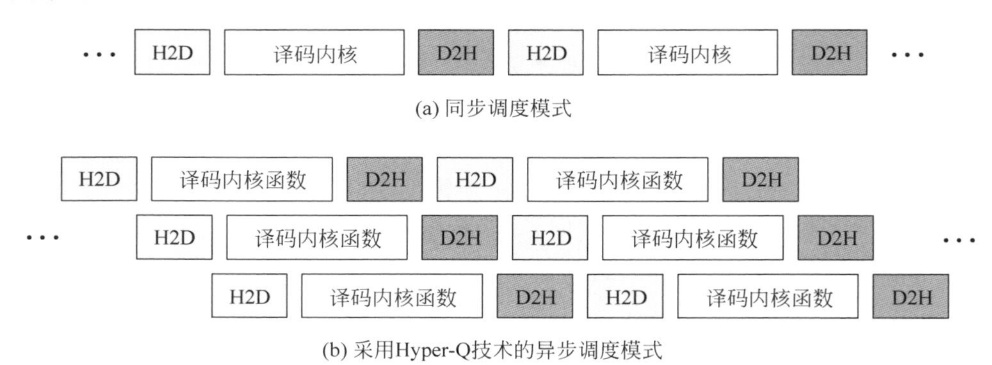

图 8.2.6 LDPC 分组码译码架构 CUDA 流优化设计示意图

8.2.5.2 异步 CUDA 流线程资源配置优化

GPU 的 SIMT 架构特点决定了其需要大量的线程以达到隐藏算术延时提高吞吐率的目的,在现有文献所研究的译码架构设计中,多数即通过同时进行数百甚至上千帧码字的迭代译码过程来最大化吞吐率性能。大量的并行译码帧数不可避免地带来译码延时过大的问题,尤其是对于码长在中等长度及以上的 LDPC 分组码更是如此。考虑到 Nvidia 公司的 GPU 核心将 SM 划分为多个图形处理集群(GPC),每个 GPC 所包含的 SM 数目在不同的 GPU 具体型号中会有所区别,GPU 在不同 SM 中分配译码线程块时遵循大致上的轮转次序,但优先分配 SM 数目较多的 GPC。当每个 SM 中分配的线程块数满足激活线程块数的整数倍关系时，SM 之间达到运算负载的平衡，译码吞吐能够达到或接近峰值。因此，本章所研究的译码架构尽可能减少单线程块中运行译码的帧数，并且设置所有异步 CUDA 流上运行的总线程块数为 SM 上激活线程块数与 SM 数目乘积的较小整数倍，以便在获得译码吞吐峰值的同时减小译码帧数，缩短译码延时。

8.3 脉冲噪声信道 LDPC 卷积码 GPU 高速译码

8.3.1 LDPC 卷积码及其构造方法概述

LDPC 卷积码的校验矩阵又被称为校验子生成器(syndrome former)，一个校验子生成器记忆长度为 m_s，码率 $R=b/c$ 的半无限长 LDPC 卷积码可以用校验矩阵 $\boldsymbol{H}_{\text{LDPCCC}}$ 来表示：

$$\boldsymbol{H}_{\text{LDPCCC}}=\begin{bmatrix} \boldsymbol{H}_0^{(0)} & & & & & \\ \boldsymbol{H}_1^{(1)} & \boldsymbol{H}_0^{(1)} & & & & \\ \vdots & \vdots & \ddots & & & \\ \boldsymbol{H}_{m_s}^{(m_s)} & \boldsymbol{H}_{m_s-1}^{(m_s)} & \cdots & \boldsymbol{H}_0^{(m_s)} & & \\ & \boldsymbol{H}_{m_s}^{(m_s+1)} & \boldsymbol{H}_{m_s-1}^{(m_s+1)} & & \cdots & \boldsymbol{H}_0^{(m_s+1)} \\ & \ddots & \ddots & & & \ddots \end{bmatrix} \tag{8.3.1}$$

其中，校验矩阵中每个非零子矩阵 $\boldsymbol{H}_i^{(t)}$ $(i=0,1,\cdots,m_s,t\in\mathbb{Z})$ 的规模都是 $(c-b)\times c$。LDPC 卷积码的译码约束长度 v_s 与校验子生成器记忆长度以及子矩阵规模的关系为

$$v_s=(m_s+1)c \tag{8.3.2}$$

半无限长的 LDPC 卷积码主要适用于连续编译码传输的应用场景，若实际通信中需要按照特定帧长分组传输，则可以将 LDPC 卷积码的校验矩阵在 $t=L$ 时刻进行截断，截断后的码率会发生变化，表示为

$$R_L=1-(1+m_s/(L-1))(1-R) \tag{8.3.3}$$

可见当 L 较大时，截断前和截断后码率的变化很小，因此截断 LDPC 卷积码的码长通常比 LDPC 分组码高一个数量级左右。

目前 LDPC 卷积码的构造方法主要有两种，一种是由 Tanner 所提出的基于循环矩阵代数构造方法建立的时不变 LDPC 卷积码[262]，另一种是由 Feltström 和 Zigangirov 所提出的在 LDPC 分组码校验矩阵基础上进行展开处理(unwrapping)所得到的周期时变 LDPC 卷积码[260]。其中第二种方法的实现可以将分组码的校

验矩阵通过如图 8.3.1 所示的分割(图(a))、平移(图(b))和重复(图(c))三步来完成。可见其实现方式相比第一种的代数构造方法更为简便直观,且与展开操作前所基于的 LDPC 分组码相比,具有额外的卷积编码增益,因此在本章中译码架构设计所针对的是周期时变 LDPC 卷积码。

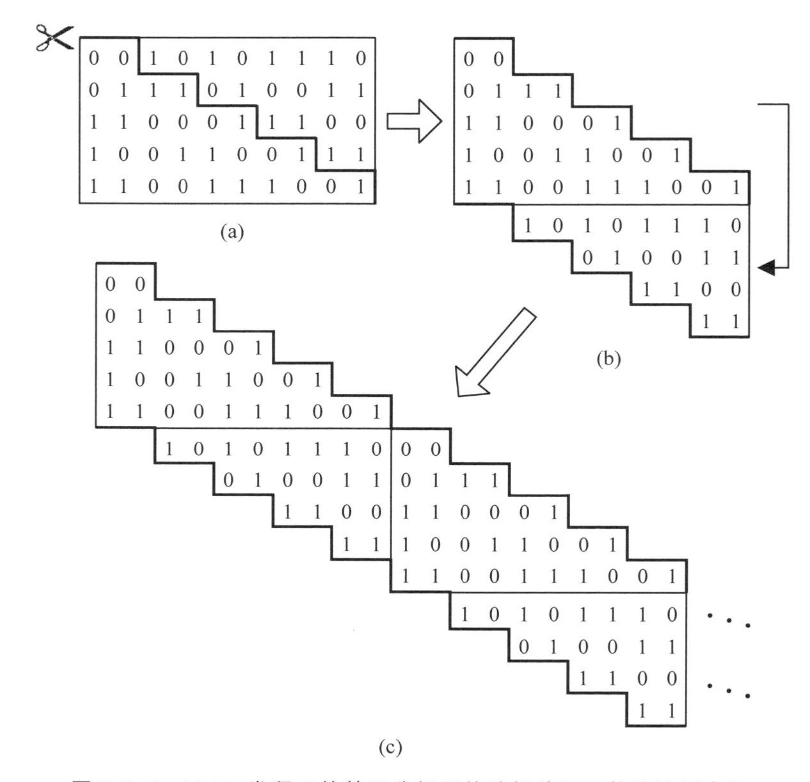

图 8.3.1 LDPC 卷积码的基于分组码校验矩阵展开构造法示意图

8.3.2 LDPC 卷积码流水线译码算法

LDPC 卷积码可以采用同 LDPC 分组码类似的迭代消息传递方法进行译码,但在具体的实现形式上有所不同。目前 LDPC 卷积码主要采用的译码算法可分为两大类,即流水线译码算法和窗口译码算法。其中窗口译码算法相比流水线译码算法降低了译码群延时,但同时译码增益也有所下降。鉴于流水线译码算法的多处理单元结构更适宜 GPU 平台的并行实现且误码率性能更优,因此本章所研究的译码架构采用了流水线译码算法。对于校验子生成器记忆长度为 m_s 的 LDPC 卷积码,只有在 v_s 译码约束长度内的变量节点才可能连接到相同的校验节点上,而不在 v_s 译码约束长度内的变量节点之间由于不存在直接的关联性所以能够同时进行更新运算。流水线译码架构利用上述特点，将码字因子图不同约束区域的不同次迭代更新运算通过多个流水线译码器并行进行处理。在译码过程中每次有 c 比特软信息输入流水线译码器中，经过 I 级流水处理（I 为译码算法所进行的迭代次数），每级流水处理器完成 m_s+1 个行列块的节点更新运算。流水线译码的处理流程如图 8.3.2 所示。

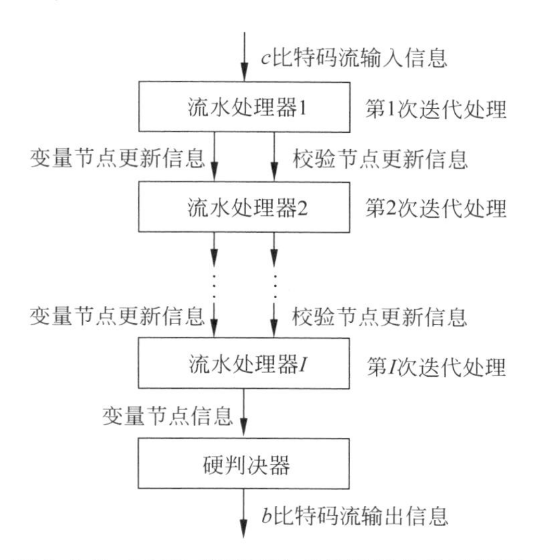

图 8.3.2　LDPC 卷积码流水线译码流程示意图

译码器的节点更新运算采用两阶段消息传递（TPMP）算法，针对脉冲噪声的信道条件，TPMP 算法初始化过程所输入的译码内信息采用第 2 章中所研究的非线性近似处理方式。如果完成全部 $c-b$ 行与 c 列的更新运算记作 1 个译码周期，则 c 比特对应的信道输入信息从进入第一级流水译码器到最终判决输出所需要的译码周期数 T 为

$$T=(m_s+1)I \tag{8.3.4}$$

可见 LDPC 卷积码的译码输出延时由校验子生成器记忆长度和迭代次数共同决定，考虑到译码流水执行的特点，经过 T 的初始延时后译码器开始连续输出，每个译码周期输出 c 个硬判决后的译码比特。

8.3.3　基于 GPU 的 LDPC 卷积码流水线译码架构优化设计

本章所研究的基于 GPU 的 LDPC 卷积码译码器总体实现架构如图 8.3.3 所示。

由图 8.3.3 中可以看到，LDPC 卷积码流水线译码架构在 GPU 平台上的处理

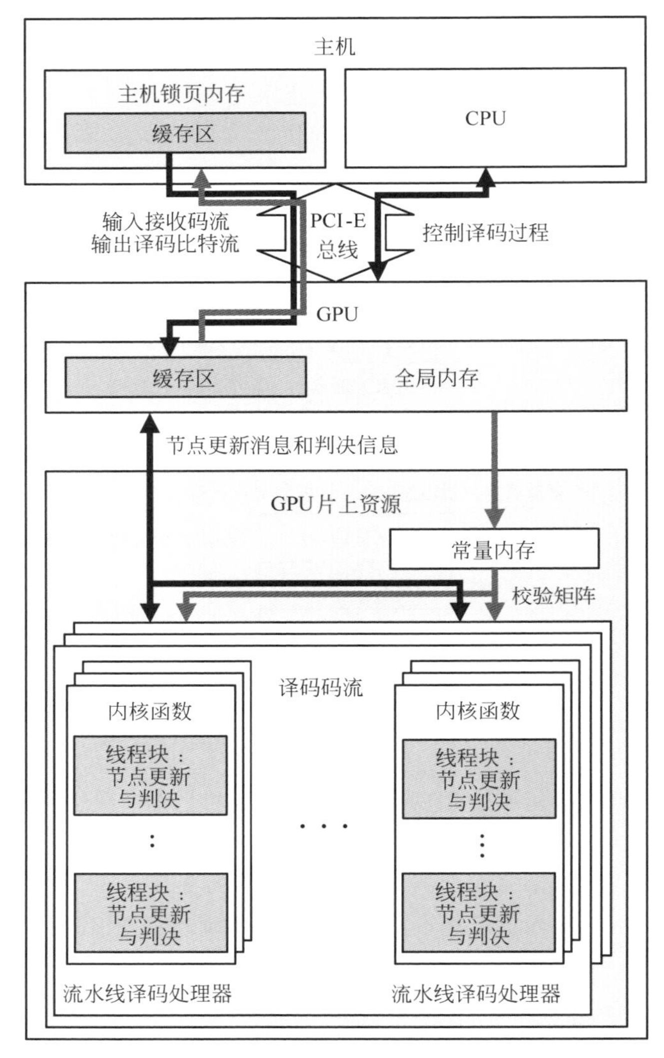

图 8.3.3　基于 GPU 的 LDPC 卷积码流水线译码架构总体框图

流程主要分为 3 个阶段：第一阶段是主机 CPU 将接收符号软信息序列从系统内存中读取后传递到 GPU 的全局内存中（为了加快主机内存中数据的读取效率，本译码架构采用分页锁定的内存方式，即 pinned memory，简称锁页内存）；第二阶段是在 GPU 中按照流水线译码算法对码字软信息进行迭代更新处理，该过程中 GPU 核心处理单元将与 GPU 片外全局内存以及片上高速缓存进行大规模的信息交互并完成相关运算；第三阶段是 GPU 将译码器输出的硬判决结果从全局内存传递到系统内存中。在上述 3 个阶段中，决定译码速率的主要因素为译码架构对

GPU 上存储资源的访问效率以及对 GPU 并行运算资源的执行效率。因此，本章研究在设计流水线译码架构时主要目标为两点：译码过程中对存储访问执行方式的优化设计以及译码运算执行并行度的优化设计。下面将对此两点优化方法进行详细阐述。

8.3.4　流水线译码器的存储访问优化设计

GPU 的存储器包括核心处理器片内缓存以及片外的全局内存，缓存的访问速度是全局内存的数十倍。本章所设计的高速译码架构利用了 LDPC 卷积码校验矩阵周期时变的特点，将其半无限长形式的校验矩阵压缩存储于 GPU 常量内存中，在流水线处理器并行译码过程中通过片内高速缓存进行检验矩阵的地址广播。

LDPC 卷积码流水线译码器的输入软信息流和输出比特流均为连续的，并且其校验矩阵是由 LDPC 分组码通过分割、平移和重复操作后得到，因此迭代译码更新软信息在不同的流水线译码器之间传递的存储地址具有周期时变的特性。本章所研究的译码架构利用了该周期特性分别对迭代译码行更新和列更新传递信息的存储地址进行了合并优化设计，存储图样如图 8.3.4 所示(其中 $m_s=3$)。

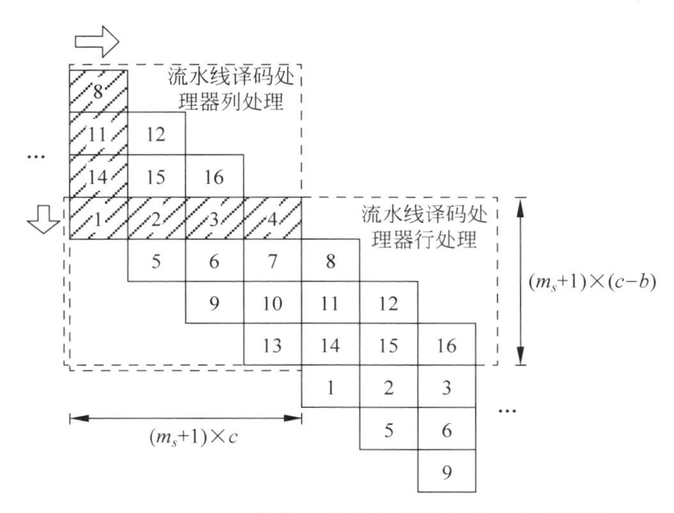

图 8.3.4　LDPC 卷积码行列更新信息循环存储结构

图 8.3.4 所示的校验矩阵中所有分块子矩阵规模都是 $(c-b)\times c$，每个分块子矩阵均由若干个对角准循环方阵组成，图中显示的两个虚线框分别表示对每个流水线译码处理器中列更新信息和行更新信息存储空间全部地址完成一次读写操作所对应的校验矩阵区域，该区域大小由校验矩阵循环特性决定。流水线译码器行列更新信息在全局内存中存储地址的分配准则有两点(设定节点更新信息存储方式为单精度浮点型)：

(1) 按照每个准循环方阵中非零位置以线程簇(warp)大小为规模依次连续分配更新信息的地址,而不是将校验矩阵整行或整列非零位置的更新信息进行合并存储。这样能够保证在行更新读取变量节点到校验节点传递信息以及列更新读取校验节点到变量节点传递信息时,对全局内存地址的访问是连续的,减少由于间断性访问造成额外的内存访问事务开销。

(2) 全局内存为每一个流水线处理器分配用于存储单精度浮点型量化行、列节点更新信息的两个二维数组空间的字节数 M_v 和 M_c 表示为

$$M_v = M_c = 4((c-b)c/b)(m_s+1)^2 \tag{8.3.5}$$

图 8.3.5 中所示为对应于图 8.3.4 示例中行列更新信息的存储区设置。其中,行更新信息存储区和列更新存储区的每一行分别对应当前次迭代更新的行块和列块,上述两存储区的每一列分别对应下次迭代更新的列块和行块,以保证每次行列更新运算读取全局内存地址的连续性,并简化更新信息的地址生成运算。

1	2	3	4
8	5	6	7
11	12	9	10
14	15	16	13

(a) 行更新信息存储地址

8	11	14	1
5	12	15	2
6	9	16	3
7	10	13	4

(b) 列更新信息存储地址

图 8.3.5 流水线译码器行列更新信息存储样式示意图

由于 GPU 自身的惰性计算特性,流水线译码器只在启动行列更新运算前才会读取全局内存中当前所需的节点软信息,全局内存访问的长延迟会造成译码效率的降低。针对这一问题,本章所设计的译码架构在读取更新信息时采用了一种记分牌(score-boarding)调度策略,即在全局内存中以译码并行度为规模连续读取译码线程块当前时刻与下一时刻更新所需的软信息。这样当前时刻信息读取完毕后译码器启动处理行列更新运算的同时 GPU 开始并行的读取下一时刻更新所需的软信息,该交叠操作能够利用译码更新运算的耗时隐藏掉部分全局内存访问的延迟时间,提升译码器的吞吐率。

8.3.5 流水线译码器的执行并行度优化设计

如 8.2 节所述,GPU 的运算核心是一个流处理器簇(SM)的阵列,LDPC 卷积码流水线译码过程的行列更新运算过程即通过本章所设计译码架构中的内核函数调用 SM 中的并行运算资源以及访问相应的存储资源来完成。考虑到译码运算处理中的相关性造成的线程等待会加大内核函数的执行时间进而使得译码吞吐率下降,需要对译码内核函数进行优化设计以充分挖掘其内在的并行处理潜力。此外,

有限的PCI-E传输带宽以及数据传输时的同步操作会带来过多的内存访问处理延时，需要尽可能交叠进行数据传输过程和译码内核函数处理过程以隐藏传输开销。因此，本章所研究的LDPC卷积码流水线译码架构将从降低译码内核函数执行时间以及提高主机与GPU之间的数据传输效率两方面优化译码处理的并行度，由于这两方面优化对象的尺度不同，前者作用于内核函数内部所以被称为细颗粒度(fine-grained)并行度优化，后者作用于内核函数和传输处理之间被称为粗颗粒度(coarse-grained)并行度优化。

8.3.5.1　LDPC卷积码流水线译码架构的细颗粒度并行度优化

在图8.3.4中展示了流水线译码器对单一码流的处理过程，其中虚线框中的每个流水线译码处理器由m_s+1个译码内核函数来执行，图中阴影区域即对应一个译码内核函数的处理范围。为了提升流水线译码器对节点更新运算的处理效率，本章所研究的译码架构在3个层次上对译码内核函数内部的处理并行度进行了优化，以期最大限度利用GPU内的可用运算资源。

1. 指令级并行度优化

提升所研究译码架构内核函数的指令级并行度(Instruction-Level Parallelism, ILP)是增加译码器对GPU硬件运算资源利用率的有效手段之一。在现有关于LDPC卷积码GPU译码架构的研究成果中，每个流水线译码处理器中校验节点和变量节点更新运算是在不同的译码内核函数中执行的，这样会使得译码指令的执行过程由于内核函数启动和释放过程的开销而产生较长的等待空闲。此外，现有方法处理由非规则分组码校验矩阵所展开构造的LDPC卷积码时，在具有不同行、列重的译码周期内采用的是相同的校验节点和变量节点内核函数，通过从常量内存中读取的当前行、列块的节点数目来分配不同的循环执行次数。但是这种具有不确定性的循环处理方式会使得CUDA编译器将运算过程中指令所需调用的数据存储到片外高延时的局部内存(local memory)中而不是低延时的片上寄存器(register)，带来了译码处理指令执行时间的上升，较低的ILP造成了译码吞吐率的下降。

在本章所研究的流水线译码架构中，利用校验矩阵周期性循环的特点，针对不同重量的行、列块设计了处理节点数固定的特定译码内核函数在流水线译码过程中交替使用，并且将变量节点和校验节点的处理集中于同一个内核函数内以减少函数启动开销。此外，对译码处理过程中所涉及的循环操作进行了展开处理，加大译码指令之间的执行独立性，进一步提高片内寄存器资源的使用效率。上述方法对ILP的提升能够带来更高的译码吞吐率。

2. 线程级并行度优化

在每个流水线译码处理器中并发运行的线程数决定了译码内核函数的线程级

并行度(Thread-Level Parallelism,TLP)。TLP受限于SM中的寄存器资源数量,若在译码架构中设置的并行线程数过多使得线程运行所需的寄存器数超出了可用资源限制,则会大幅减少SM中的激活线程块数目导致流水译码处理过程出现中断等待,进而降低译码吞吐率。相反,若并行线程数设置过少,则无法隐藏节点更新运算中算术指令执行的延时以及内存访问的延时,造成译码吞吐率较低。因此,在译码架构的优化设计中选取TLP的数值P需要满足如下的条件:

$$QPN_{\mathrm{bl}} \leqslant N_{\mathrm{reg}} \tag{8.3.6}$$

$$PN_{\mathrm{bl}} \geqslant N_{\mathrm{th}} \tag{8.3.7}$$

其中,Q为每个译码线程执行过程中所需调用寄存器的最大数目,N_{bl}为每个SM中所能分配的激活线程块的最大数目,N_{reg}为GPU平台中每个SM所拥有的硬件寄存器资源数,N_{th}为线程块在执行时为了隐藏指令的算数运算延时以及内存访问延时所需的最小线程数(在目前的GPU版本中通常为192)。

此外,在本章所研究的LDPC卷积码流水线译码架构中,考虑到内核函数执行过程中需要保持片上各个SM内部运算负载均衡以维持较高的GPU运行效率,故设置的TLP为校验矩阵行块中校验节点以及列块中变量节点数目的公倍数,即

$$P \equiv 0(\bmod\ c) \tag{8.3.8}$$

$$P \equiv 0(\bmod(c-b)) \tag{8.3.9}$$

其中,$c-b$和c分别为校验矩阵子矩阵的行数和列数。

3. 函数级并行度优化

在本章研究中将译码架构中并行运行的流水线译码处理器数目定义为译码的函数级并行度(Function-Level Parallelism,FLP)。在单次译码迭代中每个流水线译码处理器对应于一个线程块资源,如果译码器的迭代次数为I,同时执行译码的码流数为M,则GPU中的译码实现所需的线程块总数为IM,也被称为译码架构的网格规模(grid size)。译码架构网格在GPU的轮询机制分配下可被划分为多个线程块的波次(wave),每个波次可并行执行的线程块数目取决于GPU硬件平台所具有的SM数目N_{sm}以及每个SM在资源约束下可支持的激活线程块数目N_{bl}。为了得到较高的FLP,译码架构的网格规模需要满足条件

$$IM \equiv 0(\bmod(N_{\mathrm{sm}}N_{\mathrm{bl}})) \tag{8.3.10}$$

否则由于不同SM之间运算负载的不均衡所造成的拖尾效应会导致译码吞吐率的下降。尽管在译码架构中配置大量码流的并发执行能够弱化拖尾效应的不利影响,但其带来的巨大译码延时是难以接受的。因此,本章所研究的LDPC卷积码GPU译码架构的FLP数值设定需要保持在线程块波次的较小倍数下。

8.3.5.2 LDPC卷积码流水线译码架构的粗颗粒度并行度优化

在LDPC分组码的GPU译码实现过程中,主机与GPU之间的数据交互是发

生在译码起始阶段与全部译码迭代完成之后，译码架构能够采用如8.2.5.1节所述的异步调度方式利用译码迭代更新执行时间隐藏掉数据交互的耗时。然而，对于本章所研究的LDPC卷积码流水线译码而言，在每一次译码迭代前后均需要从主机端输入译码内信息并输出译码流水处理完成后的硬判决信息，造成了译码更新执行时间甚至有可能短于主机与GPU的数据交互传输时间，直接参照分组码译码的执行调度方法并不可行，因为这样会使得有限的PCI-E数据传输带宽成为译码架构吞吐率和延时性能提升的瓶颈。为了解决这一问题，本章所研究的译码架构在CUDA流层面上提升了译码的粗颗粒并行度，考虑到译码器输出的硬判决比特能够拼接成32位整型由GPU全局内存传输到主机内存(简称D2H过程)，所需传输时间远低于主机向GPU输入的译码内信息(简称H2D过程)，因此在本节中主要针对H2D的传输过程进行优化设计。

1. 数据传输带宽利用率优化

PCI-E总线传输可达带宽与所传输的数据量之间的关系如图8.3.6所示，由图中测试结果可知，本章所研究的译码架构在进行数据传输时采用的锁页存储方式能够获得比可换页存储方式更高的传输带宽。此外，可以看到H2D与D2H数据传输过程均具有的特点是单次传输的数据量越小，对带宽的利用率越低。在现有的LDPC卷积码GPU译码实现方法中，在H2D过程分别为每一个流水线译码处理器单独传输码流信息会造成小数据块传输的模式，考虑到LDPC卷积码校验

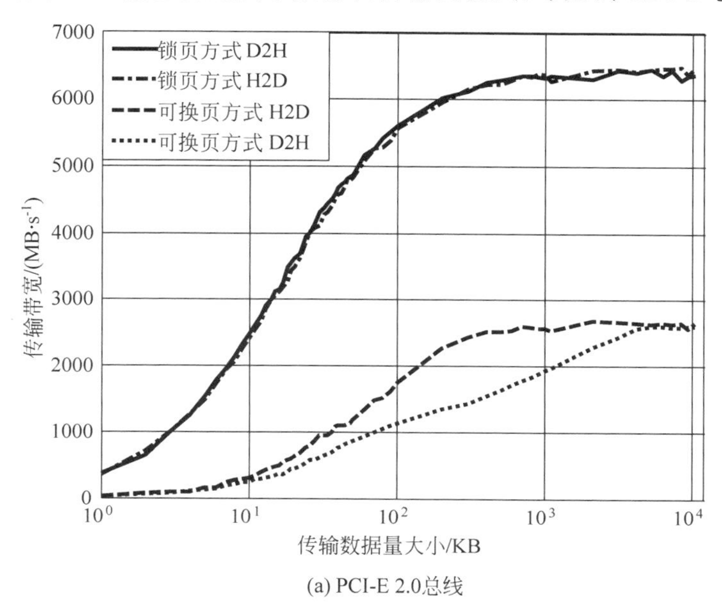

(a) PCI-E 2.0总线

图8.3.6 不同传输及存储模式下PCI-E总线实际传输带宽与单次传输数据量之间关系

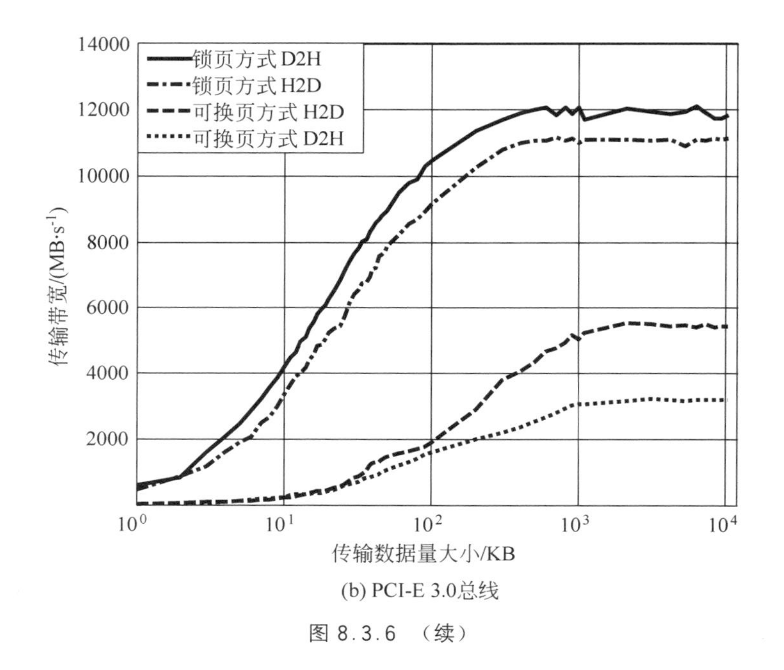

(b) PCI-E 3.0总线

图 8.3.6 (续)

矩阵子矩阵列数规模通常为数百到数千的数量级，若译码信息量化采用单精度浮点型，则每个流水线译码处理器所需的传输数据量约为数千字节至数十千字节，由图 8.3.6 可知在该数据量所对应的传输带宽利用率通常在 50%以下，无法充分利用 PCI-E 总线的数据传输能力。

本章所研究的译码架构将流水线译码中需要同时处理的所有码流的输入内信息拼合为单包数据进行传输，如图 8.3.3 中所示，在主机端的锁页内存中开辟缓存区用于码流数据包的拼合和存储操作，相应的在 GPU 端的全局内存中开辟相同大小的缓存区用于接收并分解拼合后传输的数据包，将分解后的各个码流信息分配给所需的流水线译码处理器。该拼合传输方法能够有效减少在小块传输模式中各次传输启动所需的开销，加大译码架构对 PCI-E 总线带宽的利用率，进而提升译码吞吐率并降低译码延时。

2. 数据传输延时隐藏

在减小传输延时的同时，译码架构需要尽可能交叠进行译码运算的处理与码流数据的传输过程，以隐藏数据传输的延时。在本章所研究的译码架构中，通过使用多个 CUDA 流来并发执行译码内核函数以及 H2D、D2H 的传输过程。该异步调度方法下译码延时 T_l 的估算值表示为

$$T_l = \frac{c(m_s + 1)}{T_t} S_c S_s I \tag{8.3.11}$$

其中 T_t 定义为译码器最终实现的吞吐率，S_c 和 S_s 分别为每个 CUDA 流中同时执行的 LDPC 卷积码码流数以及译码架构中的 CUDA 流数目，其与译码码流总数 M 的关系表示为

$$S_c S_s = M \tag{8.3.12}$$

由于译码内核函数与数据传输过程的交叠效果取决于 GPU 硬件中所具有的复制引擎(copy engine)以及硬件工作队列(hardware work queue)的数目，而经过拼合后的 H2D 单次传输时间已小于译码内核函数执行时间，因此使用拥有更多硬件工作队列的 GPU(如第二代 Kepler 架构之后的 GPU 所拥有的 Hyper-Q 技术具有 32 个硬件工作队列)能够带来更大的译码吞吐率提升以及译码延时降低的效果。

8.4 仿真实验及结果分析

8.4.1 LDPC 分组码结果分析

实验测试所用硬件平台如表 8.4.1 所示。本章所研究的基于 GPU 的 LDPC 分组码最小和 TDMP 译码架构在 Nvidia 公司的 CUDA 6.5 工具包下进行编译，编译环境是 Visual Studio 2013，Windows 7-64 位操作系统。硬件平台选取的主板为 Intel 的 Z97 芯片组，Tesla K20 GPU 使用 PCI-E 2.0 X16 总线接口，GTX 980 GPU 使用 PCI-E 3.0 X16 总线接口。

表 8.4.1 仿真实验硬件环境

	CPU	GPU1	GPU2
处理平台	i7-4790K	Tesla K20	GTX 980
处理器核心数	4	2496(13 SMs)	2048(16 SMs)
时钟频率	4GHz	706MHz	1126MHz
存储空间	16GB DDR3	5GB GDDR5	4GB GDDR5

实验所选取的 LDPC 分组码为 CCSDS 遥测同步和信道编码标准中所提供的 4096 信息位 1/2 码率(码 1)和 2/3 码率(码 2)的两种非规则 AR4JA LDPC 码。其中码 1 的平均行重为 5，校验矩阵子矩阵规模为 512×512，码 2 的平均行重为 7.67，子矩阵规模为 256×256。译码采用最小和 TDMP 算法，迭代 10 次。最小和修正系数 η 在 32 位单精度和 16 位半精度浮点型量化的码 1 中设置为 0.8，码 2 设置为 0.77，在 8 位整型量化(5 比特整数位、2 比特小数位、1 比特符号位)的码 1 中设置为 0.77，码 2 设置为 0.7。不同量化方式以及不同脉冲噪声强度下的误码率

和误帧率性能在 GPU 平台上的实测结果如图 8.4.1 和图 8.4.2 所示，误码率和误帧率是译码出现 50 帧错误时的统计结果，子图(a)、(b)和(c)中所仿真的脉冲噪声参数设置为 $\alpha=1.9$、$\alpha=1.5$ 和 $\alpha=1.1$，分别代表脉冲噪声强度为弱、中和强的情况。LLR 分段线性拟合参数 k 在 $\alpha=1.9$ 和 $\alpha=1.5$ 条件下对两种码均设置为 5，在 $\alpha=1.1$ 条件下码 1 设置为 8，码 2 设置为 12。仿真测试中所需的不同参数脉冲噪声均在 GPU 中生成，生成方式选用 Chambers 等人研究的方法[123]，在运算过程中使用的服从均匀分布的随机数利用 CUDA 的 cuRAND 库函数并行产生以提高噪声生成效率。可见最小和 TDMP 算法在不同强度的脉冲噪声信道下的误码性能均对量化不敏感，32 位、16 位浮点型量化以及 8 位整型量化的译码性能基本一致。

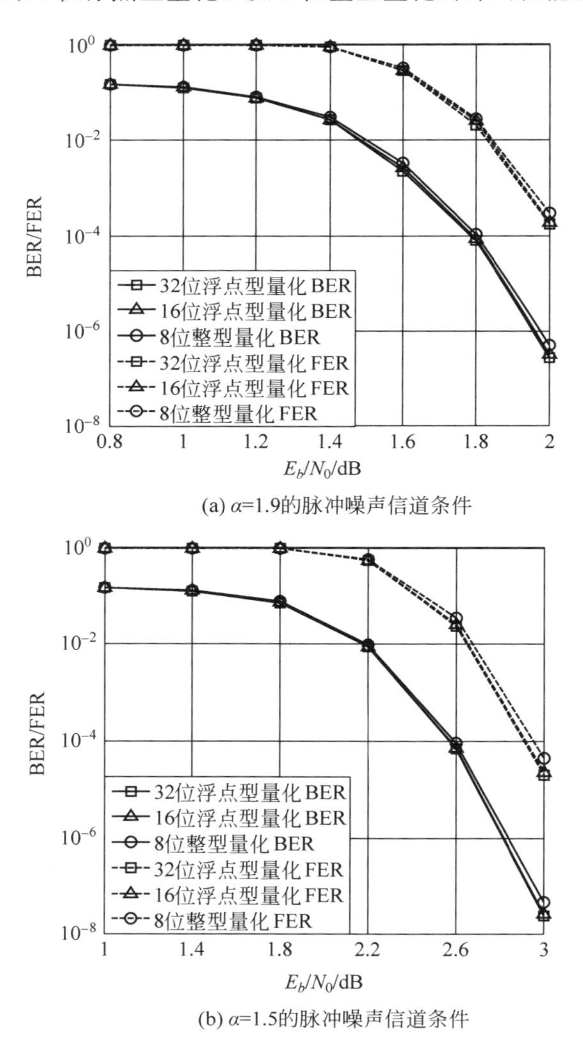

(a) $\alpha=1.9$的脉冲噪声信道条件

(b) $\alpha=1.5$的脉冲噪声信道条件

图 8.4.1　不同量化方式下码 1 采用 10 次迭代的最小和 TDMP 译码的性能曲线

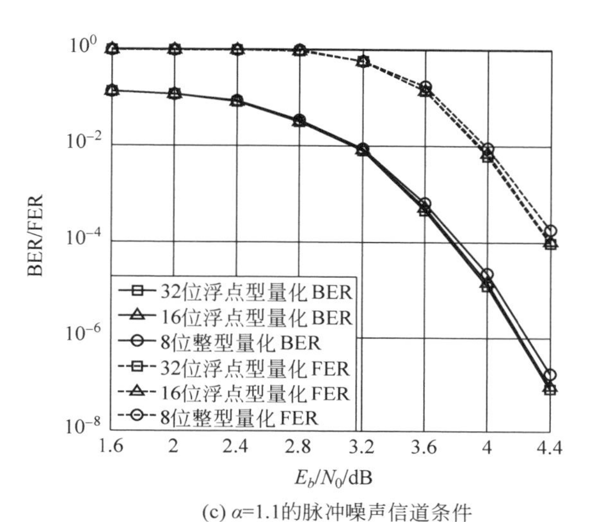

(c) α=1.1的脉冲噪声信道条件

图 8.4.1 (续)

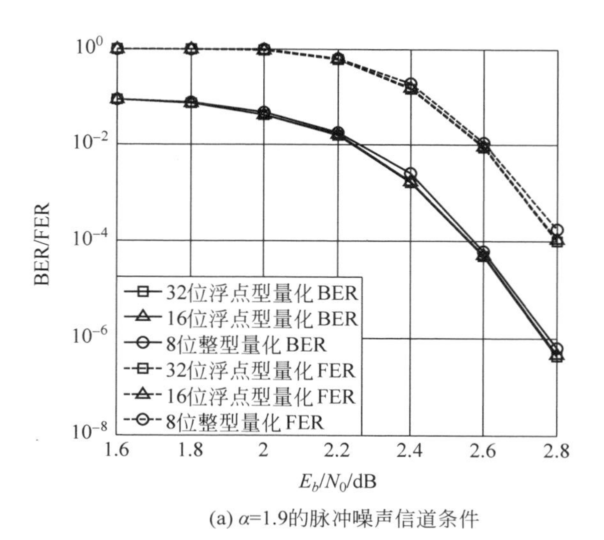

(a) α=1.9的脉冲噪声信道条件

图 8.4.2 不同量化方式下码 2 采用 10 次迭代的最小和 TDMP 译码的性能曲线

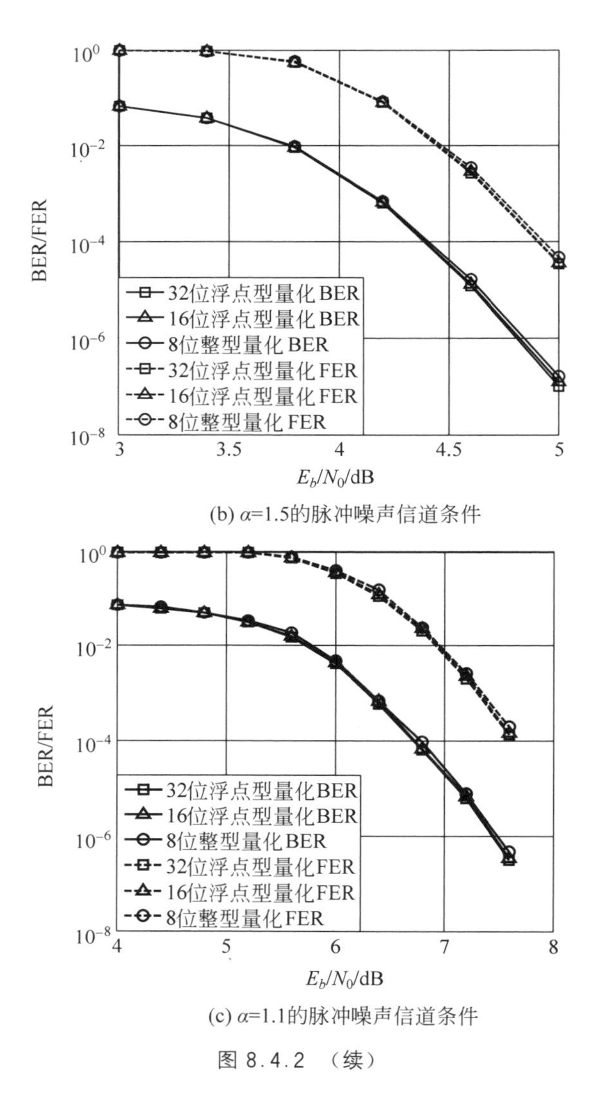

(b) α=1.5的脉冲噪声信道条件

(c) α=1.1的脉冲噪声信道条件

图 8.4.2 （续）

表 8.4.1 所示为单一 CUDA 流的同步调度模式下两种码采用本章所研究的内核函数优化方法使用不同量化方式获得的译码吞吐率以及延时性能。译码内核函数中线程块内并行度根据 8.2.4.1 节的选取准则设置码 1 为 512、码 2 为 256，且内核函数均根据非规则行重的特点进行循环展开处理减少了线程分支并在对存储资源访问时采用了存储联合访问图样。在 8.2.5.2 节中所述的总线程块数选取准则同样适用于同步调度模式，为了达到译码吞吐率的峰值，在表 8.4.2 所进行的测试中设置 GTX 980 平台上码 1 和码 2 每个 SM 中线程块数均为 2 个，Tesla K20 平台上码 1 和码 2 每个 SM 中线程块数分别为 2 个和 4 个。本译码架构对码 1 和

码 2 所实现的每个 SM 中激活线程块数分别为 2 个和 4 个，Tesla K20 具有 13 个 SM，所以可以看到若选取的总线程块数为 SM 数与激活线程块数乘积的整数倍时译码架构所能达到的译码吞吐率为峰值且基本相同，而在不满足该整数倍条件的情况下译码吞吐率则会下降。

此外，从表 8.4.2 中可见，在优化后使用 16 位半精度浮点型和 8 位整型量化方式的译码内核函数得益于利用相同的存储访问带宽获取了更多的译码更新节点信息，处理效率得到了提高。在两种 GPU 平台上获得的译码吞吐率均比在 32 位单精度浮点型量化方式下的性能有较大提升。由于 Tesla K20 平台与 GTX 980 平台的 PCI-E 总线平均传输带宽分别为第二代 16 通道的 5GBps 左右和第三代 16 通道的 10GBps 左右，因此在较低数据传输速率的 Tesla K20 平台上，使用更低位数的量化方式对于有限带宽下译码器数据传输能力的改善效果相比 GTX 980 平台更为显著。需要注意的是，在两种 GPU 平台上码 2 的 8 位整型量化译码吞吐率均低于 16 位浮点型量化，其原因是 8 位整型量化方式在译码更新过程中需要频繁进行限幅运算，LDPC 分组码校验矩阵行重越大，限幅造成的运算开销越大，使得在码 2 中内核函数运算时间过长，吞吐率相比 16 位量化方式下降的同时译码延时也大幅增加。参见图 8.4.3。

表 8.4.2　内核函数优化后同步调度模式译码吞吐率及延时性能

LDPC 码	量化方式	译码吞吐率/Mbps		译码延时/ms	
		GPU1	GPU2	GPU1	GPU2
码 1	32 位浮点型	83	151	2.09	1.65
	16 位浮点型	232	378	1.53	1.19
	8 位整型	323	388	2.55	2.80
码 2	32 位浮点型	74	150	1.82	1.14
	16 位浮点型	218	353	1.28	0.97
	8 位整型	194	198	2.87	3.81

表 8.4.3 所示为异步调度模式下两种 LDPC 分组码采用本章所设计的 CUDA 流优化方法后使用不同量化方式获得的译码吞吐率以及延时性能。测试实验中所使用的异步 CUDA 流数均设置为 3 个。可见异步调度模式下得益于 GPU 与主机之间数据传输延时的有效隐藏，译码吞吐率相比表 8.4.2 中的同步调度模式在不同码以及量化方式下均有较大幅度的提升。译码延时因为异步 CUDA 流之间交叠所造成的内核函数自身执行时间的上升而略有增加，但仍保持在较低的数值水平。采用本章所研究的线程资源优化配置方法后，能够以较低的帧间并行度即可达到译码吞吐率的峰值，使得译码延时仍基本保持在 2～3ms。与表 8.4.2 中同步调度模式的实验结果类似，码 2 的 8 位整型量化实现由于校验矩阵行重较大而造

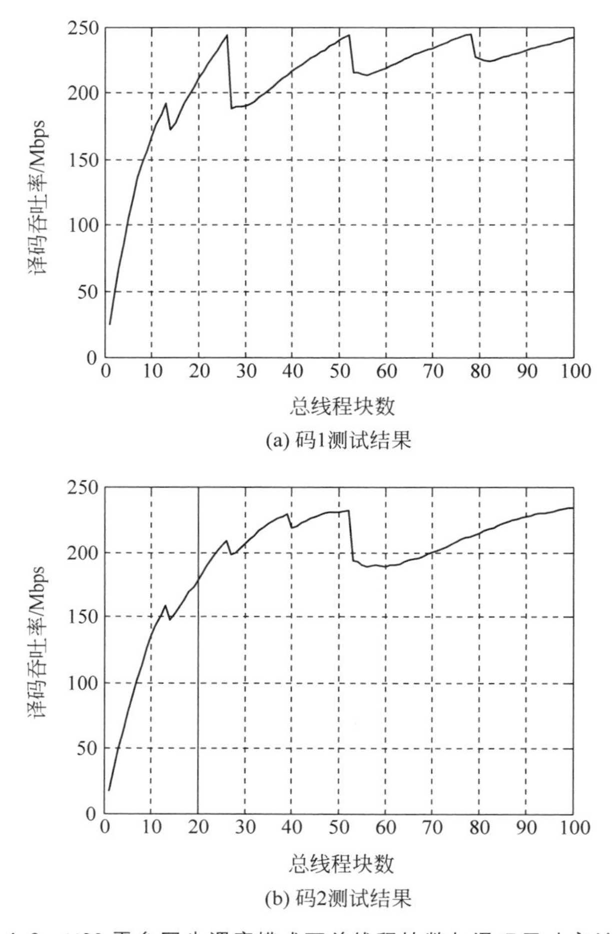

图 8.4.3 K20 平台同步调度模式下总线程块数与译码吞吐率关系图

成的大量限幅运算开销导致两种 GPU 平台上译码吞吐率均严重降低以及译码延时大幅增大。

表 8.4.3 CUDA 流优化后异步调度模式下译码吞吐率及延时性能

LDPC 码	量化方式	译码吞吐/Mbps		译码延时/ms	
		GPU1	GPU2	GPU1	GPU2
码 1	32 位浮点型	166	214	3.20	2.94
	16 位浮点型	370	534	1.89	1.53
	8 位整型	480	396	2.65	3.28

续表

LDPC 码	量化方式	译码吞吐/Mbps		译码延时/ms	
		GPU1	GPU2	GPU1	GPU2
码 2	32 位浮点型	155	194	2.75	2.35
	16 位浮点型	350	397	2.02	1.68
	8 位整型	186	184	6.93	8.86

考虑到 Tesla K20 平台在异步调度模式的译码实现上吞吐率提升的瓶颈主要是其 PCI-E 2.0 总线的传输带宽受限，因此对行重较少的码 1 在 8 位整型量化实现时由于传输效率的大幅提高且内核函数限幅运算开销较小，从而吞吐率获得的提升幅度较大。而 GTX 980 平台在异步调度模式译码实现上的瓶颈主要是内核函数运算开销，所以不需要限幅运算开销并且兼顾总线传输效率的 16 位浮点型量化实现方式能取得较理想的吞吐率和延时性能。

表 8.4.4 为本章所研究的 GPU 译码架构(选取 Tesla K20 平台实现结果)与现有文献中同类方法的性能比较，由于脉冲噪声信道输入内信息的分段线性拟合处理与对照文献[124]，[127]，[128]中用于高斯噪声信道的译码方法相比仅带来约 1%～2%的额外开销，且高斯信道可以看作 SαS 脉冲噪声信道当 $\alpha=2$ 时的一种特例形式，因此在表 8.4.4 中直接对比了所研究的译码架构与其他架构的结果而忽略了不同信道模式所带来的影响。在对比中采用了归一化吞吐率(normalized throughput)的概念，即单位运算核心每兆赫兹频率的译码吞吐率，避免因平台处理核心数以及核心频率的差异而对比较的结论产生影响。可以看到，相比文献[124]和文献[127]中的方法，本章所提译码架构的归一化吞吐率分别提升了 101.5%和 44.6%。鉴于文献[124]的 GTX Titan 平台传输总线为 PCI-E 3.0，而本章研究所使用的 Tesla K20 为传输带宽减半的 PCI-E 2.0 总线，因此本章所研究方法的译码延时与文献[124]相当。文献[127]中没有给出译码延时的数据，但是根据其并行处理 4096 码字的方式可以判断延时相较本章所给方法会大幅增加。在表 8.4.4 中本章所给方法的译码归一化吞吐率约为文献[128]所提方法的 66.1%，考虑到文献[128]采用的译码算法是 TPMP，在得到相同误码性能时所需的译码迭代次数接近本章所采用的 TDMP 算法所需次数的两倍，因此若从相同误码性能角度衡量，两种方法所能达到的吞吐率相当。但由于文献[128]所提方法的译码帧间并行度过高，本章所给方法的译码延时仅为文献[128]所提方法的 1.3%。综上所述，本章所研究的译码架构在获得较高译码吞吐率的同时兼顾了低译码延时的性能。

表 8.4.4　与现有译码架构的性能比较

	文献[124]中方法	文献[127]中方法	文献[128]中方法	本章所提方法
所选 LDPC 码	(2304,1152)	(2304,1152)	(8000,4000)	(8192,4096)
处理平台	GTX Titan 2688 核心 @837MHz	GTX 480 480 核心 @1401MHz	GTX 660Ti 1344 核心 @915MHz	Tesla K20 2496 核心 @706MHz
译码算法	10 次迭代的 TPMP 算法	10 次迭代的 TDMP 算法	10 次迭代的 TPMP 算法	10 次迭代的 TDMP 算法
译码吞吐率/Mbps	304.16	126.7	506.7	480.2
归一化译码吞吐率/Mbps	135.19	188.40	412.03	272.50
译码延时/ms	1.266	—	198.0	2.65

本章研究所设计的 LDPC 分组码 GPU 软件译码架构，不仅可用于实际通信中的高速软件定义无线电(software-defined radio)系统，还可以构建针对脉冲噪声信道条件的高速仿真验证平台。传统基于 CPU 的仿真平台受限于较长的噪声生成耗时和译码器执行耗时，仿真速率通常在 Kbps 量级，效率低下；而基于 FPGA 的平台虽然能获得较高的仿真速率，但其高实现复杂度制约了测试码字和译码参数选取的灵活性。利用基于 GPU 的脉冲噪声并行生成方法结合本软件译码架构，能够在仿真过程中节省从主机内存到 GPU 的噪声数据传输以及从 GPU 到主机内存的硬判决码字传输开销，全部运算在 GPU 中完成。采用 GTX 980 GPU 平台分别对码 1 和码 2 进行最小和 TDMP 译码算法的误码性能仿真测试，20 次迭代时仿真速率可分别达到 99Mbps 和 75Mbps。此时仿真速率进一步提升的瓶颈在脉冲噪声生成所需的时间，由于本节所进行的测试仅采用单 GPU 平台，译码器运行占用了大部分的片上硬件运算资源而造成能够提供给噪声并行生成运算的 CUDA 核心数有限。若采用多 GPU 平台构建仿真平台，得益于 GPU 架构高度的可扩展性，可方便地将仿真速率大幅提升，能够满足未来对脉冲噪声条件下的误码平层进行测试的需求。

8.4.2　LDPC 卷积码结果分析

本章所研究的 LDPC 卷积码流水线译码架构采用单精度浮点型量化方式，实验测试所用硬件平台如表 8.4.5 所示。考虑到 Nvidia 公司的 Fermi 架构 GPU 的 CUDA 流异步调度功能由于 Windows 系统显示驱动模块(Windows Display

Driver Model,WDDM)在命令批处理时可能发生问题而出现异常,所以在测试中选择了 Linux 操作系统。本译码架构在 Nvidia 公司的 CUDA 6.5 工具包下进行编译,编译环境是 gcc 4.8.2,Ubuntu 14.04-64 位操作系统。硬件平台的主板为 Intel 的 P67,测试中两种 GPU 均使用 PCI-E 2.0 X16 总线接口。

表 8.4.5 仿真实验硬件环境

	CPU	GPU1	GPU2
处理平台	i7-2600	GTX 460	GTX 580
处理器核心数	4	336(7 SMs)	512(16 SMs)
时钟频率	3.4GHz	1620MHz	1544MHz
存储空间	8GB DDR3	768MB GDDR5	1.5GB GDDR5

测试实验中所采用的 LDPC 卷积码校验矩阵为 CCSDS 遥测同步与信道编码标准中提供的 AR4JA LDPC 分组码校验矩阵通过展开操作所得到,码 1 和码 2 展开所基于的分组码校验矩阵规模分别为 6144×10240 和 3072×7168,所得到的半无限长校验矩阵中每个子矩阵规模 $(c-b)\times c$ 分别为 1536×2560 与 768×1792。两种码均为非规则码,码 1 和码 2 的平均列重分别为 3 和 3.3。在译码初始化的内信息处理中采用了第 2 章所设计的非线性近似拟合方式。

图 8.4.4 中所示为 GTX 580 与 GTX 460 平台上的译码内核函数执行时间与不同的 TLP 设定值之间的关系。为了方便比较,此处的译码内核函数执行时间

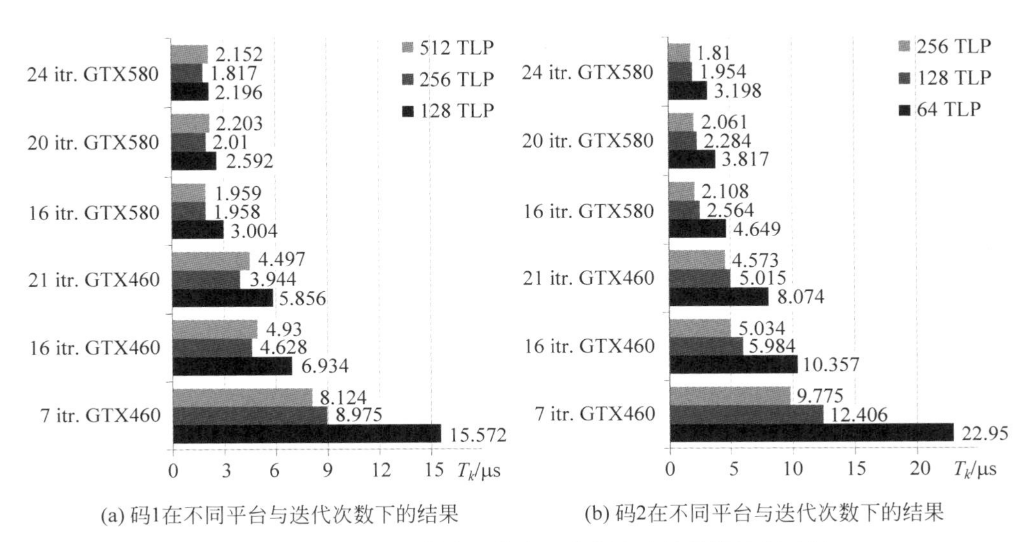

(a) 码1在不同平台与迭代次数下的结果　　(b) 码2在不同平台与迭代次数下的结果

图 8.4.4 不同 TLP 设定下的归一化译码内核函数执行时间

T_k 为归一化后的结果，即译码内核函数完成 c 比特的流水线译码过程平均到每次译码迭代的耗时。由图 8.4.4 中结果可知，TLP 为 256（即同时执行 256 个线程）对于两种 GPU 平台下的流水线译码处理器而言均是最为合适的设定。过低的 TLP 设定（例如 64 或 128）使得线程指令执行时间难以将指令进行存储访问的延时完全隐藏，而过高的 TLP 设定（例如 512）则会由于 SM 内的寄存器资源不足导致部分指令的执行数据溢出至片外访问延时较高的局部内存中，故上述两种情况均会造成较大的 T_k 值，译码内核函数执行效率较低。需要注意的是，尽管当译码架构的网格规模较小时，例如在图 8.4.4(a)中 GTX 460 平台上迭代次数为 7 次时所对应的情况，即使设定很大的 TLP 值也不会造成指令执行数据存储溢出的现象，但此时较低的 SM 运算资源利用率同样会造成 T_k 值偏大，无法带来较高的译码内核函数执行效率。

所研究译码架构在不同 FLP 设置下使用 GTX 460 和 GTX 580 平台的归一化译码内核函数执行时间分别如表 8.4.6 和表 8.4.7 所示，其中两种码字的 TLP 均设置为 256。从测试结果中可以看出，当译码架构的网格规模 $I\times M$ 为线程块波次 $N_{\mathrm{sm}}\times N_{\mathrm{bl}}$ 的整数倍时，本章所研究的译码架构可以得到较低的近乎相同的 T_k 值（在表中显示为粗体），验证了所研究的 FLP 优化方法的有效性。其中，码 1 和码 2 的激活线程块数目 N_{bl} 分别为 3 和 6，且在两种 GPU 平台上的 N_{bl} 值相同。GTX 460 平台的 SM 数目 $N_{\mathrm{sm}}=7$，GTX 580 平台的 $N_{\mathrm{sm}}=16$。得益于更多的处理核心数以及更高的核心频率，GTX 580 平台下的归一化内核函数处理时间有了较大幅度的降低，这也显示出 GPU 译码架构在不同平台间良好的可移植性。

表 8.4.6　GTX 460 平台不同 FLP 设置下的归一化译码内核函数执行时间

I	码 1		码 2	
	M	$T_k/\mu s$	M	$T_k/\mu s$
7	4	4.283	7	4.578
	3	**3.934**	6	**3.892**
	2	5.315	5	3.897
16	3	4.193	3	4.782
	2	5.181	2	5.751
	1	4.629	1	5.034
21	3	4.019	3	4.246
	2	4.073	2	**3.882**
	1	**3.944**	1	4.573

表 8.4.7 GTX 580 平台不同 FLP 设置下的归一化译码内核函数执行时间

I	码 1		码 2	
	M	$T_k/\mu s$	M	$T_k/\mu s$
16	4	2.041	7	2.242
	3	**1.798**	6	**1.828**
	2	1.958	5	1.855
20	3	2.026	5	2.256
	2	2.011	4	2.062
	1	3.021	3	2.114
24	3	2.571	5	2.182
	2	**1.817**	4	**1.869**
	1	2.547	3	1.896

在所研究的译码架构中采用粗颗粒度并行度优化前后译码吞吐率以及译码延时性能的对比如表 8.4.8 中数据所示。其中 GTX 460 平台上的译码架构工作于 21 次迭代以及 TLP 为 256 的设定下，GTX 580 平台译码架构迭代次数和 TLP 分别为 16 和 256。测试中的译码内核函数均进行了循环展开处理，降低了约 1 倍的执行时间。在实验测试中使用 CPU 时间计数器测量包括译码内核函数执行时间、传输数据拼合时间，主机与 GPU 之间的数据传输时间以及 CUDA 进程调度管理的开销等。为了保证在传输数据拼接后能够达到高传输带宽所需的数据量以及网格规模为线程块波次的整数倍关系，所研究的译码架构在 GTX 460 平台和 GTX 580 平台上每个 CUDA 流中同时执行的码流数 S_c 分别设置为 8 和 15。表 8.4.8 中所表示的不同实现方法中 1S 代表只执行一个 CUDA 流的同步调度模式，MS 代表同时执行多个 CUDA 流的异步调度模式，TB 表示采用了所研究的传输数据拼合处理。由于译码架构在采用数据拼合后的平均 H2D 传输带宽由优化前 PCI-E 2.0 X16 峰值带宽的 28%提升至 66%，可以从表 8.4.8 中看到，在同步调度模式下采用数据拼合的译码吞吐率相比各个流水线译码处理器分别传输的方式有了较大幅度的提升，译码延时也大幅下降。使用异步调度方式的译码吞吐率和延时性能得到了进一步的增强。对比 GTX 460 和 GTX 580 平台上的实验结果可知，随着 GPU 处理能力的提升，不仅是译码吞吐率会提高，即使是使用同样的 PCI-E 传输带宽也能够因为传输延时隐藏效率的加强而得到更短的译码延时。

表 8.4.8 粗颗粒度并行度优化下的译码吞吐率与译码延时性能

GPU	码	译码吞吐率/Mbps			译码延时/ms		
		1S	1S+TB	MS+TB	1S	1S+TB	MS+TB
GTX 460	1	38.29	49.58	56.44	106.47	70.99	60.88
	2	28.41	40.96	47.26	99.67	60.32	51.83

续表

GPU	码	译码吞吐率/Mbps			译码延时/ms		
		1S	1S+TB	MS+TB	1S	1S+TB	MS+TB
GTX 580	1	59.23	93.25	145.45	104.64	54.92	35.43
	2	47.13	75.01	120.36	96.12	46.53	28.59

不同脉冲信道条件下本译码架构所采用的流水线译码算法在32位浮点型量化方式下的误码率与误帧率性能仿真结果如图8.4.5所示，性能曲线图例中括号里为非线性LLR近似时的参数a和b，为在进行误帧率的统计时以c个输入的编码比特长度为一帧。

表8.4.9中展示的是本章所研究的译码架构与现有最好的LDPC卷积码GPU译码架构研究成果在相同的GTX 460平台上的比较。文献[131]中的译码架构采用与本章方法相同的流水线译码算法，迭代次数是20次。考虑到在相同的译码架构下不同LDPC卷积码的译码吞吐率与校验矩阵的平均列重大致上成反比，因此在折算列重和迭代次数的差异之后，本章方法的译码吞吐率约为文献[131]中方法的3倍。

表8.4.9 与现有方法的译码吞吐率比较

方法	迭代次数I	校验矩阵平均列重	译码吞吐率/Mbps
本章所提方法	21	3	56.44
	21	3.3	47.26
文献[131]中方法	20	4	12.8

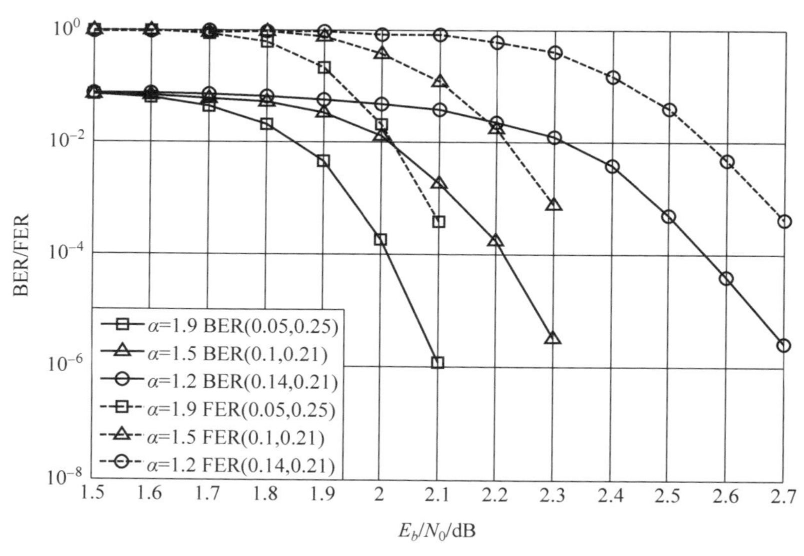

(a) 码1在不同脉冲噪声强度下的16次迭代译码性能

图8.4.5 码1和码2在不同脉冲噪声信道参数及迭代次数下的流水线译码性能曲线

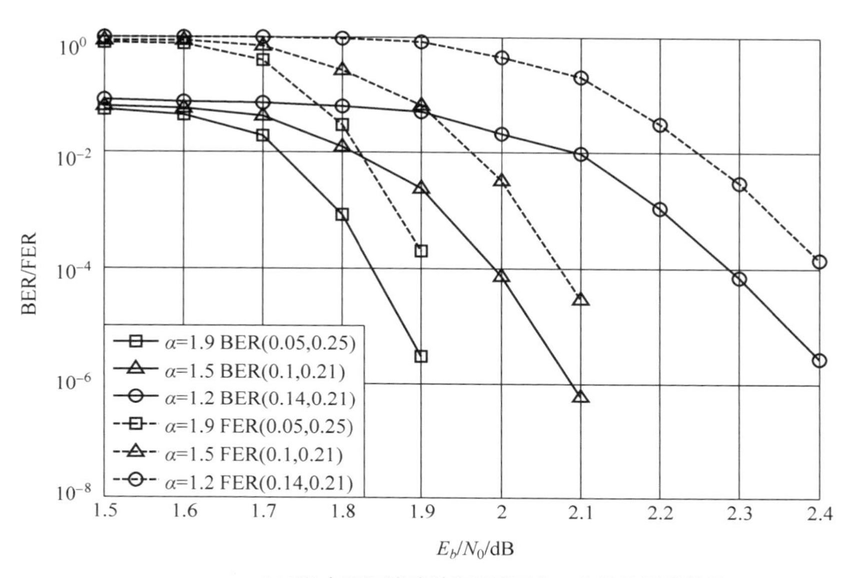

(b) 码1在不同脉冲噪声强度下的21次迭代译码性能

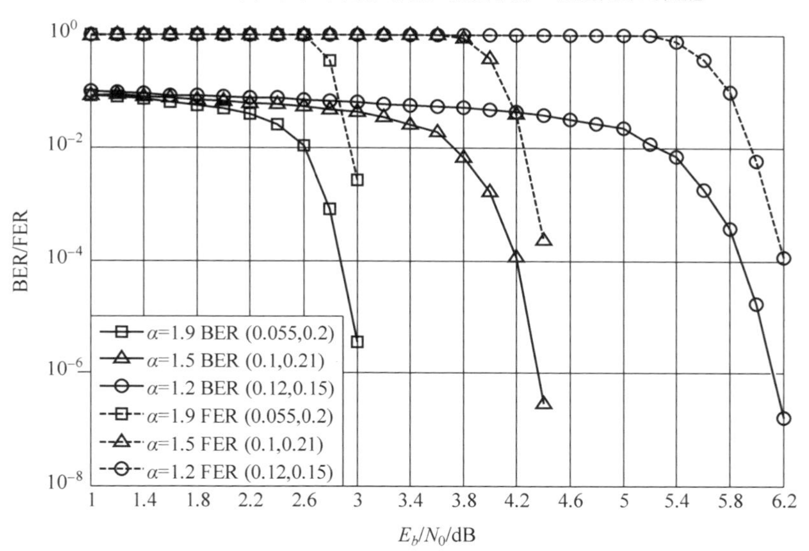

(c) 码2在不同脉冲噪声强度下的16次迭代译码性能

图 8.4.5 （续）

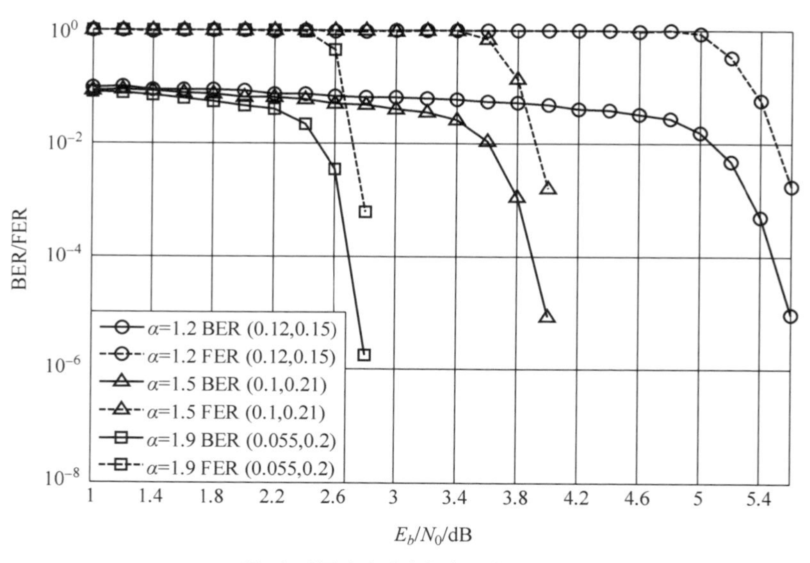

(d) 码2在不同脉冲噪声强度下的21次迭代译码性能

图 8.4.5 （续）

尽管 GPU 的译码架构在吞吐率性能上相比现有的 FPGA 实现结果尚有较大的差距，例如文献[116]中在 Stratix IV FPGA 平台上所实现的 10 次迭代、4 比特量化方式下 2.0Gb/s 吞吐率的 LDPC 卷积码流水线译码器，但是 GPU 所具备的高度的可扩展性以及良好的向下兼容能力令本章所研究的译码架构能够在未来以很小的改动便可以快速移植到更新更强处理能力的 GPU 平台上。此外，在 Nvidia 公司最新计算能力为 5.3 的 GPU 核心中开始提供对 16 位半精度浮点型量化的变量进行直接数学运算的支持，因此本译码架构在未来新型 GPU 中可以使用更低的节点更新信息量化位数获得更高的译码吞吐率。

8.5 本章小结

在本章中，首先提出了一种基于 GPU 的 LDPC 分组码软件译码架构，采用最小和 TDMP 译码算法，从内核函数优化以及异步 CUDA 流执行优化两个方面提升了译码架构的吞吐率和译码延时性能。实验结果表明，本章所研究的 GPU 软件译码架构对 CCSDS 标准中提供的中长 LDPC 分组码在 10 次译码迭代时吞吐率最高可达 500Mbps 左右，译码延时约为 2ms。相比现有方法，本架构能更有效兼顾高译码吞吐率和低延时性能。

其次设计了一种优化的 LDPC 卷积码高速流水线译码架构。基于 GPU 片上运算资源、片外存储资源的特性以及 LDPC 卷积码半无限长校验矩阵周期时变的特点，本译码架构研究了译码内核函数中指令级并行度、线程级并行度以及函数级并行度的优化选取准则。此外，以降低译码延时为目标，在本章设计中将各个流水线译码处理器各自的从主机传输到 GPU 的数据通过在主机内存和 GPU 全局内存中所开辟的缓存区进行拼合批量传输，并且采用多 CUDA 流异步调度的处理方式对数据传输所造成的延时进行隐藏。

实验测试结果表明，本章所研究的译码架构相比现有的同类研究成果具有更高的译码吞吐率性能。该译码架构能够被作为参数灵活配置的处理单元，用于可重配置的软件定义无线电系统中。

参考文献

[1] ZIMMERMANN M, DOSTERT K. Analysis and Modeling of Impulsive Noise in Broad-Band Powerline Communications [J]. IEEE Transactions on Electromagnetic Compatibility, 2002, 44(1): 249-258.

[2] NASSAR M, GULATI K, MORTAZAVI Y, et al. Statistical Modeling of Asynchronous Impulsive Noise in Powerline Communication Networks [C]//IEEE Global Telecommunications Conference (GLOBECOM). Piscataway: IEEE Press, 2011: 1-6.

[3] GALLI S, SCAGLIONE A, WANG Z. For the Grid and Through the Grid: The Role of Power Line Communications in the Smart Grid[J]. Proceedings of the IEEE, 2011, 99(6): 998-1027.

[4] IEEE Standard P1901. 2. Appendix for Noise Channel Modeling for IEEE 1901. 2[S]. Piscataway: IEEE Press, 2011.

[5] NASSAR M, DABAK A, KIM I H, et al. Cyclostationary Noise Modeling in Narrowband Powerline Communication for Smart Grid Applications[C]//IEEE International Conference on Acoustics, Speech and Signal Processing (ICASSP). Piscataway: IEEE Press, 2012: 3089-3092.

[6] NASSAR M, LIN J, MORTAZAVI Y, et al. Local Utility Power Line Communications in the 3-500kHz Band: Channel Impairments, Noise, and Standards[J]. IEEE Signal Processing Magazine, 2012, 29(5): 116-127.

[7] MIDDLETON D. Channel Modeling and Threshold Signal Processing in Underwater Acoustics: An Analytic Overview[J]. IEEE Journal of Oceanic Engineering, 1987, 12(1): 4-28.

[8] CHITRE M. A High-Frequency Warm Shallow Water Acoustic Communications Channel Model and Measurements[J]. The Journal of the Acoustical Society of America, 2007, 122(5): 2580-2586.

[9] POTTER J R, WEI L T, CHITRE M. High-Frequency Ambient Noise in Warm Shallow Waters[C]//Sea Surface Sound. Norwell: Kluwer, 1997: 45-54.

[10] URICK R J. Principles of Underwater Sound for Engineers[M]. New York: McGraw-Hill, 1967.

[11] LEE H, CERPA A, LEVIS P. Improving Wireless Simulation Through Noise Modeling [C]//6th International Symposium on Information Processing in Sensor Networks (IPSN). Piscataway: IEEE Press, 2007: 21-30.

[12] BOERS N M, NIKOLAIDIS I, GBURZYNSKI P. Impulsive Interference Avoidance in Dense Wireless Sensor Networks[C]//11th International Conference on Ad-hoc, Mobile, and Wireless Networks. Berlin: Springer-Verlag, 2012: 167-180.

[13] GULATI K, EVANS B L, ANDREWS J G, et al. Statistics of Co-Channel Interference in a Field of Poisson and Poisson-Poisson Clustered Interferers[J]. IEEE Transactions on

Signal Processing, 2010, 58(12): 6207-6222.
[14] CARDIERI P. Modeling Interference in Wireless Ad Hoc Networks[J]. IEEE Communications Surveys & Tutorials, 2010, 12(4): 551-572.
[15] CHRISSAN D A. Statistical Analysis and Modeling of Low-Frequency Radio Noise and Improvement of Low-Frequency Communications[D]. Stanford: Stanford University, 1999.
[16] FIEVE S, PORTALA P, BERTEL L. A New VLF/LF Atmospheric Noise Model[J]. Radio Science, 2007, 42(3): 1-14.
[17] REUVENI Y, PRICE C, GREENBERG E, et al. Natural ELF/VLF Atmospheric Noise Statistics in the Eastern Mediterranean[C]//URSI General Assembly and Scientific Symposium. Piscataway: IEEE Press, 2011: 1-3.
[18] WEINBERG A. The Impact of Pulsed RFI on the Coded BER Performance of the Nonlinear Satellite Communication Channel[J]. IEEE Transactions on Communications, 1981, 29(5): 605-620.
[19] TRAN H T, YOH J, NGUYEN T M, et al. RFI Modeling of Satellite Communications [C]//21st Century Military Communications Conference Proceedings (MILCOM). Piscataway: IEEE Press, 2000: 256-260.
[20] LEE C H, ROGERS R, NGUYEN T M. Modeling and Simulation Analyses of Satellite Radio Frequency Interference-Part I: Modeling and Simulation[C]//IEEE Aerospace Conference Proceedings. Piscataway: IEEE Press, 2002: 3.
[21] SHEPHERD R. Measurements of amplitude probability distributions and power of automobile ignition noise at HF[J]. IEEE Transactions on Vehicular Technology, 1974, 23(3): 72-83.
[22] PETROPULU A, PESQUET J, YANG X, et al. Power-law shot noise and its relationship to long-memory alpha-stable processes[J]. IEEE Transactions on Signal Processing, 2000, 48(7): 1883-1892.
[23] STUCK B W, KEINER B. A statistical analysis of telephone noise[J]. Bell Systems Technical Journal, 1974, 53(7): 1263-1320.
[24] PIERCE R. Applications of the positive alpha-stable distribution[C]//Proceedings of the IEEE Signal Processing Workshop on Higher Order Statistic. Banff, Canada, 1997: 420-424.
[25] BATALAMA A, MEDLEY M, CHELLAPPA R. Adaptive target detection in foliage-penetrating SAR images using alpha-stable models[J]. IEEE Transactions on Image Processing, 1999, 8(12): 1823-1831.
[26] HALL H M. A New Model for Impulsive Phenomena: Application to Atmospheric-Noise Communication Channels[R]. Stanford: Stanford University, 1966.
[27] BOND J W, STEIN D, ZEIDLER J, et al. Gaussian Mixture Models for Acoustic Interference[R]. San Diego, CA, USA: Submarine Communications Division, 1994.
[28] BLUM R S, KOZICK R J, SADLER B. An Adaptive Spatial Diversity Receiver for Non-Gaussian Interference and Noise[J]. IEEE Transactions on Signal Processing, 1999,

47(8)：2100-2111.

[29] MIDDLETON D. Non-Gaussian noise models in signal processing for telecommunications：new methods an results for class a and class b noise models[J]. IEEE Transactions on Information Theory，1999，45(4)：1129-1149.

[30] BRORSEN B W，YANG S R. Maximum Likelihood Estimates of Symmetric Stable Distribution Parameters [J]. Communications in Statistics - Simulation and Computation，1990，19(4)：1459-1464.

[31] NIKIAS C L，SHAO M. Signal Processing with Alpha-Stable Distributions and Applications [M]. New York：Wiley，1995.

[32] SHAO M，NIKIAS C L. Signal processing with fractional lower order moments：stable processes and their applications [J]. Proceedings of the IEEE，1993，81(7)：986-1010.

[33] SAMORADNITSKY G，TAQQU M S. Stable non-Gaussian random processes：stochastic models with infinite variance [M]. Chapman and Hall/CRC，1994.

[34] TSIHRINTZIS G，NIKIAS C L，et al. Fast estimation of the parameters of alpha-stable impulsive interference[J]. IEEE Transactions on Signal Processing，1996，44(6)：1492-1503.

[35] MA X，NIKIAS C L. Parameter Estimation and Blind Channel Identification in Impulsive Signal Environments[J]. IEEE Transactions on Signal Processing，1995，43(12)：2884-2897.

[36] KOUTROUVELIS I A. An Iterative Procedure for the Estimation of the Parameters of Stable Laws[J]. Communications in Statistics - Simulation and Computation，1981，10(1)：17-38.

[37] KOGON S M，WILLIAMS D B. On the Characterization of Impulsive Noise with Alpha-Stable Distributions Using Fourier Techniques[C]//The 29th Asilomar Conference of Signals，Systems and Computing. Piscataway：IEEE Press，1995：787-791.

[38] HUANG M，CHEN X，XIAO L，et al. Kalman-Filter-Based Channel Estimation for Orthogonal Frequency-Division Multiplexing Systems in Time-Varying Channels [J]. IET Communications，2007，1(4)：795-801.

[39] JAOUA N，DUFLOS E，VANHEEGHE P，et al. Bayesian Nonparametric State and Impulsive Measurement Noise Density Estimation in Nonlinear Dynamic Systems[C]//IEEE International Conference on Acoustics，Speech and Signal Processing. Piscataway：IEEE Press，2013：5755-5759.

[40] BERROU C，GLAVIEUX A，THITIMAJSHIMA P. Near Shannon limit error-correcting coding and decoding[C]//Proc. IEEE Int. Conf. Commun，Geneva，Switzerland：1993(5)，1064-1070.

[41] GALLAGER R G. Low Density Parity Check Codes [J]. IRE Transactions on Information Theory，1962，8(1)：21-28.

[42] MACKAY D J C，NEAL R M. Near Shannon Limit Performance of Low Density Parity Check Codes [J]. Electronics Letters，1996，32(18)：1645.

[43] IEEE Standard 1901-2010. IEEE Standard for Broadband over Power Line Networks：

Medium Access Control and Physical Layer Specifications [S]. Piscataway: IEEE Press, 2010.

[44] IEEE Standard 802. 11ac-2013. IEEE Standard for Information technology—Telecommunications and information exchange between systems Local and metropolitan area networks—Specific requirements—Part 11: Wireless LAN Medium Access Control (MAC) and Physical Layer (PHY) Specifications—Amendment 4: Enhancements for Very High Throughput for Operation in Bands below 6GHz [S]. Piscataway: IEEE Press, 2013.

[45] IEEE Standard 802. 16-2012. IEEE Standard for Air Interface for Broadband Wireless Access Systems[S]. Piscataway: IEEE Press, 2012.

[46] CCSDS 131. 0-B-2, TM Synchronization and Channel Coding[S]. Washington: CCSDS Press, 2011.

[47] ETSI EN 302 307-2 V1. 1. 1. Digital Video Broadcasting (DVB); Second Generation Framing Structure, Channel Coding and Modulation Systems for Broadcasting, Interactive Services, News Gathering and Other Broadband Satellite Applications; Part 2: DVB-S2 Extensions (DVB-S2X)[S]. Valbonne, France: ETSI, 2015.

[48] ARIKAN E. Channel Polarization: A Method for Constructing Capacity-Achieving Codes for Symmetric Binary-Input Memoryless Channels[J]. IEEE Transactions on Information Theory, 2009, 55(7): 3051-3073.

[49] NI J D. Soft-Decision-Data Reshuffle to Mitigate Pulsed Radio Frequency Interference Impact on Low-Density Parity-Check Code performance[R]. Houston: AIAA, 2011.

[50] ZHIDKOV S V. On the Analysis of OFDM Receiver with Blanking Nonlinearity in Impulsive Noise Channels[C]//International Symposium on Intelligent Signal Processing and Communication Systems (ISPACS). Piscataway: IEEE Press, 2004: 492-496.

[51] KITAMURA T, OHNO K, ITAMI M. Improving of Performance of OFDM Reception under Class—A Impulsive Channel by Replica Signal Estimation of Impulse[C]//IEEE International Conference on Consumer Electronics (ICCE). Piscataway: IEEE Press, 2012: 620-621.

[52] ALSUSA E, RABIE K M. Dynamic Peak-Based Threshold Estimation Method for Mitigating Impulsive Noise in Power-Line Communication Systems [J]. IEEE Transactions on Power Delivery, 2013, 28(4): 2201-2208.

[53] LIN J, NASSAR M, EVANS B L. Impulsive Noise Mitigation in Powerline Communications Using Sparse Bayesian Learning[J]. IEEE Journal on Selected Areas in Communications, 2013, 31(7): 1172-1183.

[54] ANDREADOU N, TONELLO A M. On the Mitigation of Impulsive Noise in Power-Line Communications with LT Codes[J]. IEEE Transactions on Power Delivery, 2013, 28(3): 1483-1490.

[55] ARDAKANI M, KSCHISCHANG F R, YU W. Low-Density Parity-Check Coding for Impulse Noise Correction on Power-Line Channels [C]//International Symposium on Power Line Communications and Its Applications. Piscataway: IEEE Press, 2005:

90-94.
[56] TOPOR I, CHITRE M, MOTANI M. Sub-Gaussian Model Based LDPC Decoder for SαS Noise Channels [C]//OCEANS, 2012. Piscataway: IEEE Press, 2012: 1-6.
[57] JOHNSTON M, SHARIF B S, TSIMENIDIS C C, et al. Sum-Product Algorithm Utilizing Soft Distances on Additive Impulsive Noise Channels [J]. IEEE Transactions on Communications, 2013, 61(6): 2113-2116.
[58] OH H M, PARK Y J, CHOI S, et al. Mitigation of Performance Degradation by Impulsive Noise in LDPC Coded OFDM System[C]//IEEE International Symposium on Power Line Communications and Its Applications. Piscataway: IEEE Press, 2006: 331-336.
[59] KUMAR A, BAHL R, GUPTA R, et al. Performance Enhancement of GMSK and LDPC Based VLF Communication in Atmospheric Radio Noise[C]//National Conference on Communications (NCC). Piscataway: IEEE Press, 2013: 1-5.
[60] HAGENAUER J, HOEHER P A. Viterbi algorithm with soft-decision outputs and its applications[C]//1989 IEEE Global Telecommunications Conference and Exhibition Communications Technology for the 1990s and Bevond'. Piscataway: IEEE Press, 1989: 1680-1686.
[61] 陈喆，袁康，殷福亮. 联合 LDPC 解码的宽带电力线信道噪声抑制迭代方法[J]. 信号处理，2013，29(11)：1504-1510.
[62] WIKLUNDH K, FORS K, HOLM P. A Log-Likelihood Ratio for Improved Receiver Performance for VLF/LF Communication in Atmospheric Noise[C]//IEEE Military Communications Conference (MILCOM). Piscataway: IEEE Press, 2015: 1120-1125.
[63] HORMIS R, BERENGUER I, WANG X D. A Simple Baseband Transmission Scheme for Power Line Channels[J]. IEEE Journal on Selected Areas in Communications, 2006, 24(7): 1351-1363.
[64] QI Y H, WANG B, HUANG P W, et al. Coded SC-FDE System over Impulsive Noise Channels[C]//IET Conference on Wireless, Mobile and Sensor Networks (CWMSN). London: IET Press, 2007: 1070-1072.
[65] AL-RUBAYE G A, TSIMENIDIS C C, JOHNSTON M. LDPC-COFDM for PLC in non-Gaussian noise using LLRs derived from effective noise PDFs [J]. IET Communications, 2017,11(16): 2425-2432.
[66] NAKAGAWA H, UMEHARA D, DENNO S, et al. A Decoding for Low Density Parity Check Codes over Impulsive Noise Channels[C]//International Symposium on Power Line Communications and Its Applications. Piscataway: IEEE Press, 2005: 85-89.
[67] SONG W M, HUANG L, YIN C Q, et al. Modified Decoding for Low Density Parity Check Codes over Power Line Channels[C]//4th International Conference on Wireless Communications, Networking and Mobile Computing (WiCOM). Piscataway: IEEE Press, 2008: 1-4.
[68] AYYAR A, LENTMAIER M, GIRIDHAR K, et al. Robust Initial LLRs for Iterative Decoders in Presence of Non-Gaussian Noise[C]//IEEE International Symposium on

Information Theory (ISIT). Piscataway: IEEE Press, 2009: 904-908.
[69] ZOLOTAREV V M. One-dimensional stable distributions[M]. Transiations of Mathemetical Monographs. Provindence: American Mathematical Society, 1986.
[70] NOLAN J P. Numerical Calculation of Stable Densities and Distribution Functions[J]. Communications in Statistics: Stochastic Models, 1997, 13(4): 759-774.
[71] MITTNIK S, DOGANOGLU T, CHENYAO D. Computing the Probability Density Function of the Stable Paretian Distribution[J]. Mathematical and Computer Modelling, 1999, 29(10/11/12): 235-240.
[72] CHUAH T C. Decoding of Low-Density Parity-Check Codes in Non-Gaussian Channels [J]. IEEE Proceedings Communications, 2005, 152(6): 1086-1097.
[73] MÂAD H B, GOUPIL A, CLAVIER L, et al. Asymptotic Analysis of Performance LDPC Codes in Impulsive Non-Gaussian Channel [C]//IEEE Eleventh International Workshop on Signal Processing Advances in Wireless Communications (SPAWC). Piscataway: IEEE Press, 2010: 1-5.
[74] MÂAD H B, GOUPIL A, CLAVIER L, et al. Clipping Demapper for LDPC Decoding in Impulsive Channel[J]. IEEE Communications Letters, 2013, 17(5): 968-971.
[75] DIMANCHE V, GOUPIL A, CLAVIER L, et al. On Detection Method for Soft Iterative Decoding in the Presence of Impulsive Interference[J]. IEEE Communications Letters, 2014, 18(6): 945-948.
[76] MCCULLOCH J H, Simple Consistent Estimators of Stable Distribution Parameters[J]. Communications on Statistics Simulation, 1986, 15(4): 1109-1136.
[77] FAMA E F, ROLL R. Parameter Estimates for Symmetric Stable Distributions[J]. Journal of the American Statistical Association, 1971, 66: 331-338.
[78] JIANG Y Z, HU X L, ZHANG S X, et al. Generation and Estimation of Parameters of Simplified Middleton Class B Noise[C]//Third International Conference on Wireless and Mobile Communications (ICWMC). Piscataway: IEEE Press, 2007: 27-29.
[79] INSOM P, BOONSRIMUANG P. Joint Iterative Channel Estimation and Decoding under Impulsive Interference Condition [C]//18th International Conference on Advanced Communication Technology (ICACT). Piscataway: IEEE Press,2016: 636-643.
[80] LI L H, GUO J H, HU H Y, et al. Tracking Time-Varying Channel in Impulse Noise Environment Based on Kalman Filter[C]//International Conference on Communication Technology. Piscataway: IEEE Press, 2006: 1-4.
[81] 郝燕玲，单志明，沈锋. 基于自适应 Metropolis 算法的 α 稳定分布参数估计[J]. 系统工程与电子技术，2012，34(2)：236-242.
[82] JIANG Y Z, HU X L, KAI X, et al. Bayesian Estimation of Class A Noise Parameters with Hidden Channel States [C]//IEEE International Symposium on Power Line Communications and Its Applications. Piscataway: IEEE Press, 2007: 2-4.
[83] NASSAR M, SCHNITER P, EVANS B L. A Factor Graph Approach to Joint OFDM Channel Estimation and Decoding in Impulsive Noise Environments [J]. IEEE

Transactions on Signal Processing, 2014, 62(6): 1576-1589.

[84] ROSENBLATT. The perceptron: a probabilistic model for information storage and organization in the brain[J]. Psychological Review, 1958, 65(6): 386.

[85] HOPFIELD J. Neural networks and physical systems with emergent collective computational abilities[J]. Proc Natl Acad Sci USA, 1982(79): 2254-2558.

[86] ACKLEY D H, HINTON G E, SEJNOWSKI T J. A learning algorithm for Boltzmann machines[J]. Cognitive Science, 1985, 9(1): 147-169.

[87] AMMAR B, HONARY B, KOU Y, Constructions of Low-Density Parity-Check Codes Based on Balanced Incomplete Block Designs[J]. IEEE Transactions on Information Theory 2004, 50(6): 1257-1268.

[88] RUMELHART D E, HINTON G E, WILLIAMS R J. Learning internal representations by error propagation[J]. Nature, 1986, 323(99): 533-536.

[89] LECUN Y, BOSER B, DENKER J S, et al. Back propagation applied to handwritten zip code recognition[J]. Neural computation, 1989, 1(4): 541-551.

[90] YOSHUA BENGIO, et al. A neural probabilistic language model[J]. Journal of machine learning research, 2003, 3(2): 1137-1155.

[91] COLLOBERT R, WESTON J. A unified architecture for natural language processing: Deep neural networks with multitask learning[C]//Proceedings of the 25th international conference on Machine learning, New York: Association for Computing Machinery, 2008: 160-167.

[92] FARSAD N, GOLDSMITH A. Detection algorithms for communication systems using deep learning[DB]. arXiv: 1705.08044.

[93] SAMUEL N, DISKIN T, WIESEL A. Deep MIMO detection[C]//2017 IEEE 18th International Workshop on Signal Processing Advances in Wireless Communications (SPAWC), Sapporo, Japan: IEEE Press, 2017: 1-5.

[94] DÖRNER S, CAMMERER S, HOYDIS J, et al. Deep learning-based communication over the air[J]. IEEE Journal of Selected Topics in Signal Processing, 2017, 12(1): 132-143.

[95] LIU X, XU Y, JIA L, et al. Anti-jamming Communications Using Spectrum Waterfall: A Deep Reinforcement Learning Approach[J]. IEEE Communications Letters, 2018: 1-1.

[96] NACHMANI E, BACHAR Y, MARCIANO E, et al. Near maximum likelihood decoding with deep learning[J/DB]. 2018. https://arxiv.org/abs/1801.02726.

[97] O'SHEA T J. HOYDIS J. An introduction to deep learning for the physical layer[J]. IEEE Trans. Cogn. Commun. Netw, 2017, 3(4): 563-575.

[98] NACHMANI E, BE'ERY Y, BURSHTEIN D. Learning to decode linear codes using deep learning [C]//54th Annu. Allerton Conf. Communi., Control, Comput., Piscataway: IEEE Press, 2016: 341-346.

[99] NACHMANI E, MARCIANO E, LUGOSCH L, et al. Deep Learning Methods for Improved Decoding of Linear Codes[J]. IEEE Journal of Selected Topics in Signal

Processing,2018, 12(1): 119-131.

[100] LUGOSCH L, GROSS W J. Neural offset min-sum decoding[C]//2017 IEEE International Symposium on Information Theory (ISIT). Piscataway: IEEE Press, 2017: 1361-1365.

[101] LIANG F, SHEN C, WU F. An Iterative BP-CNN Architecture for Channel Decoding [J]. IEEE Journal of Selected Topics in Signal Processing, 2018, 12(1): 144-159.

[102] GRUBER T, CAMMERER S, HOYDIS J, et al. On deep learning- based channel decoding[C]//Proc. IEEE 51st Annu. Conf. Inf. Sci. Syst (CISS), Piscataway: IEEE Press, 2017: 1-6.

[103] CAMMERER S, GRUBER T, HOYDIS J, et al. Scaling deep learning-based decoding of polar codes via partitioning[DB]. arXiv preprint arXiv: 1702.06901, 2017.

[104] KIM H, JIANG Y, RANA R, et al. Communication algorithms via deep learning[DB]. 2018. https: //arxiv.org/abs/1805.09317.

[105] O'SHEA T J, HOYDIS J. An Introduction to Machine Learning Communications systems[DB]. arXiv preprint arXiv: 1702.00832, 2017.

[106] SHA J, WANG Z, GAO M, et al. Multi-Gb/s LDPC Code Design and Implementation [J]. IEEE Transactions on Very Large Scale Integration (VLSI) Systems, 2009, 17(2): 262-268.

[107] BAO D, CHEN X B, HUANG Y B, et al. A Single-Routing Layered LDPC Decoder for 10Gbase-T Ethernet in 130nm CMOS[C]//17th Asia and South Pacific Design Automation Conference. Piscataway: IEEE Press, 2012: 565-566.

[108] ZHANG K, HUANG X, WANG Z. High-Throughput Layered Decoder Implementation for Quasi-Cyclic LDPC Codes[J]. IEEE Journal on Selected Areas in Communications, 2009, 27(6): 985-994.

[109] CHEN X, KANG J, LIN S, et al. Memory System Optimization for FPGA Based Implementation of Quasi-Cyclic LDPC Codes Decoders[J]. IEEE Transactions on Circuits and Systems I: Regular Papers, 2011, 58(1): 98-111.

[110] WANG Y Q, LIU D L, SUN L, et al. Real-Time Implementation for Reduced-Complexity LDPC Decoder in Satellite Communication[J]. China Communications, 2014, 11(12): 94-104.

[111] KEE H, MHASKE S, ULIANA D, et al. Rapid and High-Level Constraint-Driven Prototyping Using Lab VIEW FPGA[C]//IEEE Global Conference on Signal and Information Processing (GlobalSIP). Piscataway: IEEE Press, 2014: 45-49.

[112] MHASKE S, ULIANA D, KEE H, et al. A 2.48Gb/s FPGA-based QC-LDPC Decoder: An Algorithmic Compiler Implementation[C]//36th IEEE Sarnoff Symposium. Piscataway: IEEE Press, 2015: 88-93.

[113] GAL B L, JEGO C. GPU-Like On-Chip System for Decoding LDPC Codes[J]. ACM Transactions on Embedded Computing Systems (TECS)-Regular Papers, 2014, 13(4): 1-95.

[114] CHEN Y, ZHOU C, HUANG Y, et al. An Efficient Multi-rate LDPC-CC Decoder with

Layered Decoding Algorithm[C]//IEEE International Conference on Communications (ICC). Piscataway: IEEE Press, 2013: 5548-5552.

[115] LI S Y J, BRANDON T L, ELLIOTT D G, et al. Power Characterization of a Gbit/s FPGA Convolutional LDPC Decoder [C]//IEEE Workshop on Signal Processing Systems. Piscataway: IEEE Press, 2012: 294-299.

[116] SHAM C W, CHEN X, LAU F C M, et al. A 2.0Gb/s Throughput Decoder for QC-LDPC Convolutional Codes[J]. IEEE Transactions on Circuits and Systems I: Regular Papers, 2013, 60(7): 1857-1869.

[117] LECHNER G, SAYIR J, RUPP M. Efficient DSP Implementation of a LDPC Decoder [C]//IEEE International Conference on Acoustics, Speech, and Signal Processing (ICASSP). Piscataway: IEEE Press, 2004: 665-668.

[118] GOMES M, SILVA V, NEVES C, et al. Serial LDPC Decoding on a SIMD DSP Using Horizontal Scheduling[C]//14th European Signal Processing Conference (EUSIPCO). Piscataway: IEEE Press, 2006: 1-5.

[119] GAL B L, JEGO C. High-Throughput Multi-Core LDPC Decoders Based on x86 Processor[J]. IEEE Transactions on Parallel and Distributed Systems, 2016, 27(5): 1373-1386.

[120] GAL B L, JEGO C. High-Throughput LDPC Decoder on Low-Power Embedded Processors[J]. IEEE Communications Letters, 2015, 19(11): 1861-1864.

[121] FALCAO G, SOUSA L, SILVA V. Massively LDPC Decoding on Multicore Architectures[J]. IEEE Transactions on Parallel and Distributed Systems, 2011, 22(2): 309-322.

[122] JI H W, CHO J H, SUNG W Y. Memory Access Optimized Implementation of Cyclic and Quasi-Cyclic LDPC Codes on a GPGPU[J]. Journal of Signal Processing Systems, 2010, 64(1): 149-159.

[123] CHAMBERS J M, MALLOWS C L, STUCK B W. A Method for Simulating Stable Random Variable[J]. Joural of the American Statistical Association, 1976, 71(354): 340-344.

[124] WANG G H, WU M, YIN B, et al. High Throughput Low Latency LDPC Decoding on GPU for SDR Systems [C]//IEEE Global Conference on Signal and Information Processing (GlobalSIP). Piscataway: IEEE Press, 2013: 1258-1261.

[125] HONG J H, CHUNG K S. Parallel LDPC Decoding on a GPU Using OpenCL and Global Memory for Accelerators[C]//IEEE International Conference on Networking, Architecture and Storage (NAS). Piscataway: IEEE Press, 2015: 353-354.

[126] FALCAO G, ANDRADE J, SILVA V, et al. GPU-based DVB-S2 LDPC decoder with high throughput and fast error floor detection[J]. Electronics Letters, 2011, 47(9): 542-543.

[127] XIE W, JIAO X J, PEKKA J, et al. A High Throughput LDPC Decoder Using a Mid-range GPU [C]//IEEE International Conference on Acoustics, Speech and Signal Processing (ICASSP). Piscataway: IEEE Press, 2014: 7515-7519.

[128] LIN Y, NIU W S. High Throughput LDPC Decoder on GPU [J]. IEEE Communications Letters, 2014, 18(2): 344-347.
[129] CHAN C H, LAU F C M. Parallel Decoding of LDPC Convolutional Codes Using OpenMP and GPU[C]//IEEE Symposium on Computers and Communications (ISCC). Piscataway: IEEE Press, 2012: 225-227.
[130] WANG Y X, YU H, XU Y Y. Quasi-Cyclic Low-Density Parity-Check Convolutional Code[C]//IEEE 7th International Conference on Wireless and Mobile Computing, Networking and Communications (WiMob). Piscataway: IEEE Press, 2011: 351-356.
[131] ZHAO Y, LAU F C M. Implementation of Decoders for LDPC Block Codes and LDPC Convolutional Codes Based on GPUs[J]. IEEE Transactions on Parallel and Distributed Systems, 2014, 25(3): 663-672.
[132] SHANNON C E. A Mathematical Theory of Communication[J]. Bell syst. Tech. J, 1948, 27: 379-423, 623-656.
[133] HAMMING R W. Error Detecting and Error Correcting Codes[J]. The Bell System Technical Journal, 1950, 23(2): 147-160.
[134] MULLER D E. Application of Boolean algebra to switching circuit design and to error detection[J]. Transactions of the IRE professional group on electronic computers, 1954, (3): 6-12.
[135] ELIAS P. Coding for noisy channels[J]. IRE Conv. Rec, 1955(3): 37-46.
[136] PRANGE E. Cyclic error-correcting code in two symbols [R]. Boston: Air force Cambridge research center, 1957.
[137] HOCQUENGHEM A. Codes Correcteursd'erreurs[J]. Chiffres, 1959: 147-156.
[138] REED I S, SOLOMON G. Polynomial Codes over Certain Finite Fields[J]. Journal of the Society for Industrial and Applied Mathematics, 1960, 8(2): 300-304.
[139] VITERBI A J. Error bounds for convolutional codes and an asymptotically optimum decoding algorithm [J]. IEEE Transactions on Information Theory, 1967, 13 (2): 260-269.
[140] GOPPA V D. Codes on algebraic curves[J]. Soviet Math. Dokl. 1981, 24: 170-172.
[141] UNGERBOECK G. Trellis-coded modulation with redundant signal sets. Part I: Introduction[J]. IEEE Communications magazine, 1987, 25(2): 5-11.
[142] BENEDETTO S, DIVSALAR D, MONTORSI G, et al. Serial Concatenation of Interleaved Codes: Performance Analysis, Design, and Iterative Decoding [J]. IEEE Transactions on Information Theory, 1998, 44(3): 909-926.
[143] SALON I, SHAMAI S. Improve upper bounds on the ML decoding error probability of parallel and serial concatenated turbo codes via their ensemble distance spectrum [J]. IEEE Transactions on Information Theory, 2000,46(1): 24-47.
[144] BAHL L, COCKE J, JELINEK F. Optimal decoding of linear codes for minimizing symbol error rate [J]. IEEE Transactions on Information Theory, 1974, 20 (2): 284-287.
[145] PAPKE L, ROBERTSON P. Improve decoding with SOVA in parallel concatenated

(Turbo-code) scheme [C]//Proc. IEEE ICC'96. Piscataway: IEEE Press, 1996: 102-106.
[146] VITERBI A J . An intuitive justification and a simplified implementation of the MAP decoder for convolutional codes[J]. IEEE Jour. on Selec. Areas in Comm, 1998, 16.
[147] ROBERTSON P, VILLEBRUN E, HOEHER P. A comparison of optimal and sub-optimal MAP decoding algorithms operating in the log domain[C]//Proc. IEEE ICC'95. Piscataway: IEEE Press, 1995: 1009-1013.
[148] R1-1610314. FEC performance comparison for short frame sizes for NR[R]. 3GPP TSG-RAN WG1 Meeting #86bis, Lisbon, Portugal, 2016.
[149] R1-167413, Enhanced turbo codes for NR: implementation details, Orange and Institut Mines-Telecom[R]. RAN1#86. August 2016.
[150] MYUNG S, YANG K, KIM J. Quasi-cyclic LDPC codes for fast encoding[J]. IEEE Transactions on Information Theory, 2005, 51(8): 2894-2901.
[151] LI Z, CHEN L, ZENG L Q, et al. Efficient encoding of quasi-cyclic low-density parity-check codes[J]. IEEE Transactions on Communications, 2006, 54(1): 71-81.
[152] PARK, HOSUNG, HONG, et al. Construction of High-Rate Regular Quasi-Cyclic LDPC Codes Based on Cyclic Difference Families [J]. IEEE Transactions on Communications, 2013, 61(8): 3108-3113.
[153] LI J, LIU K, LIN S, et al. Algebraic Quasi-Cyclic LDPC Codes: Construction, Low Error-Floor, Large Girth and a Reduced-Complexity Decoding Scheme [J]. IEEE Transactions on Communications, 2014, 62(8): 2626-2637.
[154] HAN G, GUAN Y L, KONG L . Construction of Irregular QC-LDPC Codes via Masking with ACE Optimization[J]. IEEE Communications Letters, 2014, 18(2): 348-351.
[155] JIANG X, LEE M H, GAO S, et al. Optimized geometric LDPC codes with quasi-cyclic structure[J]. Journal of Communications & Networks, 2014, 16(3): 249-257.
[156] GUAN W, LIANG L. Construction of block-LDPC codes based on quadratic permutation polynomials[J]. Journal of Communications & Networks, 2015, 17(2): 157-161.
[157] CHEN H, LIU Y, QIN T, et al. Construction of structured q-ary LDPC codes over small fields using sliding-window method[J]. Journal of Communications & Networks, 2014, 16(5): 479-484.
[158] LI J, LIU K, LIN S, et al. A Matrix-Theoretic Approach to the Construction of Non-Binary Quasi-Cyclic LDPC Codes[J]. IEEE Transactions on Communications, 2015, 63(4): 1057-1068.
[159] ZHAO S, MA X, ZHANG X, et al. A Class of Nonbinary LDPC Codes with Fast Encoding and Decoding Algorithms[J]. IEEE Transactions on Communications, 2013, 61(1): 1-6.
[160] XIA X G, JIANG X, LEE M H . Efficient Progressive Edge-Growth Algorithm Based on Chinese Remainder Theorem[J]. IEEE Transactions on Communications, 2014, 62(2): 442-451.

[161] MU L, LIU X, LIANG C . Construction of Binary LDPC Convolutional Codes Based on Finite Fields[J]. Journal of South China Normal University, 2016, 16(6): 897-900.

[162] RICHARDSON T J . Efficient Encoding of Quasi-Cyclic Low-Density Parity-Check Codes[J]. IEEE Transactions on Information Theory, 2006, 47(1): 71-81.

[163] HUANG Q, TANG L, WANG Z, et al. A Low-Complexity Encoding of Quasi-Cyclic Codes Based on Galois Fourier Transform[J]. Mathematics, 2014, 62(6): 1757-1767.

[164] YU S, LIU C, ZHANG P, et al. Efficient encoding of QC-LDPC codes with multiple-diagonal parity-check structure[J]. Electronics Letters, 2014, 50(4): 320-321.

[165] JIN H. Analysis and design of turbo-like codes[D]. California: California Institute of Technology, 2001.

[166] HAGENAUER J, OFFER E, PAPKE L. Iterative decoding of binary block and convolutional codes[J]. IEEE Transactions on Information Theory, 1996, 42(2): 429-445.

[167] MASERA G, QUAGLIO F, VACCA F. Finite precision implementation of LDPC decoders[J]. IEEE Proceedings-Communications, 2005, 152(6): 1098-1102.

[168] PAPAHARALABOS S, SWEENEY P, EVANS B G, et al. Modified sum-product algorithms for decoding low-density parity-check codes[J]. IET communications, 2007, 1(3): 294-300.

[169] FOSSORIER M P C. Quasicyclic low-density parity-check codes from circulant permutation matrices[J]. IEEE Transactions on Information Theory, 2004, 50(8): 1788-1793.

[170] JIANG M, ZHAO C M, ZHANG L, et al. Adaptive offset min-sum algorithm for low-density parity-check codes[J]. IEEE communications letters, 2006, 10(6): 483-485.

[171] YANG Y B, LI J T, YU H, et al. Improved weighted bit flip voting decoding algorithm for generalized LDPC [C]//2012 International Conference on Wireless Communications and Signal Processing (WCSP). Piscataway: IEEE Press, 2012: 1-6.

[172] ZHANG J T, FOSSORIER M P C. A modified weighted bit-flipping decoding of low-density parity-check codes[J]. IEEE Communications Letters, 2004, 8(3): 165-167.

[173] CHANG T C Y, SU Y T. Dynamic weighted bit-flipping decoding algorithms for LDPC codes[J]. IEEE Transactions on Communications, 2015, 63(11): 3950-3963.

[174] MORI R, TANAKA T. Performance of Polar Codes with the Construction using Density Evolution[J]. IEEE Communications Letters, 2009, 13(7): 519-521.

[175] MORI R, TANAKA T. Performance and construction of polar codes on symmetric binary-input memoryless channels [C]//2009 IEEE International Symposium on Information Theory. Piscataway: IEEE Press, 2009.

[176] TAL I, VARDY A. How to Construct Polar Codes [J]. IEEE Transactions on Information Theory, 2013, 59(10): 6562-6582.

[177] TRIFONOV P. Efficient design and decoding of polar codes[J]. IEEE Transactions on Communications, 2012, 60(11): 3221-3227.

[178] HE G, BELFIORE J C, LAND I, et al. Beta-expansion: A theoretical framework for

fast and recursive construction of polar codes[C]//GLOBECOM 2017-2017 IEEE Global Communications Conference. Piscataway: IEEE Press, 2017: 1-6.

[179] NIU K, CHEN K, LIN J R. Beyond turbo codes: Rate-compatible punctured polar codes[C]//2013 IEEE International Conference on Communications (ICC). Piscataway: IEEE Press, 2013: 3423-3427.

[180] WANG R, LIU R. A novel puncturing scheme for polar codes [J]. IEEE Communications Letters, 2014, 18(12): 2081-2084.

[181] ALAMDA-YAZDI A, KSCHISCHANG F R. A simplified successive-cancellation decoder for polar codes[J]. IEEE Communications Letters, 2011, 15(12): 1378-1380.

[182] IDO TAL, ALEXANDER VARDY. List Decoding of Polar Codes [C]// IEEE International Symposium on Information Theory. Piscataway: IEEE Press, 2011.

[183] CHEN K, LI B, SHEN H, et al. Reduce the Complexity of List Decoding of Polar Codes by Tree-Pruning [J]. IEEE Communications. Letters, 2016, 20(2): 204-207.

[184] NIU K, CHEN K. CRC-aided decoding of polar codes [J]. IEEE Communications Letters, 2012, 16(10): 1668-1671.

[185] BO Y, KESHAB K. LLR-based successive-cancellation list decoder for polar codes with multibit decision [J]. IEEE Transactions on Very Large Scale Integration Systems, 2017, 23(10): 2268-2280.

[186] LI B, SHEN H, TSE D . An Adaptive Successive Cancellation List Decoder for Polar Codes with Cyclic Redundancy Check [J]. IEEE Communications Letters, 2012, 16(12): 2044-2047.

[187] NIU K, CHEN K. Stack decoding of polar codes [J]. Electronics letters, 2012, 48(12): 695-697.

[188] KAHRAMAN S, ÇELEBI M E. Code based efficient maximum-likelihood decoding of short polar codes [C]//2012 IEEE International Symposium on Information Theory Proceedings. Piscataway: IEEE Press, 2012: 1967-1971.

[189] NIU K, CHEN K, LIN J. Low-complexity sphere decoding of polar codes based on optimum path metric [J]. IEEE Communications Letters, 2014, 18(2): 332-335.

[190] GUO J, FÀBREGAS A G I. Efficient sphere decoding of polar codes [C]//IEEE International Symposium on Information Theory (ISIT). Piscataway: IEEE Press, 2015: 236-240.

[191] GOELA N, KORADA S B, GASTPAR M. On LP decoding of polar codes[C]//2010 IEEE Information Theory Workshop. Piscataway: IEEE Press, 2010: 1-5.

[192] HUSSAMI N, KORADA S B, URBANKE R. Performance of polar codes for channel and source coding [C]//IEEE International Symposium on Information Theory. Piscataway: IEEE Press, 2009: 1488-1492.

[193] FAYYAZ U U, BARRY J R. Low-complexity soft-output decoding of polar codes[J]. IEEE Journal on Selected Areas in Communications, 2014, 32(5): 958-966.

[194] ZHANG Q, LIU A, TONG X. Early stopping criterion for belief propagation polar decoder based on frozen bits [J]. Electronics Letters, 2017, 53(24): 1576-1578.

[195] SIMSEK C, TURK K. Simplified early stopping criterion for belief-propagation polar code decoders [J]. IEEE Communications Letters, 2016, 20(8): 1515-1518.

[196] REN Y, ZHANG C, LIU X, et al. Efficient early termination schemes for belief-propagation decoding of polar codes[C]//2015 IEEE 11th International Conference on ASIC (ASICON). Piscataway: IEEE Press, 2015: 1-4.

[197] RICHARDSON T J, SHOKROLLAHI A, URBANKE R L. Design of capacity approaching irregular low density parity check codes [J]. IEEE Transactions on Information Theory, 2001, 47(2): 619-637.

[198] JIA W, KURUOGLU E E, ZHOU T. Alpha-stable channel capacity [J]. IEEE Communications Letters, 2011, 15(10): 1107-1109.

[199] SUNDARARAJAN G, WINSTEAD C, BOUTILLON E. Noisy gradient descent bitflip decoding for decoding LDPC codes[J]. IEEE Transactions on Communications, 2014, 62(10): 3385-3400.

[200] DUPOND, SAMUEL. A thorough review on the current advance of neural network structures[J]. Annual Reviews in Control,2019,14: 200-230.

[201] GERS, FELIX A, SCHRAUDOLPH, NICOL N, SCHMIDHUBER, JÜRGEN. Learning Precise Timing with LSTM Recurrent Networks [J]. Journal of Machine Learning Research, 2002,3: 115-143.

[202] AARON vAN dEN OORD, SANDER DIELEMAN, BENJAMIN SCHRAUWEN,et al. Deep content-based music recommendation[C]//Neural Information Processing Systems Conference (NIPS 2013), Lake Tahoe: Neural Information Processing Systems Foundation (NIPS),2013, Vol. 26: 1-9.

[203] ZHANG K, ZUO W, CHEN Y, MENG D, & ZHANG L. Beyond a Gaussian denoiser: Residual learning of deep cnn for image denoising[J]. IEEE Transactions on Image Processing, 2017,26(7), 3142-3155.

[204] LYU WEI, et al. Performance evaluation of channel decoding with deep neural networks [C]//2018 IEEE International Conference on Communications (ICC). Piscataway: IEEE Press, 2018: 1-6.

[205] CHITRE M, POTTER J, HENG O S. Underwater acous-tic channel characterisation for medium-range shallow water communications[C]//Oceans'04 MTS/IEEE Techno-Ocean'04 (IEEE Cat. No. 04CH37600). Piscataway: IEEE Press, 2004: 40-45.

[206] MADI G,SACUTO F, VRIGNEAU B, AGBA B L, POUSSET Y, VAUZELLE R, GAGNON F. Impacts of impulsive noise from partial discharges on wireless systems performance: application to mimo precoders [J]. EURASIP Journal on Wireless Communi- cations and Networking, 2011, (1): 186.

[207] ILOW J,HATZINAKOS D. Analytic alpha-stable noise modeling in a poisson field of interferers or scatterers [J]. IEEE transactions on signal processing, 1998, 46 (6): 1601-1611.

[208] GONZALEZ J G, PAREDES J L, ARCE G R. Zero-order statistics: A mathematical framework for the processing and characterization of very impulsive signals[J]. IEEE

Transactions on Signal Processing, 2006, 54(10): 3839-3851.

[209] KINGMA D P, BA J. Adam: A method for stochastic optimization[J/DB]. arXiv preprint 2014: arXiv: 1412.6980.

[210] RUMELHART D, MCCLELLAND J. Parallel distributed processing: Explorations in the microstructure of cognition[M]. Volume 1. foundations. Cambridge, MA: MIT Press, 318-362, 1986.

[211] HOCHREITER S, SCHMIDHUBER J. Long short-term memory[J]. Neural Computation, 1997,9(8): 1735-1780.

[212] MIDDLETON D. Statistical-Physical Models of Electromagnetic Interference[J]. IEEE Transactions on Electromagnetic Compatibility, 1977, EMC-19(3): 106-127.

[213] TSIHRINTZIS G A, NIKIAS C L. Performance of optimum and suboptimum receivers in the presence of impulsive noise modeled as an alpha-stable process[J]. IEEE Transactions on Communications, 1995, 43(234): 904-914.

[214] AMBIKE S, ILOW J, HATZINAKOS D. Detection for binary transmission in a mixture of Gaussian noise and impulsive noise modeled as an alpha-stable process[J]. IEEE Signal Processing Letters, 1994, 1(3): 55-57.

[215] MACKAY D J C. Good error-correcting codes based on very sparse matrices[J]. IEEE Transactions on Information Theory, 1999, 45(2): 399-431.

[216] HU X-Y, ELEFTHERIOU E, ARNOLD D-M. Regular and irregular progressive edge-growth tanner graphs[J]. IEEE Transactions on Information Theory, 2005, 51(1): 386-398.

[217] KHODAIEMEHR H, KIANI D. Construction and Encoding of QC-LDPC Codes Using Group Rings[J]. IEEE Transactions on Information Theory, 2017, 63(4): 2039-2060.

[218] LAN L, ZENG L-Q, TAI Y Y, et al. Construction of quasicyclic LDPC codes for AWGN and binary erasure channels: a finite field approach[J]. IEEE Transactions on Information Theory, 2007, 53(7): 2429-2458.

[219] VASIC B, MILENKOVIC O. Combinatorial constructions of low-density parity-check codes for iterative decoding[J]. IEEE Transactions on Information Theory, 2004, 50(6): 1156-1176.

[220] TANNER R M. A recursive approach to low complexity codes[J]. IEEE Transactions on Information Theory, 1981, 27(9): 533-547.

[221] ANDREADOU N, TONELLO A M. Short LDPC Codes for NB-PLC Channel with a Differential Evolution Construction Method[C]//IEEE International Symposium on Power Line Communications and Its Applications (ISPLC). Piscataway: IEEE Press, 2013: 236-241.

[222] SANCHEZ M G, ALEJOS A V, CUINAS L. On implementation of min-sum algorithm and its modifications for decoding low-density paritycheck (LDPC) codes[J]. IEEE Transactions on Communications, 2005, 53(4): 549-554.

[223] HOCEVAR D. A reduced complexity decoder architechture via layered decoding of ldpc codes[C]//IEEE Workshop Signal Processing Systems. Piscataway: IEEE Press, 2004:

107-112.
[224] ZHANG J, FOSSORIER M P C. Shuffled iterative decoding[J]. IEEE Transactions on Communications, 2005, 53(2): 209-213.
[225] CASADO A I V, GRIOT M, WESEL R D. LDPC decoders with informed dynamic scheduling[J]. IEEE Transactions on Communications, 2010, 58(12): 3470-3479.
[226] KIM J H, NAM M Y, SONG H Y. Variable-to-check residual belief propagation for LDPC codes[J]. Electronics Letters, 2009, 45(2): 117-118.
[227] WADAYAMA T, NAKAMURA K, YAGITA M, et al. Gradient descent bit flipping algorithms for decoding LDPC codes[J]. IEEE Transactions on Communications, 2010, 58(6): 1610-1614.
[228] ZHANG X, CAI F, LIN S. Low-Complexity Reliability-Based Message-Passing Decoder Architectures for Non-Binary LDPC Codes[J]. IEEE Transactions on Very Large Scale Integration (VLSI) Systems, 2012, 20(11): 1938-1950.
[229] WANG X, POOR H V. Robust multiuser detection in non-Gaussian channels[J]. IEEE Trans. Signal Process, 1999, 47(2): 289-305.
[230] RICHARDSON T, URBANKE R. The capacity of low-density paritycheck codes under message-passing decoding[J]. IEEE Transactions on Information Theory, 2001, 47(2): 599-618.
[231] CHUNG S-Y, FORNEY G D, RICHARDSON T J, URBANKE R. On the design of low-density parity-check codes within 0.0045dB of the shannon limit[J]. IEEE Communications Letters, 2001, 5(2): 58-60.
[232] BRINK S T, KRAMER G, ASHIKHMIN A. Design of low-density parity-check codes for modulation and detection[J]. IEEE Transactions on Communications, 2004, 52(4): 670-678.
[233] EL-HAJJAR M, HANZO L. Exit charts for system design and analysis[J]. IEEE Communications Surveys & Tutorials, 2014, 16(1): 127-153.
[234] BRINK S T. Convergence behavior of iteratively decoded parallel concatenated codes[J]. IEEE Transactions on Communications, 2001, 49(10): 1727-1737.
[235] JOHNSON S J. Iterative error correction: turbo, low-density parity-check and repeat-accumulate codes[R]. Cambridge: Cambridge University Press, 2009.
[236] YI H, RONGKE L, LING Z. A non-linear LLR approximation for LDPC decoding over impulsive noise channels[C]//IEEE/CIC International Conference on Communications in China (ICCC). Piscataway: IEEE Press, 2014: 86-90.
[237] ZHEN M, MARTIN J, STEPHANE L G, et al. Finite length analysis of low-density parity-check codes on impulsive noise channels[J]. IEEE Access, 2016, 4: 9635-9642.
[238] RICHARDSON T J, URBANKE R L. Modern coding theory [M]. Cambridge: Cambridge University Press, 2008.
[239] MACKAY D J C. Encyclopedia of sparse graph codes [EB/OL]. http://www.inference.phy.cam.ac.uk/mackay/codes/data.html, 2017-01-06.
[240] KOU Y, LIN S, FOSSORIER M P C. Low-density parity-check codes based on finite

geometries: A discovery and new results [J]. IEEE Transactions on Informantion Theory, 2001, 47(7): 2711-2736.

[241] BOSE R C, CHAUDHURI D K R. On a Class of Error Correcting Binary Group Codes [J]. Information and Control, 1960, 3: 68-79.

[242] FORNEY G D. Concatenated Codes [D]. Cambridge: University of Cambridge, 1966.

[243] AHMED Y, REED J H, TRANTER W H, BUEHRER R M. A model-based approach to demodulation of co-channel MSK signals [C]//GLOBECOM' 03. IEEE Global Telecommunications Conference. Piscataway: IEEE Press, 2003: 2442-2446.

[244] AMINI M R, MOGHADASI M, FATEHI I. A BFSK Neural Network Demodulator with Fast Training Hints[C]//2010 Second International Conference on Communication Software and Networks. Piscataway: IEEE Press, 2010: 578-582.

[245] SHIN M, MA J, MISHRA A, ARBAUGH W. Wireless network security and interworking [J]. Proceedings of the IEEE, 2006, 94(2): 455-466.

[246] DAVEY M C, MACKAY D J C. Low density parity check codes over GF(q) [J]. IEEE Communications Letters, 1988, 2(6): 165-167.

[247] RIEHARDSON T, SHOKROLLAHI A, URBANKE R. Design of capacity-approaching irregular low density parity check codes [J]. IEEE Transaction Theory, 2001, 47(2): 619-637.

[248] CHUNG S Y, RICHARDSON T J, URBANKE R L. Analysis of sum-product decoding of low-desity parity-check codes using a Gaussian approximation [J]. IEEE Transactions on Information Theory, 2001, IT-47: 657-670.

[249] LAN L, ZENG L Q, TAI Y Y, et al. Constructions of quasi-cycle LDPC codes for AWGN and binary erasure channel based on finite fields and affine mappings [C]// Proceedings of the 2005 IEEE International Symposium on Information Theory. Piscataway: IEEE Press, 2005: 2285-2289.

[250] PROAKIS J G, MANOLAKIS D G. Digital Communications[M]. New York: Prentice Hall, 2007.

[251] MITCHINSON B, HARRISON R F. Digital communications channel equalization using the kernel adaline[J]. IEEE Transactions on Communications, 2002, 50(4): 571-576.

[252] PROAKIS J G, SALEHI M. Communication Systems Engineering[M]. 2nd ed. New York: Prentice Hall, 2002.

[253] OLMOS P M, MURILLO-FUENTES J J, PÉREZ-CRUZ F. Joint nonlinear channel equalization and soft LDPC decoding with Gaussian processes[J]. IEEE Trans. Signal Processing, 2010, 58(3): 1183-1192.

[254] YE H, LI G Y. Initial results on deep learning for joint channel equalization and decoding[C]//86th IEEE Vehicular Technology Conference (VTC-Fall). Piscataway: IEEE Press, 2017: 1-5.

[255] XU W, ZHONG Z, BE'ERY Y, YOU X, ZHANG C. Joint neural network equalizer and decoder[C]//15th International Symposium on Wireless Communication Systems (ISWCS). Piscataway: IEEE Press, 2018: 1-5.

[256] SALAMANCA L, MURILLO-FUENTES J J, PÊREZ-CRUZ F. Channel decoding with a bayesian equalizer[C]//2010 IEEE International Symposium on Information Theory. Piscataway: IEEE Press, 2010: 1998-2002.

[257] CHO K, vAN MERRIËNBOER B, GULCEHRE C, BAHDANAU D, BOUGARES F, SCHWENK H, BENGIO Y. Learning phrase representations using rnn encoder-decoder for statistical machine translation[DB]. arXiv preprint arXiv: 1406.1078, 2014.

[258] THEODOROS E, MASSIMILIANO P. Regularized multi-task learning [C]// Proceedings of the tenth ACM SIGKDD International Conference on Knowledge Discovery and Data Mining. New York: Association for Computing Machinery, 2004: 109-117.

[259] ABADI M, BARHAM P, CHEN J, et al. Tensorflow: A system for large-scale machine learning[C]//12th USENIX Symposium on Operating Systems Design and Implementation (OSDI 16). Savannah: {USENIX} Association, 2016: 265-283.

[260] FELSTRÖM A J, ZIGANGIROV K. Time-Varying Periodic Convolutional Codes with Low-Density Parity-Check Matrix[J]. IEEE Transactions on Information Theory, 1999, 45(6): 2181-2191.

[261] KUDEKAR S, RICHARDSON T, URBANKE R. Spatially Coupled Ensembles Universally Achieve Capacity under Belief Propagation[J]. IEEE Transactions on Information Theory, 2013, 59(12): 7761-7813.

[262] TANNER R, SRIDHARA D, SRIDHARAN A, et al. LDPC Block and Convolutional Codes Based on Circulant Matrices[J]. IEEE Transactions on Information Theory, 2004, 50(12): 2966-2984.

[263] PAPALEO M, IYENGAR A, SIEGEL P, et al. Windowed Erasure Decoding of LDPC Convolutional Codes[C]//IEEE Information Theory Workshop on Information Theory (ITW), Piscataway: IEEE Press, 2010: 1-5.

[264] BERGSTRÖM H. On some expansions of stable distribution functions[J]. Arkiv for Matematik,1952,2(4): 375-378.

索 引